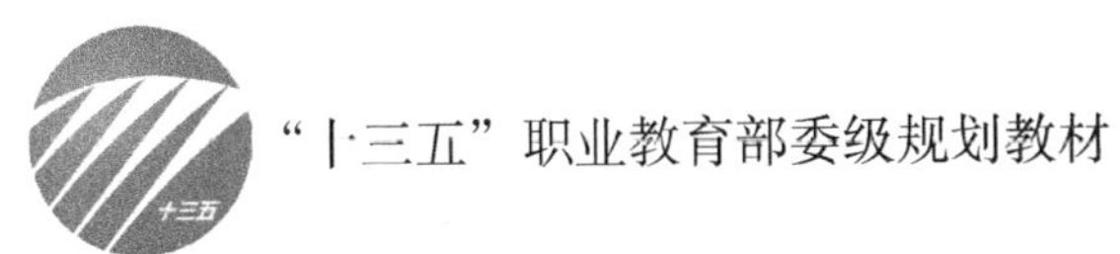

“十三五”职业教育部委级规划教材

石油化工工艺

刘迪　主　编

凌洁　副主编

中国纺织出版社

内容提要

本教材依据高等职业教育应用化工技术类专业对石油化工工艺课程的要求，结合石油加工生产工种岗位职业资格和标准的要求，以该工种职业核心能力培养为目标，以原油一次加工、二次加工、三次加工为主线，将石油化工工艺知识分为十个学习情境，即认识石油化工工艺、石油及其产品的特性和石油化工工艺基础、原油蒸馏、催化裂化、石油烃类热裂解、催化重整、催化加氢、催化脱氢和氧化脱氢、燃料油品精制工艺及润滑油生产工艺。

本教材可作为高等职业院校应用化工技术、石油化工生产技术等相关专业的教学用书，也可作为石油化工生产工作者的参考资料。

图书在版编目（CIP）数据

石油化工工艺 / 刘迪主编. -- 北京：中国纺织出版社，2017.6（2024.7重印）

"十三五"职业教育部委级规划教材

ISBN 978-7-5180-3120-7

Ⅰ. ①石… Ⅱ. ①刘… Ⅲ. ①石油化工－工艺学－高等职业教育－教材 Ⅳ. ① TE65

中国版本图书馆 CIP 数据核字（2016）第 287520 号

责任编辑：范雨昕　　责任校对：王花妮
责任设计：何　建　　责任印制：何　建

中国纺织出版社出版发行
地址：北京市朝阳区百子湾东里A407号楼　邮政编码：100124
销售电话：010—67004422　传真：010—87155801
http：//www.c-textilep.com
中国纺织出版社天猫旗舰店
官方微博 http：//weibo.com/2119887771
北京虎彩文化传播有限公司印刷　各地新华书店经销
2024 年 7 月第 3 次印刷
开本：787 × 1092　1/16　印张：16.25
字数：334千字　定价：62.00元

前言

“石油化工工艺”是应用化工技术专业、石油化工生产技术及相关专业的核心课程之一，也是应用化工技术专业、石油化工生产技术及相关专业的职业技术核心课程之一。

本教材是在我院应用化工技术专业确定为中央财政支持高等职业院校提升专业服务产业发展能力建设项目的背景下编写而成的，是针对化工技术类、石化类及相关企业对石油加工生产岗位高技能型人才的需求，结合“全国职业院校石油化工生产技术技能竞赛”要求，按照石油加工生产岗位职业标准编写的任务驱动型教材。

教材内容包括认识石油化工工艺、石油及其产品的特性和石油化工工艺基础、原油蒸馏、催化裂化、石油烃类热裂解、催化重整、催化加氢、催化脱氢和氧化脱氢、燃料油品精制工艺及润滑油生产工艺等十个学习情境，本教材具有以下特点：

一是，情境设计，任务驱动。本教材根据岗位特点设置不同学习情境，每个情境下分解设计不同的工作任务，要求在学习理论内容之前教师对学生下达“任务书”，通过工作任务的完成，使学生明确完成该任务需具备的操作能力和知识能力，以此激发学生学习的主动性和求知欲，将任务驱动教学法体现在教材中。

二是，教、学、做一体化。通过完成典型工作任务，将知识与能力融为一体，避免理论知识与操作技能脱节的现象，每个任务可操作性强，实现理论实践一体化教学模式，较好地体现教、学、做三者合一。

三是，注重应用，突出技能训练。充分体现高职教育教学特色，本着理论知识“必须”“够用”为度的原则，突出职业能力的培养，树立理论知识学习旨在获取职业能力的理念，紧紧围绕工作任务的完成，以理论知识为指导，加强技能训练，增强学习的针对性。

四是，项目导向，循序渐进，逐步提升。以学习项目为导向，无论是理论知识还是操作技能训练，均由浅入深、由简单到复杂，便于学生理解并掌握。每个学习情境后均配有“能力测评与提升”训练项目，学生可通过自我测评，完成能力的检测与提升。

本教材由陕西工业职业技术学院刘迪任主编，陕西能源职业技术学院凌洁任副主编，陕西工业职业技术学院李婧参编，具体分工如下：刘迪编写学习情境一至七；凌洁编写学习情境九；李婧编写学习情境八、十及所有情境中“能力测评与提升”的内容。全书由刘迪负责拟定编写提纲，并做最后的统稿和修改定稿工作。

本教材在编写过程中，陕西工业职业技术学院尚华教授在百忙之中进行了认真的审阅，提出了许多宝贵意见，为本书增色不少，也使作者受益匪浅。在此，表示衷心的感谢。

由于编者水平有限，书中疏漏之处在所难免，恳请使用本书的读者批评斧正，谨此致谢！

编　者

2016年10月

目录

学习情境一　认识石油化工工艺

【任务一】石油化工工艺的研究范畴

1. 能力目标

能够认识石油化工工艺的范畴；能够理解石油化工行业包括的生产过程。

2. 知识目标

了解化工行业的分类；掌握石油化工行业涵盖的范畴；掌握石油化工行业三大生产过程。

3. 教、学、做说明

学生通过图书馆和网络资源的查找，并结合本任务的【相关知识】，分组讨论总结石油化工工艺的研究范畴，然后由教师引领，小组代表发言，并在教师指导下完成石油化工工艺研究范畴的汇总。

4. 工作准备

学生分组：按照班级人数分组，并指派组长；资料查阅：布置工作任务，学生可通过图书馆或互联网等途径查阅相关资料。

5. 工作过程

小组讨论；组长指派代表发言；教师引领，完成石油化工工艺研究范畴的总结。

【相关知识】

一、化学工业的分类

化学工业是指利用化学反应改变物质结构、成分、形态而生产化学品的制造工业。

化学工业按产品的元素构成大体可分为两大类：无机化学工业和有机化学工业，简称无机化工和有机化工。无机化工主要有酸、碱、盐、硅酸盐、稀有元素、电化学工业等，广义上也包括无机非金属材料和精细无机化学品的生产；有机化工主要有合成纤维、塑料、合成橡胶、化肥、农药等工业，按照原料的来源和加工特点又可分为石油化工、煤化工、天然气化工、生物化工等。随着化学工业的发展，跨类的部门层出不穷，逐步形成酸、碱、化肥、农药、有机原料、塑料、合成橡胶、合成纤维、染料、涂料、医药、感光材料、合成洗涤剂、炸药、橡胶等门类繁多的化学工业。化学工业中，虽然组成有机化合物的元素并不多，但是有机化工产品的数量和品种在整个化学工业中占有重要地位。

在化学工业各部门之间，由于原料与产品的关系而存在着相互依存和相互交叉的关系。

例如，合成气是燃料化工的产品，又是无机化工（如合成氨）和有机化工（如甲醇）的原料；二氧化钴既是无机盐工业的产品，又是颜料工业的产品；聚丙烯酰胺既是高分子化工的产品，又属于精细化学品等。这说明化学工业各部门的划分不是绝对的，它依划分的角度而异，也随着生产的发展阶段和各国情况的不同而有所变化。

二、石油化工工业的范畴

有机化学工业中，按石油的加工过程与产品用途划分为两大分支：一是经过炼制生产各种燃料油、润滑油、石蜡、沥青、焦炭等石油产品；二是把经蒸馏得到的馏分油进行热裂解，分离出基本原料，再合成生产各种石油化学制品。前一分支是石油炼制工业体系，后一分支是石油化学工业体系。通常把以石油、天然气为基础的有机合成工业称为石油化学工业，简称石油化工。

石油化工包括以下三大生产过程：基本有机化工生产过程、有机化工生产过程及高分子化工生产过程。

1. 基本有机化工生产过程　是以石油和天然气为起始原料、经过炼制加工制得三烯（乙烯、丙烯、丁二烯）、三苯（苯、甲苯、二甲苯）、乙炔和萘等基本有机原料。

2. 有机化工生产过程　是在“三烯、三苯、乙炔、萘”的基础上，通过各种合成步骤制得醇、醛、酮、酸、酯、醚、腈类等有机原料。

3. 高分子化工生产过程　是在有机原料的基础上，经过各种聚合、缩合工艺制得合成纤维、合成塑料、合成橡胶等最终产品。

【任务二】认识石油化工工业的特点、地位和发展

1. 能力目标

能够认识石油化工的特点、地位和发展。

2. 知识目标

掌握石油化工的特点；了解石油化工工业的地位、作用和发展。

3. 教、学、做说明

学生通过图书馆和网络资源的查找，并结合本任务的【相关知识】，分组讨论总结石油化工工业的特点、地位和发展，然后由教师引领，小组代表发言，并在教师指导下完成汇总。

4. 工作准备

学生分组：按照班级人数分组，并指派组长；资料查阅：布置工作任务，学生可通过图书馆或互联网等途径查阅相关资料。

5. 工作过程

小组讨论；组长指派代表发言；教师引领，完成石油化工工业特点、地位和发展的总结。

【相关知识】

一、石油化工的特点

（一）原料、生产方法和产品的多样性与复杂性

用同一种原料可以生产多种不同的化工产品；同一种产品可采用不同原料或不同方法和工艺路线来生产，同一个产品可以有不同的用途，而不同产品可能会有相同用途。由于这种多样性，石油化工能够为人类提供越来越多的新物质、新材料和新能源。同时，多数化工产品的生产过程是多步骤的，有的步骤很复杂，其影响因素也是复杂的。

（二）向大型化、综合化、精细化方向发展

装置规模增大，其单位容积单位时间的产出率随之显著增大。例如，近50年来氨合成反应器的规格增大了3倍，其产出率却增大了9倍以上。而且设备增大并不需要增加太多的投资，更不需要增加生产人员和管理人员，故单位产品成本明显降低。

生产的综合化可以使资源及能源得到充分、合理的利用，可以就地利用副产物和“废料”，将它们转化成有用的产品，做到没有废物排放或排放最少。

精细化不仅指生产小批量的化工产品，更主要的是指生产技术含量高、附加产值高的具有优异性能或功能的产品，并且为适应变化快的市场需求，不断改变产品的品种和型号。化学工艺也更精细化，深入分子内部的原子水平上进行化学品的合成，使产品的生产更加高效、节能、节约资源。

（三）多学科合作、技术密集

石油化工是高度自动化和机械化的生产，并进一步向智能化发展。当今化学工业的持续发展越来越多地依靠采用高新技术迅速将科研成果转化为生产力，如生物与化学工程、微电子与化学、材料与化工等不同学科的相互结合，可创造出更多优良的新物质和新材料；计算机技术的高水平发展，已经使化工生产实现了远程自动比控制，也将给化学品的合成提供强有力的智能化工具；将组合化学、计算化学与计算机相结合，可以准确地进行新分子、新材料的设计与合成，节省大量实验时间和人力成本。因此石油化工需要高水平、有创造性和开拓能力的多种学科不同专业的技术专家以及受过良好教育及训练的、熟悉生产技术的操作和管理人员。

（四）重视能量合理利用，积极采用节能工艺和方法

化工生产是由原料物质主要以化学变化转化为产品物质的过程，同时伴随着能量的传递和转换，必须消耗能量。化工生产部门是耗能大户，因此，合理用能和节能显得极为重要，许多生产过程的先进性体现在采用了低能耗工艺或节能工艺。那些耗能大的生产方法或工艺已经或即将遭到淘汰，如电石法生产乙炔。一些具有提高生产效率和节约能源前景的新方法、新过程的开发和应用受到高度重视，例如膜分离、膜反应、等离子体化学、生物催化、光催化和电化学合成等。

（五）安全与环境保护问题日益突出

石油化工生产过程易燃、易爆、有毒，安全与环境保护问题日益突出。创建清洁生产环境，大力发展绿色化工，采用无毒无害的方法和过程，生产环境友好型产品，这是化学工业

赖以持续发展的关键之一。

二、石油化工工业的地位和作用

石油化工作为一个新兴工业，是 20 世纪 20 年代随石油炼制工业的发展而形成，于第二次世界大战期间成长起来的。战后，石油化工的高速发展，使大量化学品的生产从传统的以煤及农林产品为原料，转移到以石油及天然气为原料的基础上来。石油化工已成为化学工业中的基干工业，在国民经济中占有极其重要的地位。

（一）石油化工是近代发达国家的重要基干工业

从石油和天然气出发，生产出一系列中间体、塑料、合成纤维、合成橡胶、合成洗涤剂、溶剂、涂料、农药、染料、医药等与国计民生密切相关的重要产品。80 年代，在工业发达国家中，化学工业的产值一般占国民生产总值 6% ~ 7%，占工业总产值 7% ~ 10%；而石油化工产品销售额约占全部化工产品的 45%，其比例是很大的。

（二）石油化工是能源的主要供应者

石油炼制生产的汽油、煤油、柴油、重油以及天然气是当前主要能源的供应者。1995 年我国生产燃料油 8000 万吨。目前，全世界石油和天然气消费量约占总能耗量的 60%。石油化工提供的能源主要用作汽车、拖拉机、飞机、轮船、锅炉的燃料，少量用作民用燃料。能源是制约我国国民经济发展的一个因素，石油化工约消耗总能源的 8.5%，应不断降低能源消耗量。

（三）石油化工是材料工业的支柱之一

金属、无机非金属材料和高分子合成材料，被称为三大材料。全世界石油化工提供的高分子合成材料目前产量约 1.45 亿吨，1996 年，我国已超过 800 万吨。除合成材料外，石油化工还提供了绝大多数的有机化工原料，在属于化工领域的范畴内，除化学矿物提供的化工产品外，石油化工生产的原料，有机化工原料在各个部门大显身手。

（四）石油化工促进了农业的发展

农业是我国国民经济的基础产业。石化工业提供的氮肥占化肥总量的 80%，农用塑料薄膜的推广使用，加上农药的合理使用以及大量农业机械所需各类燃料，形成了石化工业支持农业的主力军。

（五）石油化工可创造较高的经济效益

以美国为例，以 50 亿美元的石油、天然气原料，可生产 100 亿美元的烯烃、苯等基础石油化学品，进一步加工得 240 亿美元的有机中间产品（包括聚合物），最后转化为 400 亿美元的最终产品。当然，原料加工深度越深，产品越精细，一般来说成本也相应增加。

三、石油化工工业的发展

为了充分利用石油资源，石油化工不断向原料重质化的方向发展。20 世纪 40 年代的石油化工主要是利用炼厂气，50 年代使用了乙烷和丙烷，60 年代发展了石脑油的裂解，70 年代轻柴油裂解技术得到发展，80 年代是发展原油和重柴油裂解技术的年代，而 90 年代后则是大力发展重油裂解技术的年代。

石油化工的加工深度越高，经济效果越显著。根据国内几个行业的统计，如果以用原油作燃料发电的经济收益（利润与税收之和）为 100，则炼制为油品的收益为 140 ~ 220，加工成基本化工原料的收益为 380 ~ 430，如果再进一步加工成合成材料，则经济收益可以提高到 1030 ~ 1560。因此，石油的深度化学加工已成为石油化工发展的重要趋势。

石油化工技术的另一重要发展方向是节约原料和能量消耗。采用直接合成工艺，可以降低原料消耗。例如，20 世纪 50 年代用乙烯制乙二醇，需要先制成氯乙醇，再制成环氧乙烷，最后制成乙二醇。60 年代改为乙烯直接氧化制环氧乙烷，不再使用氯气作辅助原料。

70 年代更进一步成功研制出乙烯一步合成乙二醇，使产品收率大大提高。发展催化技术也可以减少能量消耗。例如蒙埃环球油品公司采用新催化剂，改进丙烯氨氧化法制丙烯腈的生产技术，使总的能量消耗降低 30% ~ 40%。

保护环境和控制污染，也是石油化工技术发展中的重要课题，即大力发展绿色化工，包括采用无毒、无害的原料、溶剂和催化剂；应用反应选择性高的工艺和催化剂，将副产物或废物转化为有用的物质；采用源自经济性反应，提高原料中原子的利用率，实现零排放；淘汰污染环境和破坏生态平衡的产品，开发和生产环境友好型产品等。

【能力测评与提升】

1. 化学工业应如何分类？
2. 石油化工包括哪些生产过程？
3. 简述石油化工的发展过程。
4. 石油化工在国民经济中的作用是什么？试举例说明。
5. 石油化工有哪些生产特点？

学习情境二　石油及其产品的特性和石油化工工艺基础

【任务一】认识石油及其产品

1．能力目标

能够认识石油原料的一般性状、组成和物理性能；能够根据石油产品的分类理解不同石油产品的物理性能。

2．知识目标

掌握石油的一般性状、化学组成及其产品的物理性质。

3．教、学、做说明

学生通过图书馆和网络资源的查找，并结合本任务的【相关知识】，分组讨论总结石油及其产品的组成、性质和特点，然后由教师引领，小组代表发言，并在教师指导下完成石油及其产品组成和性质的汇总。

4．工作准备

学生分组：按照班级人数分组，并指派组长；资料查阅：布置工作任务，学生可通过图书馆或互联网等途径查阅相关资料。

5．工作过程

小组讨论；组长指派代表发言；教师引领，完成石油及其产品组成和性质的总结。

【相关知识】

原油是从地下开采出来的未经加工的石油。原油经炼制加工后得到各种燃料油、润滑油、蜡、沥青、石油焦等石油产品。了解石油及其产品的化学组成和物理性质，对于原油加工、产品使用以及石油的综合利用等有重要意义。

一、石油的一般性状及化学组成

（一）石油的外观性质

石油是碳氢化合物的复杂混合物，其外观性质主要表现在石油的颜色、密度、流动性、气味上，表 2–1 列出了各类原油的主要外观性质。由于世界各地所产的石油在化学组成上存在差异，因而其外观性质上也存在不同程度的差别。

表 2-2 为我国几种原油的主要物理性质，表 2-3 为国外几种原油的主要物理性质。

表2-1　各类原油的主要外观性质

外观性质	影响因素	常规原油	特殊原油	我国原油
颜色	胶质和沥青含量越多，石油的颜色越深	大部分石油是黑色，也有暗绿或暗褐色	显赤褐、浅黄色，甚至无色	四川盆地：黄绿色 玉门：黑褐色 大庆：黑色
相对密度	胶质、沥青质含量多，石油的相对密度就大	一般在0.80～0.98之间	个别高达1.02或低到0.71	一般在0.85～0.95之间，属于偏重的常规原油
流动性	常温下石油中含蜡量少，其流动性好	一般是流动或半流动状的黏稠液体	个别是固体或半固体	蜡含量和凝固点偏高，流动性差
气味	含硫量高，臭味较浓	有程度不同的臭味		含硫相对较少，气味偏淡

表2-2　我国几种原油的主要物理性质

原油名称	大庆原油	胜利原油	孤岛原油	辽河原油	华北原油	中原原油	新疆吐哈原油	鲁宁管输原油
密度（20℃）/g·cm^{-3}	0.8554	0.9005	0.9495	0.9204	0.8837	0.8466	0.8197	0.8937
运动黏度（50℃）/mm^2·s^{-1}	20.19	23.36	333.7	109.0	57.1	10.32	2.72	37.8
凝固点/℃	30	28	2	17（倾点）	36	33	16.6	26.0
蜡含量（质量分数）/%	26.2	14.2	4.9	9.5	22.8	19.7	18.6	15.3
庚烷沥青质（质量分数）/%	0	<1	2.9	0	<0.1	0	0	0
残炭（质量分数）/%	2.9	6.4	7.4	6.8	6.7	3.8	0.90	5.5
灰分（质量分数）/%	0.0027	0.02	0.0.96	0.01	0.0097	—	0.014	—
硫含量（质量分数）/%	0.10	0.80	2.09	0.24	0.31	0.52	0.03	0.80
氮含量（质量分数）/%	0.16	0.41	0.43	0.40	0.38	0.17	0.05	0.29
镍含量/μg·g^{-1}	3.1	26.0	21.1	32.5	15.0	3.3	0.50	12.3
钒含量/μg·g^{-1}	0.04	1.6	2.0	0.6	0.7	2.4	0.03	1.5

表2-3 国外几种原油的主要物理性质

原油名称	沙特原油（轻质）	沙特原油（中质）	沙特原油（轻重混）	伊朗原油（轻质）	科威特原油	阿联酋原油（穆尔班）	伊拉克原油	印度尼西亚原油（米纳斯）
密度（20℃）/ $g\cdot cm^{-3}$	0.8578	0.8680	0.8716	0.8531	0.8650	0.8239	0.8559	0.8456
运动黏度（50℃）/ $mm^2\cdot s^{-1}$	5.88	9.04	9.17	4.91	7.31	2.55	6.50（37.8℃）	13.4
凝固点/℃	-24	-7	-25	-11	-20	-7	-15（倾点）	34（倾点）
蜡含量（质量分数）/%	3.36	3.10	4.24		2.73	5.16	—	—
庚烷沥青质（质量分数）/%	1.48	1.84	3.15	0.64	1.97	0.35	1.10	0.28
残炭（质量分数）/%	4.45	5.67	5.82	4.28	5.69	1.96	4.2	2.8
硫含量（质量分数）/%	1.19	2.42	2.55	1.40	2.30	0.86	1.95	0.10
氮含量（质量分数）/%	0.09	0.12	0.09	0.12	0.14		0.10	0.10

（二）石油组成

1. *石油的元素组成* 对于石油这样复杂的混合物的组成研究，首先是从分析其元素组成入手，表 2-4 是国内外某些原油中一些主要元素的含量，从表中可以看出，石油主要由碳、氢两种元素以及硫、氮、氧以及一些微量金属、非金属元素组成。表 2-5 列出它们元素组成的质量分数。

表2-4 国内外部分原油的主要元素组成

元素组成 / 原油名称	C的质量分数/%	H的质量分数/%	O的质量分数/%	S的质量分数/%	N的质量分数/%
大庆原油	85.74	13.31	—	0.11	0.15
胜利原油	86.28	12.20	—	0.80	0.41
克拉玛依原油	86.1	13.3	0.28	0.04	0.25
孤岛原油	84.24	11.74	—	2.20	0.47
苏联杜依玛兹原油	83.9	12.3	0.74	2.67	0.33
墨西哥原油	84.2	11.4	0.80	3.6	—
伊朗原油	85.4	12.8	0.74	1.06	—
印度尼西亚原油	85.5	12.4	0.68	0.35	0.13

注 氧含量一般是用差减法求得的近似值，仅供参考。

表2-5　原油中元素组成的质量分数

原油元素组成	常规原油中元素含量	特殊原油	我国原油
主要元素（C、H）	C：83%～87% H：11%～14% 合计：96%～99%	—	H/C原子比高，油品轻收率高
少量元素（S、N、O）	S：0.06%～0.8% N：0.02%～1.7% O：0.08%～1.82% 合计：1%～4%	委内瑞拉（博斯坎）原油含硫量高达5.7%；阿尔及利亚原油含氮量高达2.2%	含S量偏低，多数<1% 含N量偏高，多数>0.3%
微量金属、非金属元素（30余种）	金属元素和非金属元素含量甚微，在10^{-9}～10^{-6}级		大多数原油Ni多，V少

注　表中元素含量均为质量分数。

虽然非碳氢元素在石油中的含量较少，但是这些非碳氢元素都是以碳氢化合物的衍生物形态存在于石油中，因而含有这些元素的化合物所占的比例就大得多。这些非碳氢元素的存在（尤其是微量金属元素中 Ni、V），对于石油的性质、石油加工过程以及石油的催化加工中的催化剂有很大的影响，必须予以重视。

2. *石油的烃类组成*　石油主要是由各种不同的烃类组成的。石油中究竟有多少种烃，至今尚无法确定。但已确定石油中的烃类主要是由烷烃、环烷烃和芳烃这三类烃类构成。天然石油中一般不含烯烃、炔烃等不饱和烃，只有在石油的二次加工产物中和利用油页岩制得的页岩油中含有不同量的烯烃。

（1）烃类类型及分布规律。石油及其馏分中所含有的烃类类型及其分布规律见表 2-6，一般随着石油馏分的沸程升高，正构烷烃、异构烷烃含量下降，单环环烷烃含量下降，单环芳烃变化不大，只是侧链变长，多环环烷烃、多环芳烃含量上升。

表2-6　石油及其馏分中烃类类型及其分布规律

烃类类型	结构	特征	分布规律
烷烃	正构烷烃（含量高）	C_1～C_4：气态 C_5～C_{15}：液态 C_{16}以上为固态	C_1～C_4是天然气和炼厂气的主要成分； C_5～C_{10}存在于汽油馏分（200℃）中； C_{11}～C_{15}存在于煤油馏分（200～300℃）中； C_{16}以上的多以溶解状态存在于石油中，当温度降低，有结晶析出，这种固体烃类为蜡
	异构烷烃（含量低，且带有两个或三个甲基的多）		
环烷烃（只有五元、六元环）	环戊烷系（五碳环）	单环、双环、三环及多环，并以并联方式为主	汽油馏分中主要是单环环烷烃（重汽油馏分中有少量的双环环烷烃）； 煤油、柴油馏分中含有单环、双环及三环环烷烃、且单环环烷烃具有更长的侧链或更多的侧链数目
	环己烷系（六碳环）		
芳烃	单环芳烃	烷基芳烃	汽油馏分中主要含有单环芳烃； 煤油、柴油及润滑油馏分中不仅含有单环芳烃，还含有双环及三环芳烃； 高沸馏分及残渣油中，除含有单环、双环芳烃外，主要含有三环及多环芳烃
	双环芳烃	并联（萘系）、串联少	
	三环偶合芳烃	菲系多于蒽系	
	四环偶合芳烃	蒎系等	

（2）烃类的性质及用途。

①在一般条件下，烷烃的化学性质很不活泼，不易与其他物质发生反应，但在特殊条件下，烷烃也会发生氧化、卤化、硝化及热分解等反应。我国大庆原油含蜡量高（大分子烷烃多），蜡的质量好，是生产石蜡的优质原料。

②环烷烃的化学性质与烷烃相近，但稍活泼，在一定条件下可发生氧化、卤化、硝化、热分解等反应，环烷烃在一定条件下还能脱氢生成芳烃。环烷烃的抗屈性较好、凝固点低、有较好的润滑性能和黏温性，是汽油、喷气燃料及润滑油的良好组分。特别是少环长侧链的环烷烃更是润滑油的理想组分。

③芳烃的化学性质较烷烃稍活泼，可与一些物质发生反应，但芳烃中的苯环很稳定，强氧化剂也不能使其氧化，也不易起加成反应。在一定条件下，芳烃上的侧链会被氧化成有机酸，这是油品氧化变质的重要原因之一。芳烃在一定条件下还能进行加氢反应。芳烃抗爆性很高，是汽油的良好组分，常作为提高汽油质量的调合剂；灯用煤油中含芳烃多，点燃时会冒黑烟和使灯芯结焦，是有害组分；润滑油馏分中含有多环短侧链的芳烃，它将使润滑油的黏温特性变坏，高温时易氧化生胶，因此，润滑油精制时要设法除去。

芳烃用途很广泛，可作为炸药、染料、医药、合成橡胶等原料，是重要化工原料之一。

3. *石油的非烃组成*　石油中的非烃化合物主要指含硫、氮、氧的化合物。这些元素的含量虽仅约 1% ~ 4%，但非烃化合物的含量都相当高，可高达 20% 以上。非烃化合物在石油馏分中的分布是不均匀的，大部分集中在重质馏分和残渣油中。非烃化合物的存在对石油加工和石油产品使用性能影响很大，石油加工中绝大多数精制过程都是为了除去这类非烃化合物。如果处理适当，综合利用，可变害为利，生产一些重要的化工产品。例如，从石油气中脱硫的同时，又可回收硫黄。

（1）含硫化合物。硫是石油中常见的组成元素之一，不同的石油含流量相差很大，从万分之几到百分之几。硫在石油馏分中的含量随其沸点范围的升高而增加，大部分硫化物集中在重馏分和渣油中。由于硫对石油加工影响极大，所以含硫量常作为评价原油及其产品的一项重要指标，如含硫量高于 2% 的原油称为高含硫原油，低于 0.5% 称低硫原油（如大庆原油）、介于 0.5% ~ 2.0% 的称为含硫原油（如胜利原油）。

硫在石油中少量以元素硫（S）和硫化氢（H_2S）形式存在，大多数以有机硫化物形式存在，如硫醇（RSH），硫醚（RSR′），环硫醚[（六元环，S），（五元环，S）]，二硫化物（RSSR′），噻吩[（噻吩环，S）]及其同系物等。

含硫化合物的主要危害是：对设备管线有腐蚀作用；可使油品某些使用性能（汽油的感铅性、燃烧性、储存稳定性等）变坏；污染环境，含硫油品燃烧后生成二氧化硫、三氧化硫等，污染大气，对人有害；在二次加工过程中，使某些催化剂中毒，丧失催化活性。

通常采用酸碱洗涤、催化加氢、催化氧化等方法除去油品中的硫化物。

（2）含氮化合物。石油中含氮量一般在万分之几至千分之几。密度大，胶质多，含硫量高的石油，一般其含氮量也高。石油馏分中氮化物的含量随其沸点范围的升高而增加，大部分氮化物以胶状、沥青状物存在于渣油中。

石油中的氮化物大多数是氮原子在环状结构中的杂环化合物，主要有吡啶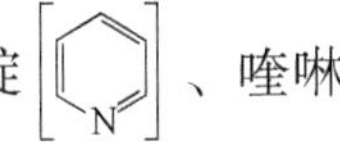、喹啉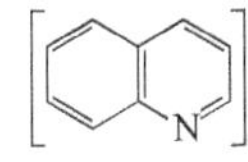等的同系物（统称为碱性氮化物）及吡咯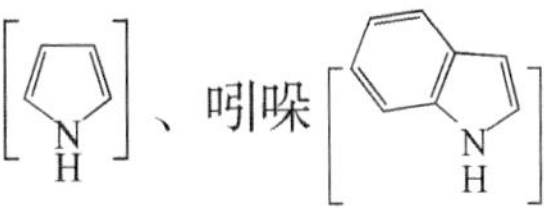、吲哚等的同系物（统称为非碱性氮化物）。石油中另一类重要的非碱性氮化物是金属卟啉化合物、分子中有四个吡咯环，重金属原子与卟啉中的氮原子呈络合状态存在。

石油中氮含量虽少，但对石油加工、油品储存和使用的影响却很大。当油品中含有氮化物时，储存日期稍久，就会使颜色变深，气味发臭，这是因为不稳定的氮化物长期与空气接触氧化生成胶质。氮化物也是某些二次加工催化剂的毒物。所以，油品中的氮化物于精制过程中除去。

（3）含氧化合物。石油中的氧含量一般都很少，约千分之几，个别石油中氧含量高达2% ~ 3%。石油中的含氧化合物大部分集中在胶质、沥青质中。因此，胶质、沥青质含量高的重质石油馏分，其含氧量一般比较高。这里讨论的是胶质、沥青质以外的含氧化合物。

石油中的氧均以有机物形式存在。这些含氧化合物分为酸性氧化物和中性氧化物两类。酸性氧化物中有环烷酸、脂肪酸和酚类，总称石油酸。中性氧化物有醛、酮和酯类，它们在石油中含量极少。含氧化合物中以环烷酸和酚类最重要，特别是环烷酸，约占石油酸总量的90%、而且在石油中的分布也很特殊，主要集中在中间馏分（沸程为250 ~ 350℃），而在低沸馏分或高沸馏分中含量都比较低。

纯的环烷酸是一种油状液体，有特殊的臭味，具有腐蚀性，对油品使用性能有不良影响。但是环烷酸却是非常有用的化工产品或化工原料，常用作防腐剂、杀虫杀菌剂、农作物助长剂、洗涤剂及颜料添加剂等。

酚类也有强烈的气味，具有腐蚀性，但可作为消毒剂，还是合成纤维、医药、染料、炸药等的原料。油品中的含氧化合物也是通过精制手段除去。

（4）胶状沥青状物质。石油中的非烃化合物，大部分以胶状沥青状物质（即胶质沥青质）存在，都是由碳、氢、硫、氯、氧以及一些金属元素组成的多环复杂化合物。它们在石油中的含量相当可观，从百分之几到百分之几十，绝大部分存在于石油的减压渣油中。

胶质和沥青质的组成和分子结构都很复杂，两者有差别，但并没有严格的界限。胶质一般能溶于石油醚（低沸点烷烃）及苯，也能溶于一切石油馏分。胶质有很强的着色力，油品的颜色主要来自胶质。胶质受热或在常温下氧化可以转化为沥青质。沥青质是暗褐色成深黑色脆性的非晶体固体粉末，不溶于石油醚而溶于苯。胶质和沥青质在高温时易转化为焦炭。

油品中的胶质必须除去，而含有大量胶质、沥青质的渣油可用于生产沥青，包括道路沥青、建筑沥青等。沥青是石油的主要产品之一。

4. *石油的馏分组成*　石油是一个多组分的复杂混合物，每个组分有其各自不同的沸点。蒸馏（或分馏）就是根据各组分沸点的不同，把石油“分割”成几个部分，这每部分称为馏分。

从原油直接分馏得到的馏分称为直馏成分，其产品称为直馏产品。

通常把沸点低于200℃的馏分称汽油馏分或低沸馏分，200 ~ 350℃的馏分称为煤、柴油馏分或中间馏分，350 ~ 500℃的馏分称为减压馏分或高沸馏分，大于500℃的馏分称为渣油馏分。

必须注意，石油馏分不是石油产品，石油产品必须满足油品规格的要求。通常馏分油要经过进一步加工才能变成石油产品。此外，同一沸点范围的馏分也可以因目的不同而加工成不同产品。例如航空煤油（即喷气燃料）的馏分范围是150 ~ 280℃，灯用煤油是200 ~ 300℃，轻柴油是200 ~ 350℃。减压馏分油既可以加工成润滑油产品，也可作为裂化的原料。国内外部分原油直馏馏分和减压渣油的含量见表2–7。

表2–7　国内外部分原油直馏馏分和减压渣油的含量

原油名称		相对密度（d_4^{20}）	汽油馏分（质量分数，<200℃）/%	煤柴油馏分（质量分数，200 ~ 350℃）/%	减压馏分（质量分数，350 ~ 500℃）/%	渣油（质量分数，>500℃）/%
国内	大庆石油	0.8635	10.78	24.02（200 ~ 360℃）	23.95（360 ~ 500℃）	41.25
	胜利石油	0.8898	8.71	19.21	27.25	44.83
	大港石油	0.8942	9.55	19.7（200 ~ 360℃）	29.8（360 ~ 500℃）	40.95
国外	伊朗石油	0.8551	24.92	25.74	24.61	24.73
	印尼米纳斯石油	0.8456	13.2	26.3	27.8（350 ~ 480℃）	32.7（>480）
	阿曼石油	0.8488	20.08	34.4	8.45	37.07

从表2–7可以看出，与国外原油相比，我国一些主要油田原油中汽油馏分少（约10%），渣油含量高，这正是我国原油的主要特点之一。

二、石油产品的分类

石油产品种类繁多，大约有数百种，且用途各异。为了与国际标准相一致，我国参照ISO国际标准化组织发表的国际标准1SO/DIS 8681，制定GB/T 498—2014《石油产品及润滑剂分类方法和类别的确定》，将石油产品分为燃料、溶剂和化工原料、润滑剂和有关产品、蜡、沥青、焦油六大类，比ISO/DIS 8681多了一类C（焦）。总分类列于表2–8中。

表2–8　石油产品及润滑剂总分类（GB/T 498—2014）

类别	含义	类别	含义
F	燃料	W	蜡
S	溶剂和化工产品	B	沥青
L	润滑剂和有关产品	C	焦油

1. *燃料*　燃料占石油产品总量的 90% 左右，它是主要能源之一，其中以汽油、柴油等发动机燃料为主。GB/T 12692.1—2010《石油产品燃料（F 类）分类　第 1 部分：总则》将燃料分为以下五组，见表 2–9。

表2–9　燃料的分组

组别	副组	组别定义
G		气体燃料：主要由石油中的甲烷、乙烷或其混合物组成的气体燃料
L		液化石油气：主要由C_3、C_4的烷烃或烯烃或其混合物组成，且更高碳原子数的物质液体体积分数小于5%的气体燃料
D	（L）①（M）②（H）③	馏分燃料：由原油加工或石油气分离所得的液体燃料
R		残渣燃料：含有来源于石油加工残渣的液体燃料。规格中应限制非来源于石油的成分
C		石油焦：由原油或原料油深度加工所得，主要由碳组成的来源于石油的固体燃料

①副组（L）代表“轻质馏分”，表示沸点在230℃以下，闪点（闭口）低于室温的石脑油及汽油。

②副组（M）代表“中质馏分”，表示沸点在150～400℃，闪点（闭口）在38℃以上的煤油及瓦斯油。

③副组（H）代表“重质馏分”，表示含有大量的沸点在400℃以上，闪点（闭口）在60℃的无沥青质的燃料和原料。

新制定的产品标准，把每种产品分为优级品、一级品和合格品三个质量等级，每个等级根据使用条件不同，还可以分为不同牌号。

2. *润滑剂*　润滑剂包括润滑油和润滑脂，主要用于降低机件之间的摩擦和防止磨损，以减少能耗和延长机械寿命。其产量不多，仅占石油产品总量的 2% ～ 5%，但品种和牌号却是最多的一大类产品。

3. *石油沥青*　石油沥青用于道路、建筑及防水等方面，其产品约占石油产品总量 3%。

4. *石油蜡*　石油蜡属于石油中的面态烃类，是轻工、化工和食品等工业部门的原料，其产量约占石油产品总量的 1%。

5. *石油焦*　石油焦可用以制作炼铝及炼钢用电极等，其产量约为石油产品总量的 2%。

6. *溶剂和化工原料*　约有 10% 的石油产品是用作石油化工原料和溶剂，其中包括制取乙烯。

【任务二】车用汽油馏程的测定

1. 能力目标

能够根据各类原油及产品评价的物性数据，分析归纳出其各自的特点并确定其加工方案；能够分析原油及产品中各种元素、烃类或非烃类化合物的存在，对其产品质量或加工过程的影响。

2. 知识目标

了解石油一般性状、元素组成、烃类组成、馏分组成和非烃类组成；了解石油产品的分类；熟悉石油及其产品的一般物理性质；初步掌握我国原油的主要特点。

3. 教、学、做说明

学生在深刻领会【相关知识】的基础上，通过网络资源认识石油及其产品馏程测定原理及步骤，然后由教师引领，熟悉石油及其产品馏程测定装置的使用方法，在教师指导下完成车用汽油馏程的测定，并对测定数据进行记录和处理。

4. 工作准备

（1）仪器和试剂。

①仪器。石油产品蒸馏器（图 2-1）；蒸馏烧瓶（125mL，1 个）；冷凝器和冷浴（冷凝管为无缝铜管制成，长为 560mm，冷凝管内管长约 390mm，全浸在冷介质中，冷凝管的下端为锐角，使顶端能与量筒壁相接触；冷浴体积至少能容纳 5.5L 冷却介质）；金属罩和围屏；加热器（气体加热器要求有一个灵敏的调节阀和气体压力控制器，电加热器要求在 0 ~ 1000W 内可调节）；蒸馏烧瓶支架和支板（采用喷灯加热时，准备直径为 100mm 的环形支架 1 个，带有直径为 76 ~ 100mm 中心孔的石棉板 1 块，让蒸馏烧瓶只能通过支板孔被直接加热，若采用电加热，准备带有直径 38mm 中心孔的石棉支板 1 块）；量筒（100mL，1 个；5mL，1 个）；温度计（量程 2 ~ 300℃，1 支；量程 0 ~ 100℃，1 支）；秒表 1 块。

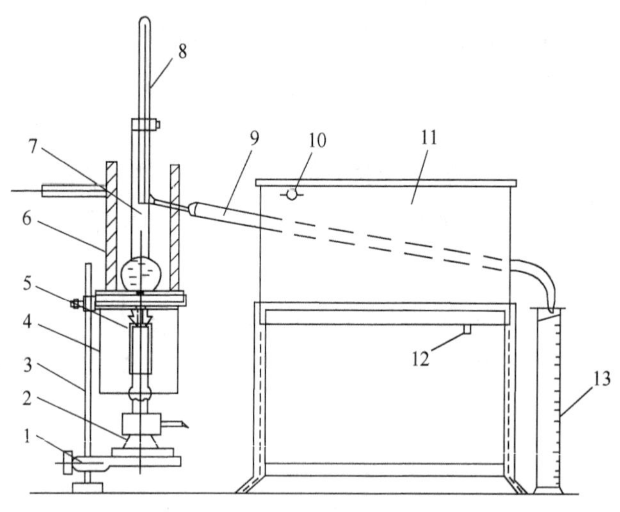

图 2-1 石油产品蒸馏器

1—托架 2—喷灯 3—支架 4—下罩 5—石棉垫 6—上罩 7—蒸馏烧瓶
8—温度计 9—冷凝管 10—排水支管 11—水槽 12—进水支管 13—量筒

②试剂及材料。90 号车用汽油；拉线（细绳或铜丝）；吸水纸（或脱脂棉）；无线软布。

（2）测定准备。

①取样。将取样收集在已预先冷却至 0 ~ 10℃的取样瓶中，并弃去第一次收集的试样。

操作时，最好将取样瓶浸在冷却液体中；若不能，则应将在试样吸入已预先冷却的取样瓶中（抽吸时，要避免试样搅动）。然后立即用塞子紧密塞住取样瓶，并将试样保存在冰浴或冰箱中。

注意：如果试样含有可见水，则不适合做实验，应该另取一份无悬浮水的试样。

②仪器的准备。选择蒸馏仪器（蒸馏烧瓶，温度计，烧瓶支板），并确保蒸馏烧瓶、温度计、量筒和 100mL 试样冷却至 13 ～ 18℃，蒸馏烧瓶支板和金属罩不高于室温。

说明：量筒必须放在另一冷浴中，该冷浴为高型透明的玻璃杯或塑料杯，其高度要求能将量筒浸入 100mL 刻线处，试验过程中应始终保持冷浴状态。

③冷浴的准备。采取措施使冷浴温度维持在 0 ～ 1℃。冷浴介质的液面必须高于冷凝器最高点。可以采取循环或吹风措施来维持冷浴温度均匀。

说明：测定汽油时，合适的冷浴介质有碎冰和水，冷冻盐水或冷冻乙二醇，目前多采用自动蒸馏仪，用压缩机制冷。

④擦拭冷凝器。用缠在拉线上的一块无绒软布擦洗冷凝管内的残存液。

⑤安装取样瓶温度计。用一个打孔良好的软木塞或硅胶橡皮塞，将温度计紧密装在取样瓶颈部，并保持试样温度为 13 ～ 18℃。

⑥装入试样。用量筒取 100mL 试样，并尽可能地将试样全部倒入蒸馏瓶中。

注意：装入试样时，蒸馏烧瓶支管应该向上，以防液体注入支管中。

⑦安装蒸馏温度计。用软木塞硅酮橡胶塞，将温度计紧密装在蒸馏烧瓶的颈部，水银球位于蒸馏烧瓶颈部中央，毛细管低端与蒸馏烧瓶支管内部底部最高点齐平。

⑧安装冷凝管。用软木塞或硅酮橡胶塞，将蒸馏烧瓶支管紧密安装在冷凝管上，蒸馏烧瓶要调整至垂直，蒸馏烧瓶支管伸入冷凝管内 25 ～ 20mm。升高及调整蒸馏烧瓶支板，使其对准并接触蒸馏烧瓶底部。

⑨安装量筒。将取样的量筒不经干燥，放入冷凝管下端的量筒冷却浴内，使冷凝管下端位于量筒中心，并伸入量筒内至少 25mm，但不能低于 100mL 刻线。用一块吸水纸或脱脂棉将量筒盖严，这块吸水纸剪成紧贴冷凝管的形状。

⑩记录室温和大气压力。

5. 工作过程

（1）测定步骤。

①加热。将装有试样的蒸馏烧瓶加热，并调节加热速度，保证开始加热到初馏点的时间为 5 ～ 10min。

②控制蒸馏速度。观察记录初馏点后，如果没有使用接受器导向装置，则立即移动量筒，使冷凝管尖端与量筒内壁相接触，让馏出液沿量筒内壁流下。调节加热，使从初馏点到 5% 回收量的时间是 60 ～ 75s。从 5% 回收量到蒸馏烧瓶中 5mL 残留物的冷凝平均速度是 4 ～ 5mL/min。

提示：检查蒸馏速度时，可以移动量筒使其内壁与冷凝管末端离开片刻。

③观察和记录。汽油要求记录初馏点、终馏点和 5%、15%、85%、95% 回收量及从

10% ~ 90% 每 10% 回收量的温度计读数。根据所用仪器，记录量筒中液体体积时，要精确到 0.5mL（手工）或 0.1mL（自动），记录温度计读数，要精确到 0.5℃（手工）或 0.1℃（自动）。

④加热最后调整。当在蒸馏烧瓶中残留液体约为 5mL 时，再调整加热，使此时到终馏点的时间为 3 ~ 5min。

说明：如果此条件不能满足，可进一步调整最后加热强度，重新进行试验。

⑤观察记录终馏点，并停止加热。

⑥继续观察记录。在冷凝管有液体继续滴入量筒内，每隔 2min 观察一次冷凝液体积，直至相继两次观察的体积一致为止。精确测量体积，记录。根据所用仪器，精确至 0.5mL（手工）或 0.1mL（自动），报告为最大回收量。若因出现分解点而预先停止了蒸馏，则从 100% 减去最大回收量，报告此差值为残留量和损失量，并省去步骤⑦。

⑦量取残留量。待蒸馏烧瓶冷却后，将其内容物倒入 5mL 量筒中，并将蒸馏烧瓶悬垂于量筒上，让蒸馏瓶排油，直至量筒液体体积无明显增加为止。记录量筒中的液体体积，精确至 0.1mL，作为残留量。

⑧计算损失量。最大回收量和残留量之和为总回收量。从 100% 减去总回收量，则得出损失量。

（2）数据记录与处理。

①记录要求。对每一次试验，都应根据所用仪器要求进行记录，所有回收量都要精确至 0.5%（手工）或 0.1%（自动），温度计读数精确至 0.5℃（手工）或 0.1℃（自动）。报告大气压力精确至 0.1kPa（1mmHg）。

②大气压力修正。温度计读数按式（2–1）修正到 101.3kPa（760mmHg），并将修正结果修约到 0.5℃（手工）或 0.1℃（自动）。报告应包括观察的大气压力，并说明是否已进行大气压力修正。

$$t_c = t + C \tag{2–1}$$

$$C = 0.0009\text{kPa}^{-1} \times (101.3\text{kPa} - p_k)(273℃ + t)$$

式中：t_c——校正温度读数（修正至 101.3kPa 时的温度计读数），℃；

t——观测温度读数（用规定的温度计或与其相当的测温系统测得的蒸馏烧瓶支管颈部的饱和温度），℃；

C——温度读数的大气压修正值，℃；

p_k——试验时的大气压力，kPa。

③校正损失量。按式（2–2）进行计算。

$$\varphi_{损失,c} = \frac{\varphi_{损失} - 0.5\%}{1 + (101.3 - p_k)/8.0} + 0.5\% \tag{2–2}$$

式中：$\varphi_{损失,c}$——校正损失（体积分数），%；

$\varphi_{损失}$——观测损失（体积分数），%；

p_k——试验时的大气压力，kPa。

④校正回收分数。按式（2–3）进行计算。

$$\varphi_{最大回收，c}=\varphi_{最大回收}+（\varphi_{损失}-\varphi_{损失，c}） \tag{2-3}$$

式中：$\varphi_{最大回收，c}$——校正最大回收分数，%；

$\varphi_{最大回收}$——最大回收分数，%；

$\varphi_{损失}$——观测损失，%；

$\varphi_{损失，c}$——校正损失，%。

⑤计算修正后的蒸发温度。按式（2–4）计算10%蒸发速度和90%蒸发温度。

$$t=t_L+\frac{(t_H-t_L)(\varphi_{回收，0}-\varphi_{回收，L})}{\varphi_{回收，H}-\varphi_{回收，L}} \tag{2-4}$$

式中：t——蒸发温度，℃；

$\varphi_{回收，0}$——对应于规定蒸发量的回收量，%；

$\varphi_{回收，L}$——临近并低于$\varphi_{回收}$，O的回收量，%；

$\varphi_{回收，H}$——临近并高于$\varphi_{回收}$，O的回收量，%；

t_L——在时$\varphi_{回收，L}$观察到的温度计读数，℃；

t_H——在时$\varphi_{回收，H}$观察到的温度计读数，℃。

（3）精密度

按下述规定判断试验结果的可靠性（95%置信水平）。

①重复性。同一操作者重复测定的两个结果之差不应大于表2–10（手动）或表2–11（自动）中显示的数据。

②再现性。不同操作者测定的两个结果之差不应大于表2–10（手动）或表2–11（自动）中所示的数据。

表2–10　汽油手动蒸馏的重复性和再现性

蒸发分数/%	重复性温度/℃	再现性温度/℃	蒸发分数/%	重复性温度/℃	再现性温度/℃
初馏点	3.3	5.6	80	1.2+0.86%*Sc*	2.0+1.74%*Sc*
5	1.9+0.86%*Sc*	3.1+1.74%*Sc*	90	1.2+0.86%*Sc*	0.8+1.74%*Sc*
10	1.2+0.86%*Sc*	3.1+1.74%*Sc*	95	1.2+0.86%*Sc*	1.1+1.74%*Sc*
20	1.2+0.86%*Sc*	3.1+1.74%*Sc*	终馏点	3.9	7.2
30～70	1.2+0.86%*Sc*	3.1+1.74%*Sc*			

注　*Sc*为按式（2–5）计算得到的温度变化率。

表2–10和表2–11中的*Sc*称为温度变化率（或斜率），表示蒸发温度随蒸发分数的变化率。车用汽油蒸馏时，不要求计算初馏点、终馏点（或干点）的温度变化率，表2–12中所列出的其余斜率数据点，则按式（2–5）计算。

表2-11 汽油自动蒸馏的重复性和再现性

蒸发分数/%	重复性温度/℃	再现性温度/℃	蒸发分数/%	重复性温度/℃	再现性温度/℃
初馏点	3.9	7.2	80	1.1+0.67%*Sc*	1.67+2.0%*Sc*
5	2.1+0.67%*Sc*	4.4+2.0%*Sc*	90	1.1+0.67%*Sc*	0.7+2.0%*Sc*
10	1.7+0.67%*Sc*	3.3+2.0%*Sc*	95	1.1+0.67%*Sc*	2.6+2.0%*Sc*
20	1.1+0.67%*Sc*	3.3+2.0%*Sc*	终馏点	4.4℃	8.9℃
30～70	1.1+0.67%*Sc*	2.6+2.0%*Sc*			

注 *Sc*为按式（2-5）计算得到的温度变化率。

5% 回收量（体积分数）温度变化率按式（2-5）计算：

$$S=(t_U+t_L)/(\varphi_U-\varphi_L) \tag{2-5}$$

式中：S——温度变化率（或斜率），℃ /%；

t_U——较高温度，℃；

t_L——较低温度，℃；

φ_U——与 t_U 相应的蒸发温度，%；

φ_L——与 t_L 相应的蒸发温度，%。

表2-12 确定温度变化率（或斜率）的数据点

斜率点/%	IBP	5	10	20	30	40	50	60	70	80	90	95	*EP*
t_L数据点/%	0	0	0	10	20	30	40	50	60	70	80	90	95
t_U数据点/%	5	10	20	30	40	50	60	70	80	90	90	95	φ_{EP}/%
（$\varphi_U-\varphi_L$）/%	5	10	20	20	20	20	20	20	20	20	10	5	（φ_{EP}/%−95）

对于 10% ～ 85% 回收分数未列于表 2-12 中的数据点，用式（2-16）计算温度变化率。

$$S=(0.05/\%)/(t_{\varphi+10\%}-t_{\varphi-10\%}) \tag{2-6}$$

式中：S——温度变化率（或斜率），℃ /%；

t——用角标表示在该蒸发分数时的温度，℃。

t_φ——蒸发分数，%；

t_φ+10%——比该蒸发分数大 10%；

t_φ−10%——比该蒸发分数小 10%。

【相关知识】

一、石油及其产品的物理性质

石油和油品的物理性质与其化学组成密切相关。由于石油和油品都是复杂的混合物，所以它们的物理性质是所含各种成分的综合表现。与纯化合物的性质有所不同，石油和油品的物理性质往往是条件性的，离开了一定的测定方法、仪器和条件，这些性质也就失去了意义。

石油和油品性质测定方法都规定了不同级别的统一标准，其中有国际标准（简称ISO）、国家标准（简称GB）、中国石油化工总公司行业标准（简称SH）等。

（一）蒸发性能

石油及其产品的蒸发性能是反映其汽化、蒸发难易的重要性质。

1. 蒸气压　在一定温度下，液体与其液面上方蒸气呈平衡状态时，该蒸气所产生的压力称为饱和蒸气压，简称蒸气压。蒸气压越高，说明液体越容易汽化。

纯烃和其他纯的液体一样，其蒸气压只随液体温度而变化，温度升高，蒸气压增大。

石油及石油馏分的蒸气压与纯物质有所不同，它不仅与温度有关，而且与汽化率（或液相组成）有关。在温度一定时，汽化量变化会引起蒸气压的变化。

油品的蒸气压通常有两种表示方法：一种是油品质量标准中的雷德（Reid）蒸气压，是在规定条件（38℃、气相体积与液相体积之比为4 ∶ 1）下测定的；另一种是真实蒸气压，指汽化率为零时的蒸气压。

2. 馏程与平均沸点　纯物质在一定外压下，当加热到某一温度时，其饱和蒸气压等于外界压力此温度称为沸点。在外压一定时，纯化合物的沸点是一个定值。

石油及其馏分或产品都是复杂的混合物，所含各组分的沸点不同，所以在一定外压下，油品的沸点不是一个温度点，而是一个温度范围。

将一定量的油品放入仪器中进行蒸馏，经过加热、汽化、冷凝等过程，油品的低沸点组分易蒸发出来，随着蒸馏温度的不断提高，较多的高沸点组分也相继蒸出。蒸馏时流出第一滴冷凝液时的气相温度叫初点（或初馏点），馏出物的体积依次达到10%，20%，30%，…，90%时的气相温度分别称为10%点（或10%馏出温度），30%点，…，90%点，蒸馏到最后达到的气体的最高温度叫干点（或终馏点）。从初点到干点这一温度范围称为馏程，在此温度范围内蒸馏出的部分叫馏分。馏分与馏程或蒸馏温度与馏出量之间的关系叫原油或油品的馏分组成。

在生产和科研中常用的馏程测定方法有实沸点蒸馏和恩氏蒸馏，它们不同点是：前者蒸馏设备较精密，馏出时的气相温度较接近馏出物的沸点，温度与馏出的质量分数呈对应关系；而后者蒸馏设备较简便，蒸馏方法简单，馏程数据易得，但馏程并不能代表油品的真实沸点范围。所以，实沸点蒸馏适用于原油评价及制定产品的切割方案，恩氏蒸馏馏程常用于生产控制、产品质量标准及工艺计算，例如工业上常把馏程作为汽油、喷气燃料、柴油、灯用煤油、溶剂油等的重要质量指标。

馏程在油品评价和质量标准上用处很大，但无法直接用于工程计算，为此提出平均沸点的概念。用于设计计算及其他物性常数的求定。平均沸点有五种表示方法，分别是体积平均沸点、质量平均沸点、立方平均沸点、实分子平均沸点、中平均沸点，其计算方法和用途各不相同，但都可以通过恩氏蒸馏馏程及平均浇点温度校正图求取（参见《石油化工工艺计算图表》）。

（二）密度、特性因数、平均相对分子质量

1. 密度　在规定温度下，单位体积内所含物质的质量称为密度，单位是 g/cm^3 或 kg/m^3。密度是评价石油质量的主要指标，通过密度和其他性质可以判断原油的化学组成。

我国国家标准 GB/T 1884—2000 规定，20℃时密度为石油和液体石油产品的标准密度，以 ρ_{20} 表示。其他温度下测得的密度用 ρ_t 表示。

油品的密度与规定温度下水的密度之比称为油品的相对密度，用 d 表示，是无量纲的量。由于 4℃时纯水的密度近似为 $1g/cm^3$，常以 4℃的水为比较标准。我国常用的相对密度为 d_4^{20}，即 20℃时油品的密度与 4℃时水的密度之比；欧美各国常用的为 $d_{15.6}^{15.6}$，即 15.6℃（或 60 ℉）时油品的密度与 15.6℃时水的密度之比，并常用比重指数表示液体的相对密度，也称 API 度，表示为° API，它与 $d_{15.6}^{15.6}$ 的关系为：

$$°API=141.5/d_{15.6}^{15.6}-131.5$$

与通常密度的观念相反，° API 数值越大，表示密度越小。油品的密度与其组成有关，同一原油的不同馏分油，随沸点范围升高密度增大。当沸点范围相同时，含芳烃越多，密度越大；含烷烃越多，密度越小。

2. 特性因数　特性因数（K）是反映石油或石油馏分化学组成特性的一种特性数据，对原油的分类、确定原油加工方案等是十分有用的。

特性因数的定义为：

$$K=1.216T^{\frac{1}{3}}/d_{15.6}^{15.6}$$

式中：T——烃类的沸点，石油或石油馏分的立方平均沸点或中平均沸点，K。

不同烃类的特性因数是不同的。烷烃的最高，环烷烃的次之，芳烃的最低。由于石油及其馏分是以烃类为主的复杂混合物，所以也可以用特性因数表示它们的化学组成特性。含烷烃多的石油馏分的特性因数较大，为 12.5 ~ 13.0；含芳烃多的石油馏分的较小，为 10 ~ 11；一般石油馏分的特性因数在 9.7 ~ 13。大庆原油 K 值为 12.5，胜利原油 K 值为 12.1。

3. 平均分子量　石油馏分的相对分子质量是其中各组分相对分子质量的平均值，称为平均分子量（简称相对分子质量）。

石油馏分的相对分子质量随馏分沸程的升高而增大。汽油的相对分子质量为 100 ~ 120，煤油为 180 ~ 200，轻柴油为 210 ~ 240，低黏度润滑油为 300 ~ 360，高黏度润滑油为 370 ~ 500。

石油馏分的平均分子量可以从《石油化工工艺计算图表》中查取，相对分子质量常用来计算油品的汽化热、石油蒸气的体积、分压及了解石油馏分的某些化学性质等。

（三）流动性能

石油和油品在处于牛顿流体状态时，其流动性可用黏度来描述；当处于低温状态时，则用多种条件性指标来评定其低温流动性。

1. *黏度*　黏度是评价原油及其产品流动性能的指标，是喷气燃料、柴油、重油和润滑油的重要质量标准之一，特别是对各种润滑油的分级、质量鉴别和用途具有决定意义。黏度对油品流动和输送时的流量和压力降也有重要影响。

黏度是表示液体流动时分子间摩擦而产生阻力的大小。黏稠的液体比稀薄的液体流动得慢，因为黏稠液体在流动时产生的分子间的摩擦力较大。黏度的大小随液体组成、温度和压力不同而异。

黏度的表示方法有动力黏度、运动黏度及恩氏黏度等。国际标准化组织（ISO）规定统一采用运动黏度。

动力黏度是表示液体在一定剪切应力下流动时内摩擦力的量度，其值为所加于流动液体的剪切应力和剪切速率之比。在我国法定单位制中以帕·秒（Pa·s）表示，习惯上用厘泊（cP）、泊（P）为单位（1Pa·s=10P=1000cP）。

运动黏度表示液体在重力作用下流动时内摩擦力的量度，其值为相同温度下液体的动力黏度与其密度之比。在法定单位制中以 m^2/s 表示。在物理单位制中运动黏度单位为 cm^2/s（斯，St），常用单位是 mm^2/s（厘斯，cSt）。$1m^2/s=10^4cm^2/s$（St）$=10^6mm^2/s$（cSt）。

恩氏黏度是条件性黏度，常用于表示油品的黏度。恩氏黏度是在规定条件下，从仪器中流出 200mL 油品的时间与 20℃时流出 200mL 蒸馏水所需时间的比值，以 $°E$ 表示。

石油及其馏分或产品的黏度随其组成不同而异。含烷烃多（特性因数大）的石油馏分黏度较小，含环状烃多（特性因数小）的黏度较大。一般的，石油馏分越重、沸点越高，黏度越大。温度对油品黏度影响很大。温度升高，液体油品的黏度减小，而油品蒸气的黏度增大。

油品黏度随温度变化的性质称为黏温性质。黏温性质好的油品，其黏度随温度变化的幅度较小。黏温性是润滑油的重要指标之一，为了使润滑油在温度变化的条件下能保证润滑作用，要求润滑油具有良好的黏温性质。油品黏温性质的表示方法常用的有两种，即黏度比和黏度指数（VI）。

黏度比最常用的是 50℃与 100℃运动黏度的比值，也有用 −20℃与 50℃运动黏度的比值，分别表示为 $v_{50℃}/v_{100℃}$和 $v_{-20℃}/v_{50℃}$。黏度比越小，黏温性越好。

黏度指数是世界各国表示润滑油黏温性质的通用指标，也是 ISO 标准。黏度指数越高，黏温性质越好。

油品的黏温性质是由其化学组成所决定的。烃类中以正构烷烃的黏温性最好，环烷烃次之，芳烃的最差。烃类分子中环状结构越多，黏温性越差，侧链越长则黏温性越好。

2. *低温性能*　燃料和润滑油通常需要在冬季、室外、高空等低温条件下使用。所以油品在低温时的流动性是评价油品使用性能的重要指标，原油和油品的低温流动对输送也有重要意义。油品低温流动性能包括浊点、冰点、结晶点、倾点、凝固点和冷滤点等，都是在规定条件下测定的。

油品在低温下失去流动性的原因有两种：一种是对于含蜡很少或不含蜡的油品，随着温度降低，油品黏度迅速增大，当黏度增大到某一程度，油品就变成无定形的黏稠状物质而失去流动性，即所谓“黏温凝固”；另一种原因是对含蜡油品而言，油品中的固体蜡当温度适当时可溶解于油中，随着温度的降低，油中的蜡就会逐渐结晶出来，当温度进一步下降时，结晶大量析出，并联结成网状结构的结晶骨架，蜡的结晶骨架把此温度下还处于液态的油品包在其中，使整个油品失去流动性，即所谓“构造凝固”。

浊点是在规定条件下，清亮的液体油品由于出现蜡的微晶粒而呈雾状混浊时的最高温度。若油品继续冷却，直到油中出现肉眼能看得到的晶体，此时的温度就是结晶点。油品中出现结晶后，再使其升温，使原来形成的烃类结晶消失时的最低温度称为冰点。同一油品的冰点比结晶点稍高 1 ~ 3℃。

浊点是灯用煤油的重要质量指标，结晶点和冰点是航空汽油和喷气燃料的重要质量指标。

纯化合物在一定温度和压力下有固定的凝固点，而且与熔点数值相同。而油品是一种复杂的混合物，它没有固定的“凝固点”。所谓油品的“凝固点”，是在规定条件下测得的油品刚刚失去流动性时的最高温度，完全是条件性的。

倾点是在标准条件下，被冷却的油品能流动的最低温度。冷滤点是表示柴油在低温下堵塞滤网可能性的指标，是在规定条件下测得的油品不能通过滤网时的最高温度。

油品的低温流动性与其化学组成有密切关系。油品的沸点越高，特性因数越大或含油量越多，其倾点或凝固点就越高，低温流动性越差。

（四）燃烧性能

石油及其产品是众所周知的易燃品，又是重要燃料，因此研究其燃烧性能，对于燃料使用性能和安全均十分重要。油品的燃烧性能主要用闪点、燃点和自燃点等来描述。

油品蒸气与空气的混合气在一定的浓度范围内遇到明火就会闪火或爆炸。混合气中油气的浓度低于这一范围，油气不足，而高于这一范围，空气不足，都不能发生闪火或爆炸。因此，这一浓度范围就称为爆炸范围，油气的下限浓度称为爆炸下限，上限浓度称为爆炸上限。

闪点是在规定条件下，加热油品所逸出的蒸气和空气组成的混合物与火焰接触发生瞬间闪火时的最低温度。

由于测定仪器和条件的不同，油品的闪点又分为闭口闪点和开口闪点两种，两者的数值是不同的。通常轻质油品测定其闭口闪点，重质油和润滑油多测定其开口闪点。

石油馏分的沸点越低，其闪点也越低。汽油的闪点为 -50 ~ 30℃，煤油的闪点为 28 ~ 60℃，润滑油的闪点为 130 ~ 325℃。

燃点是在规定条件下，当火焰靠近油品表面的油气和空气混合物时，即着火并持续燃烧至规定时间所需的最低温度。

测定闪点和燃点时，需要用外部火源引燃。如果预先将油品加热到很高的温度，然后使之与空气接触，则无须引火，油品因剧烈的氧化面产生火焰自行燃烧，称为油品的自燃。发生自燃的最低温度称为油品的自燃点。

闪点和燃点与烃类的蒸发性能有关，而自燃点却与其氧化性能有关。所以，油品的闪点、燃点和自燃点与其化学组成有关。油品的沸点越低，其闪点和燃点越低，而自燃点越高。含烷烃多的油品，其自燃点低，但闪点高。

闪点、燃点和自燃点对油品的储存、使用和安全生产都有重要意义，是油品安全保管、输送的重要指标，在储运过程中要避免接近火源与高温。

（五）油品的热性质

油品的热性质指在石油加工、储运等工艺计算中比热容、汽化潜热、焓和燃烧热等。这些热性质的测定难度较大，一般采用图表或方程求定。

1. 比热容　单位质量的物质温度升高 1℃（或 K）所需要的热量称为比热容，单位是 J/（kg·K）或 J/（kg·℃）。油品的比热容随密度增加而减小，随温度升高而增大。

2. 汽化潜热　在常压沸点下，单位质量的物质由液态转化为气态所需要的热量称为汽化潜热，单位是 J/kg。汽油的汽化潜热为 290 ~ 315kJ/kg，煤油为 250 ~ 270kJ/kg，柴油为 230 ~ 250kJ/kg，润滑油为 190 ~ 230kJ/kg。

3. 焓　焓是热力学函数之一。焓的绝对值是不能测定的，但可测定过程始态和终态焓的变化值。为了方便起见，人为地规定某个状态下的焓值为零，该状态称为基准状态。物质基准状态变化到指定状态时发生的焓变作为物质在该状态下的焓值，单位是 J/kg。石油馏分的焓值可以从“石油馏分焓图”中查取，详见《石油化工工艺计算图表》。

油品的焓与其化学组成有关。在相同温度下，油品的密度越小，特性因数越大，其焓值越高。

4. 燃烧热　单位质量燃料完全燃烧所放出的热量称为燃烧热或热值，单位为 J/kg。热值有以下三种表示方法：

（1）标准热值。定义为在 25℃和 100kPa 标准状态时燃料完全燃烧所放出的热量。此时燃料燃烧的起始温度和燃烧产物的最终温度均为 25℃，燃烧产物中的水蒸气全部冷凝成水。

（2）高热值。与标准热值的差别仅在于起始和终了温度均为 15℃而不是 25℃，这个差别很小，通常可忽略不计。

（3）低热值。又称净热值，是燃料起始温度和燃烧产物的最终温度均为 15℃，但燃烧产物中的水蒸气为气态，此时完全燃烧所放出的热量。

实际燃烧时，燃烧产物中水蒸气并未冷凝，所以通常计算中均采用净热值。石油馏分的热值随其密度增大而下降，一般净热值为 40 ~ 44MJ/kg。净热值是航空燃料的重要质量指标。热值可以实验测定，也可以通过燃料的化学组成和物性进行计算或查阅《石油化工工艺计算图表》得到。

（六）油品的其他物理性质

1. 折射率（折光率）　严格来讲，光在真空中的速度（2.9979×10^8m/s）与光在物质中速度之比称为折射率，以 n 表示。通常用的折射率数据是光在空气中的速度与被空气饱和的物质中速度之比。

折射率的大小与光的波长、光透过物质的化学组成以及密度、温度和压力有关。在其他条件相同的情况下，烷烃的折射率最低，芳烃的最高，烯烃和环烷烃的介于它们之间。对环烷烃和芳烃，分子中环数越多则折射率越高。常用的折射率是 n_D^{20}，即温度为 20℃、常压下钠的 D 线（波长为 58 926nm）的折射率。

油品的折射率常用于测定油品的烃类组成，炼油厂的中间控制分析也采用折射率来求定残炭值。

2. 含硫量　如前所述，石油中的硫化物对石油加工及石油产品的使用性能影响较大，因此含硫量是评价石油及产品性质的一项重要指标，也是选择石油加工方案的依据。含硫量的测定方法有多种，如硫醇硫含量、硫含量（即总硫含量）、腐蚀等定量或定性方法。通常，含硫量是指油品中含硫元素的质量分数。

3. 胶质、沥青质和蜡含量　原油中的胶质、沥青质和蜡含量对原油输送影响很大，特别是制订高含蜡、易凝原油的加热输送方案时，胶质与含蜡量之间的比例关系会显著影响热处理温度和热处理的效果。这三种物质的含量对制定原油的加工方案也至关重要。因此通常需要测定原油中胶质、沥青质和蜡的含量，均以质量分数表示。

4. 残炭值　用特定的仪器，在规定的条件下，将油品在不通空气的情况下加热至高温。此时油品中的烃类即发生蒸发和分解反应，最终成为焦炭。此焦炭占试验用油的质量分数，叫做油品的残炭或残炭值。

残炭与油品的化学组成有关。生成焦炭的主要物质是沥青质、胶质和芳烃，在芳烃中又以稠环芳烃的残炭最高。所以石油的残炭在一定程度上反映了其中沥青质、胶质和稠环芳烃的含量。

这对于选择石油加工方案有一定的参考意义。此外，因为残炭的大小能够直接表明油品在使用中积碳的倾向和结焦的多少，所以残炭还是润滑油和燃料油等重质油以及二次加工原料的质量指标。表 2-13 中列举了我国几种原油的性质。

表2-13　我国几种原油的主要性质

原油产地	大庆	胜利	孤岛	辽河	华北	中原	新疆	鲁宁管输油
°API	33.1	24.9	17.0	24.3	27.9	34.8	33.4	26.1
密度（20℃）/g·mL^{-1}	0.8554	0.9005	0.9495	0.9042	0.8837	0.8456	0.8638	0.8039
运动黏度（50℃）/mm^2·s^{-1}	20.19	83.36	333.7	37.26	57.1	10.32	18.80	37.8
凝固点/℃	30	28	2	21	36	33	12	26
蜡含量（质量分数）/%	26.2	14.6	4.6	9.9	22.8	19.7	7.2	15.3
沥青质（质量分数）/%	0	<1	2.9	0	<0.1	0	10.6	0
胶质（质量分数）/%	8.0	10.0	24.8	13.7	22.0	19.7	7.2	15.3
残炭（质量分数）/%	2.0	6.4	7.4	4.8	6.7	3.8	2.6	5.6
灰分（质量分数）/%	0.0027	0.02	0.006	0.01	0.007	—	0.014	—

【任务三】认识石油化工工艺基础知识

1. 能力目标

能够认识化工生产工艺过程；能够理解化工生产过程控制的效率指标及控制意义。

2. 知识目标

掌握化工生产过程步骤及其主要效率指标；了解石油化工生产过程所用催化剂的作用、特征、组成及使用问题。

3. 教、学、做说明

学生通过图书馆和网络资源的查找，并结合本任务的【相关知识】，分组讨论总结石油化工工艺的基础知识，然后由教师引领，小组代表发言，并在教师指导下完成石油化工工艺基础知识的汇总。

4. 工作准备

学生分组：按照班级人数分组，并指派组长；资料查阅：布置工作任务，学生可通过图书馆或互联网等途径查阅相关资料。

5. 工作过程

小组讨论；组长指派代表发言；教师引领，完成石油化工工艺基础知识的总结。

【相关知识】

一、化工生产过程

化工生产过程一般可概括为原料预处理、化学反应及产品分离和精制三大步骤。

1. 原料预处理　原料预处理的主要目的是使初始原料达到反应所需要的状态和规格。例如固体需破碎、过筛；液体需加热或汽化；有些反应物要预先脱除杂质，或配制成一定的浓度。在多数生产过程中，原料预处理本身就很复杂，要用到许多物理的和化学的方法和技术，有些原料预处理成本占生产成本的大部分。

2. 化学反应　通过该步骤完成由原料到产物的转变，是化工生产过程的核心。反应温度、压力、浓度、催化剂（多数反应需要）或其他物料的性质以及反应设备的技术水平等各种因素对产品的数量和质量有重要影响，是化工工艺学研究的重点内容。

化学反应类型繁多，若按反应特性分，有氧化、还原、加氢、脱氢、歧化、异构化、烷基化、碳基化、分解、水解、水合、偶合、聚合、缩合、酯化、磺化、硝化、卤化、重氮化等众多反应；若按反应体系中物料的相态分，有均相反应和非均相反应（多相反应）；若根据是否使用催化剂来分，有催化反应和非催化反应，催化剂与反应物间具有不同相态时，称为非均相催化反应。

实现化学反应过程的设备称为反应器。工业反应器的类型众多，不同反应过程所用的反应器形式不同：若按结构特点分，有管式反应器（可装填催化剂，也可是空管）、床式反应器（装填催化剂，有固定床、移动床、流化床和沸腾床等）、釜式反应器和塔式反应器等；若按操作方式分，有间歇式、连续式和半连续式三种；若按换热状况分，有等温反应器、绝热反应器和变温反应器，换热方式有间接换热式和直接换热式。

3. 品的分离和精制　产品分离和精制的目的是获取符合规格的产品，并回收、利用副产物。在多数反应过程中，由于诸多原因，致使反应后产物是包括目的产物在内的许多物质的混合物，有时目的产物的浓度甚至很低，必须对反应后的混合物进行分离、提纯和精制，才能得到符合规格的产品。同时要回收剩余反应物，以提高原料利用率。

分离和精制的方法和技术是多种多样的，通常有冷凝、吸收、吸附、冷冻、闪蒸、精馏、萃取、渗透（膜分离）、结晶、过滤和干燥等，不同生产过程可以有针对性地采用相应的分离和精制方法。分离出来的副产物和“三废”也应加以利用或处理。

化工过程常包括多步反应转化过程，除了起始原料和最终产品外，可能有多重中间产物生成，原料和产品也可能是多个。因此，化工过程通常由上述三个步骤交替组成，以化学反应为中心，将反应与分离过程有机地组织起来。

二、化工过程的主要效率指标

（一）生产能力和生产强度

1. 生产能力　生产能力指一个设备、一套装置或一个工厂在单位时间内生产的产品量，或在单位时间内处理原料量。其单位为 kg/h，t/d 或 kt/a，10^4t/a 等。

化工过程有化学反应以及热量、质量和动量传递等过程，在许多设备中可能同时进行上述几种过程，需要分析各种过程各自的影响因素，然后进行综合和优化，找出最佳操作条件，使总过程速率加快，才能有效地提高设备的生产能力。设备或装置在最佳条件下可以达到的最大生产能力，称为设计能力。由于技术水平不同，同类设备或装置的设计能力可能不同，使用设计能力大的设备或装置能够降低投资和成本，提高生产率。

2. 生产强度　生产强度为设备单位特征几何量的生产能力，即设备的单位体积或单位面积的生产能力。其单位为 kg/（h·m^3）、t/（d·m^3）或 kg/（h·m^2）、t/（d·m^3）等。生产强度指标主要用于比较那些相同反应过程或物理加工过程的设备或装置的优劣。设备中进行的过程速率高，其生产强度就高。

在分析对比催化反应器的生产强度时，通常要看在单位时间内，单位体积催化剂或单位质量催化剂所获得的产品量，即催化剂生产强度，有时也称为空时收率。

（二）转化率、选择性和收率

化工过程的核心是化学反应，提高反应的转化率、选择性和产率是提高化工过程效率的关键。

1. 转化率　转化率表示参加反应的原料数量占通入反应器原料数量的百分比，它说明原料的转化程度。转化率越大，参加反应的原料越多。

$$转化率=\frac{参加反应的原料量}{通入反应器的原料量}\times 100\%$$

当通入反应器的原料是新鲜原料时，则计算得到的转化率称为单程转化率。

对于有循环和旁路的生产过程，用以衡量过程状况的转化率常用总转化率。

人们通常对关键反应物的转化率感兴趣，所谓关键反应物指的是反应物中价值最高的组分，为使其尽可能转化，常使其他反应组分过量；对于不可逆反应，关键组分的转化率最大为 100%；对于可逆反应，关键组分的转化率最大为其平衡转化率。

2. 选择性　对于复杂反应体系，同时存在着生成目的产物的主反应和生成副产物的许多副反应，只用转化率来衡量是不够的。因为，尽管有的反应体系原料转化率很高，但大多数转变成副产物，目的产物很少，意味着浪费了许多原料。所以需要用选择性这个指标来评价反应过程的效率，选择性是指体系中转化成目的产物的某反应物量与参加反应而转化的该反应物总量之比。

$$\text{选择性}=\frac{\text{生成目的产物所消耗的原料量}}{\text{参加反应转化的原料量}}\times 100\%$$

选择性也可按下式计算：

$$\text{选择性}=\frac{\text{实际所得目的产物量}}{\text{按反应掉计算所得目的产物理论量}}\times 100\%$$

为增加目的产物的产量及减少原料的消耗定额，选择性越高越好。通常，实际所得目的产物的数量总是达不到理论产量，所以其数值总是小于 1 的。

例 1-1　原料乙烷进料量为 1000kg/h，反应掉乙烷的量为 600kg/h，制得乙烯 340kg/h，求反应的转化率及选择性。

解：按反应 $C_2H_6 \longrightarrow C_2H_4+H_2$

$$\text{转化率}=\frac{600}{1000}\times 100\%=60\%$$

$$\text{目的产物物质的量}=\frac{340}{28}=\frac{12.14\text{kmol}}{\text{h}}$$

$$\text{反应掉原料物质的量}=\frac{600}{30}=\frac{20\text{kmol}}{\text{h}}$$

$$\text{选择性}=\frac{12.14}{20}\times 100\%=60.7\%$$

3. 收率　收率表示实际所得的产物量与按通入反应器原料计算应得产物理论量的百分比。其值越高，说明反应器生产能力相应越大，能减少未反应原料回收任务，并可减少水、电、汽的消耗。因为实际所得产物量总是达不到理论产量的，所以其数值也总是小于 1 的。

$$\text{收率}=\frac{\text{实际所得目的产物量}}{\text{按通入反应器反应物计算赢得目的产物理论产量}}\times 100\%$$

$$=\frac{\text{生成目的产物所消耗的原料量}}{\text{通入反应器的原料量}}\times 100\%$$

一些反应过程所采用的原料往往是一种复杂的混合物，其中各种物料都有转化成目的产物的可能，而各种物料在反应中转化成目的产品的情况又很难确定。在这种情况下，为了表明反应的效果，常以原料质量为基准来计算收率，称为质量收率。质量收率表示实际获得产品的量占通入反应器原料量的百分比。

$$质量收率 = \frac{实际所得目的产物质量}{通入反应器的原料质量} \times 100\%$$

例 1–2　计算例 1–1 已知条件的收率和质量收率。

解：按反应 $C_2H_6 \longrightarrow C_2H_4 + H_2$

$$目的产物物质的量 = \frac{340}{28} = 12.14\text{kmol/h}$$

$$收率 = \frac{12.14 \times 30}{1000} \times 100\% = 36.42\%$$

$$质量收率 = \frac{340}{1000} \times 100\% = 34\%$$

当有循环物料时，收率和质量收率又往往以总收率和总质量收率来表示。

$$总收率 = \frac{生成目的产物所消耗的原料质量}{新鲜原料质量} \times 100\%$$

$$总质量收率 = \frac{实际所得目的产物质量}{新鲜原料质量} \times 100\%$$

例 1–3　100kg 纯度 100% 的乙烷裂解，单程转化率为 60%，乙烯产量为 46.4kg，分离后未反应的乙烷全部返回裂解，求乙烯收率、总收率和总质量收率。

解：乙烷循环量 =100–60=40kg

新鲜原料补充量 =100–40=60kg

按反应 $C_2H_6 \longrightarrow C_2H_4 + H_2$

$$乙烯收率 = \frac{46.4 \times \frac{30}{28}}{100} \times 100\% = 49.5\%$$

$$乙烯总收率 = \frac{46.4 \times \frac{30}{28}}{60} \times 100\% = 82.8\%$$

$$乙烯总质量收率 = \frac{46.4}{60} \times 100\% = 77.3\%$$

4. 转化率、选择性和收率的关系　转化率、选择性和收率这三个指标中实际只有两个是孤立的，因为它们有一个互相依赖的关系，当它们都用摩尔作单位时，则有：

$$收率 = 转化率 \times 选择性$$

如例 1–1 求得的转化率为 60%，选择性为 60.7%，则：

$$收率 = 60\% \times 60.7\% = 36.42\%$$

与例 1–2 求得的结果完全一致。

转化率、选择性和收率都是反映一个反应系统效果的指标。衡量一个反应系统时不能单就其中一个指标的高低来说明其反应效果的好坏，而应将它们的数值进行综合考虑。

原料转化率高，说明参加反应的原料数量较多，但说明不了得到产品的多少，也就反映不出反应效果的好坏。如果此时选择性低，大量原料都反应生成了副产物，而实际得到的目的产物并不多，所以反应效果不好。

若选择性越大，说明副反应越少，反应的实际效果越接近理论值，但这并不意味着生产过程就一定经济合理，这时还需要考虑转化率。如果转化率太低，尽管过程的副反应少，但因参加反应的原料很少，实际所得的目的产品数量也不会太多，此时由于大批未反应原料的循环造成能量消耗和生产费用增加，影响产品的成本，所以也是不合理的。

对于收率与转化率、选择性的关系，同样不能一味追求收率高，而忽视了转化率和选择性的高低。因为三者有一个互相依赖的关系，其中只有两个指标是独立的。所以，在衡量一个反应系统的效果时只需将其中任意两个指标进行考虑即可。

三、催化剂

（一）催化剂的作用

石油化工生产中的反应大多是错综复杂的有机化学反应，其类型多种多样。一些反应在热力学上可行，但反应速度较慢或主副反应竞争激烈，在工业上又具有价值，要使它们成为现实的生产过程，并取得经济效益，工业生产中经常采取的有效办法就是使用催化剂。选择合理的催化剂，不但能改进工艺流程，降低对设备的要求，缓和操作条件，增加生产能力，而且还可以综合利用资源、回收利用副产物，降低生产成本及改善环境保护等。

所谓催化剂，就是在化学反应中，能改变反应速率而本身在反应前后的量和化学性质均不发生变化的一种物质。该物质的这种作用称为催化作用。凡催化作用是加快反应速率的，称为正催化作用；降低反应速度的，称为负催化作用（或阻化作用）。

催化剂按其物理状态可分为气体催化剂、液体催化剂、固体催化剂。目前，在工业上最广泛利用并取得巨大经济效益的是反应物为气相、催化剂为固相的气—固非均相催化反应过程。据统计，当今 90% 的化学反应中均包含催化过程，催化剂在化工工艺中占有相当重要的地位，其作用主要体现在以下几方面。

1. *提高反应速率和选择性*　对于反应速率太慢或选择性太低的反应，不具有实用价值，一旦使用催化剂，则可实现工业化，为人类生产出重要的化工产品。例如，近代化学工业的起点——合成氨工业，就是以催化作用为基础建立起来的。近年来，合成氨催化剂性能得到不断改善，提高了氢产率，有些催化剂还可以在不降低产率的前提下，将操作压力降低，使吨氨能耗大大降低。

许多有机反应之所以得到化学工业的应用，在很大程度上依赖于开发和采用了具有优良选择性的催化剂。例如乙烯与氧反应，如果不用催化剂，乙烯会完全氧化生成 CO_2 和 H_2O，毫无应用价值，当采用了银催化剂后，则促使乙烯选择性地氧化生成环氧乙烷（C_2H_4O），它可用于制造乙二醇、合成纤维等许多实用产品。

2. *改进操作条件*　采用或改进催化剂可以改变反应温度和操作压力、提高化学加工过程的效率。例如，乙烯聚合反应若以有机过氧化物为引发剂，要在 200 ~ 300℃及 100 ~ 300MPa 下进行，采用烷基铝四氯化钛配位化合物催化剂后，反应只需在 85 ~ 100℃及 2MPa 下进行，条件十分温和。

3. *有助于开发新的反应过程及发展新的化工技术*　工业上一个成功的例子是甲醇羰基合

成乙酸的过程。工业乙酸原先是由乙醛氧化法生产，原料价贵，生产成本高。在20世纪60年代，德国 BASF 公司借助钴配位化合物催化剂，开发出以甲醇和 CO 羰基化合成乙酸的新反应过程和工艺；美国 Monsanto（孟山都）公司于 20 世纪 70 年代又开发出铑配位催化剂，使该反应的条件更温和，乙酸收率高达 99%，成为当今乙酸的先进工艺。

近年来钛硅分子筛（TS–1）的研制成功，在烃类选择性氧化领域中实现了许多新的环境友好型反应过程。如在 TS–1 催化下环已酮过氧化氢氨氧化直接合成环已酮肟，简化了已内酰胺合成工艺，消除了固体废物硫酸铵的生成。又如该催化剂实现了丙烯过氧化氢氧化环氧丙烷的工艺过程，它没有任何污染物生成，是一个典型的清洁工艺。

4. *在能源开发和消除污染中可发挥重要作用* 借助催化剂可从石油、天然气、煤这些自然资源出发生产数量更多、质量更好的二次能源；一些新能源的开发也需要催化剂，例如光分解水获取氢能源，其关键是催化剂；燃料电池的电极也是由具有催化作用的镍、银等金属细粉附着在多孔陶瓷上做成的。

高选择性催化剂的研制及应用，从根本上减少了废物的生成量，是从源头上减少污染的重要措施。对于现有污染物的治理方面，催化剂也具有举足轻重的地位。例如，汽车尾气的催化净化，工业含硫尾气的克劳斯催化法回收硫，有机废气的催化燃烧，废水的生物催化净化和光催化分解等。

（二）催化剂的基本特征

催化剂有以下四个基本特征：

（1）催化剂参与反应，但反应终了时，催化剂本身未发生化学性质和数量的变化，因此催化剂在生产过程中可以在较长时间内使用。

（2）催化剂只能缩短达到化学平衡的时间（加速作用），但未能改变平衡。即当反应体系始末状态相同时，无论有无催化剂存在，该反应的自由能变化、热效应、平衡常数和平衡转化率均相同。由此特征可知：催化剂不能使热力学上不可能进行的反应发生；催化剂是以同样的倍率提高正、逆反应速率的，能加快正反应速率的催化剂，也必然能加快逆反应速率。因此，对于那些受平衡限制的反应体系，必须在有利于平衡向产物方向移动的条件下来选择和使用催化剂。

（3）催化剂能降低反应的活化能，改变反应的历程。反应物分子间相互接触碰撞是发生化学反应的前提，但是只有已被“激发”的反应物分子——活化分子之间的碰撞才有可能奏效。为使反应物分子“激发”所需给予的能量即为反应活化能，这就是活化能的物理含义。可见活化能的大小是表征化学反应进行难易程度的标志。活化能高，反应难于进行；活化能低，则容易进行。催化剂的加入，使反应活化能得以降低，反应变得更易进行，从而提高了化学反应速率。

（4）催化剂具有明显的选择性。特定的催化剂只能催化特定的反应。催化剂的这一特性在有机化学反应领域中起到了非常重要的作用，因为有机反应体系往往同时存在许多反应，选用合适的催化剂、可使反应向需要的方向进行。例如 CO 与 H_2 可能发生以下一些反应：

$$CO+3H_2 \longrightarrow CH_4+H_2O$$

$$CO+2H_2 \longrightarrow CH_3OH$$

$$2CO+3H_2 \longrightarrow HOCH_2CH_2OH$$

$$2nCO+(m+2n)H_2 \longrightarrow 2C_nH_m+2nH_2O$$

选用不同的催化剂，可有选择地使其中某个反应加速，从而生成不同的目的产物。当选择镍催化剂时主要生成 CH_4，用铜锌催化剂则主要生成 CH_3OH，用铑配位化合物催化剂则主要生成 $HOCH_2CH_2OH$（乙二醇），用氧化铁催化剂则主要生成烃类混合物 C_nH_m。

对于副反应在热力学上占优势的复杂体系，可以选用只加速主反应的催化剂，则导致主反应在动力学竞争上占优势，达到抑制副反应的目的。

（三）催化剂的分类

（1）按催化反应体系的物相均一性分类有均相催化剂和非均相催化剂。

（2）按反应类别分类有氧化、加氢、脱氢、裂化、异构化、烷基化、羰基化、芳构化、聚合、卤化等。

（3）按反应机理分类有氧化还原型催化剂、酸碱催化剂等。

（4）按使用条件下的物态分类有金属催化剂、氧化物催化剂、硫化物催化剂、酸催化剂、碱催化剂、配位化合物催化剂和生物催化剂等。

①金属催化剂、氧化物催化剂和硫化物催化剂等是固体催化剂，它们是当前使用最多最广泛的催化剂，在石油炼制、有机化工、精细化工、无机化工、环境保护等领域中广泛采用。

②配位催化剂一般为液态。以过渡金属如 Ti、V、Mn、Fe、Co、Ni、Mo、W、Ag、Pd、Pt、Ru、Rh 等为中心原子，通过共价键或配位键与各种配位体构成配位化合物。过渡金属价态的可变性及其与不同性质配位体的结合，结出了多种多样的催化功能。这类催化剂以分子态均匀地分布在液相反应体系中，催化效率很高。同时，在溶液中每个催化剂分子都是具有同等性质的活性单位，因而只能催化特定反应，故选择性很高。均相配位催化的缺点是催化剂与产物的分离复杂，催化剂价格昂贵。近年来用固体载体负载配位化合物构成固载化催化剂，有利于解决分离、回收问题。此外，配位催化剂的热稳定性不如固体催化剂，它的应用范围和数量比固体催化剂小得多。

③酸催化剂比碱催化剂应用广泛。酸催化剂有液态的，如 H_2SO_4、H_3PO_4、杂多酸等；也有固态的，称为固体酸催化剂，如石油炼制中催化裂化过程使用的分子筛催化剂，乙醇脱水制乙烯采用的氧化铝催化剂等。

④工业用生物催化剂是活细胞和游离或固定的酶的总称。活细胞催化是以整个微生物用于系列的串联反应，其过程称为发酵过程。酶是一类由生物体产生的具有高效和专一催化功能的蛋白质。生物催化剂具有能在常温常压下反应、反应速率快、催化作用专一（选择性高）的优点，尤其是酶催化，其选择性和活性比活细胞催化更高，酶催化效率为一般非生物催化剂的 10^9 ~ 10^{12} 倍，它的发展十分引人注目。在利用资源、开发能源和污染治理等方面，生物催化剂有极为广阔的前景。生物催化剂的缺点是不耐热、易受某些化学物质及杂菌的破坏而失活、稳定性差、寿命短、对温度和 pH 范围要求苛刻，酶催化剂的价格较昂贵。

（四）催化剂的化学组成

催化剂的性能好坏，首先取决于催化剂的化学组成及结构。催化剂的组成主要包括活性组分、助催化剂和载体。

1. 活性组分　催化剂的核心部分是它的活性组分，即真正起催化作用的组分。在工业生产中使用的催化剂可以是一种活性组分的（如脱氢用 Cr_2O_3—Al_2O_3 催化剂中 Cr_2O_3 是活性组分），多数是含有一种以上活性组分的（如加氢用 ZnO—Cr_2O_3 催化剂中 ZnO 和 Cr_2O_3 都具有加氢催化作用），但往往以其中的一种物质为主。

2. 助催化剂　一些本身没催化剂效能的物质称为助催化剂。它的作用是提高催化剂的活性、选择性和稳定性。例如，用于脱水的 Al_2O_3 催化剂可以用 CaO、MgO、ZnO 等为助催化剂，用于乙烯氧化为环氧乙烷的银催化剂，可以用 K_2O、Na_2O、BaO、CaO 等为助催化剂。助催化剂的类型分为结构型助催化剂（增进活性组分表面积，提高活性组分稳定性，一般不影响活性组分本性）、调变型助催化剂（可以调节和改变活性组分本性，从而改变其催化活性）、毒化型助催化剂（毒化活性组分不希望的副反应，提高反应的选择性）。

3. 载体　有些活性组分如铂、钯等贵金属，来源有限，价格昂贵，如果用整粒的金属做催化剂肯定是不合适的。因为催化反应只在催化剂表面进行，催化剂颗粒内部的贵金属并不起催化作用，白白浪费了珍贵的金属。为了有效利用这些活性组分，使其充分发挥作用，应尽量设法使其暴露在表面，使每单位质量的贵重材料具有尽可能大的表面，最好的办法是将贵重的活性组分分散在一种来源丰富、价格低廉的物质表面。这样的物质就称为催化剂载体或称担体，可以把载体看作是催化剂活性组分的分散剂、黏合物或支持物。

选择载体时要考虑理想载体应满足的条件：能使活性组分牢固地附着在其表面上；不使活性组分的催化功能变坏，且对不希望的副反应无催化作用；有良好的力学性能，例如强度高、耐热、耐机械冲击、耐磨损；在操作和再生条件下均稳定；价廉、来源充足。

表 2-14 列出了催化剂载体按比表面大小的分类情况。

表2-14　催化剂载体的种类

载体比表面	孔型	载体举例
低比表面（$<1m^2/g$）	非孔型 粗孔型	磨砂玻璃、金属、碳化硅、钢铝石、熔融氧化硅、氧化硅、氧化锆
中比表面（$1\sim100m^2/g$）	多孔型	氧化硅—氧化铝、氧化铝、硅藻土耐火砖、浮石
高比表面（$>100m^2/g$）	微孔型	活性氧化铝、氧化硅—氧化铝、铝凝胶、硅胶、活性炭、分子筛

（五）催化剂的使用问题

在采用催化剂的化工生产中，正确地选择并使用催化剂是个非常重要的问题，关系到生产效率和效益。通常在催化剂的使用中应注意以下几个方面的问题。

1. 催化剂的使用性能

（1）活性：指在给定的温度、压力和反应物流量（或空间速度）下，催化剂使原料转化的能力。活性越高则原料的转化率越高。或者在转化率及其他条件相同时，催化剂活性越高则需要的反应温度越低。工业催化剂应有足够高的活性。

（2）选择性：指反应所消耗的原料中有多少转化为目的产物。选择性越高，生产单位量目的产物的原料消耗定额越低，也越有利于产物的后处理，故催化剂的选择性应较高。当催化剂的活性与选择性难以两全时，若反应原料昂贵或产物分离很困难，宜选用选择性高的催化剂；若原料价廉易得或产物易分离，则可选用活性高的催化剂。

（3）寿命：指其使用期限的长短。寿命的表征是生产单位量产品所消耗的催化剂量，或在满足生产要求的技术水平上催化剂能使用的时间长短。有的催化剂使用寿命可达数年，有的则只能使用数月。虽然理论上催化剂在反应前后化学性质和数量不变，可以反复使用，但实际生产中，当生产运行一定时间后，催化剂性能会衰退，导致产品产量和质量均达不到要求的指标，此时，催化剂的使用寿命结束，应该更换催化剂。催化剂的寿命受以下几个方面性能的影响。

①化学稳定性。指催化剂的化学组成和化合状态在使用条件下发生变化的难易程度。在一定的温度、压力和反应组分长期作用下，有些催化剂的化学组成可能流失，有的化合状态变化，都会使催化剂的活性和选择性下降。

②热稳定性。指催化剂在反应条件下对热破坏的耐受力。在热的作用下，催化剂中的一些物质的晶型可能转变，微晶逐渐烧结，配位化合物分解，生物菌种和酶死亡等，这些变化导致催化剂性能衰退。

③力学性能稳定性。指固体催化剂在反应条件下的强度是否足够。若反应中固体催化剂易破裂或粉化，会使反应器内阻力升高，流体流动状况恶化，严重时发生堵塞，迫使生产非正常停工。

④耐毒性。指催化剂对有毒物质的抵抗力或耐受力。多数催化剂容易受到一些物质的毒害，中毒后的催化剂活性和选择性显著降低或完全失去，缩短了其使用寿命。常见的毒物有砷、硫、氯的化合物及铅等重金属。不同催化剂的毒物是不同的。在有些反应中，特意加入某种物质以毒害催化剂中促进副反应的活性中心，从而提高了选择性。

除了应研制具有优良性能、长寿命的催化剂外，在生产中必须正确操作和控制反应参数，防止损害催化剂。

2. 催化剂的活化　许多固体催化剂在出售时的状态一般是较稳定的，但这种稳定的状态不具有催化性能，催化剂使用必须在反应前对其进行活化，使其转化成具有活性的状态。不同类型的催化剂要用不同的活化方法，有还原、氧化、硫化、酸化、热处理等，每种活化方法均有各自的活化条件和操作要求，应该严格按操作规程进行活化，才能保证催化剂发挥良好的作用。如果活化操作失误，轻则使催化剂性能下降，重则使催化剂报废，造成经济损失。

3. 催化剂的失活和再生　引起催化剂失活的原因较多。对于配位催化剂而言，主要是超温，大多数配位化合物在250℃以上就分解而失活。对于生物催化剂而言，过热、化学物质和杂菌的污染、pH 失调等均是失活的原因。对于固体催化剂而言，其失活原因主要有：

（1）越温过热，使催化剂表面烧结，晶型转变或物相转变。

（2）原料气中混有毒物杂质，使催化剂中毒。

（3）有污垢覆盖催化剂表面。污垢可能是原料带入的或设备内的机械杂质如油污、灰尘、铁锈等。

（4）发生积碳或结焦，覆盖催化剂活性中心，导致失活。

催化剂中毒有暂时性和永久性两种情况。暂时性中毒是可逆的，往往由于毒物被吸附在催化剂活性表面上，而阻碍对反应物分子的吸附，只要用脱附方法除去毒物后，催化剂可逐渐恢复活性。永久性中毒则是不可逆的，是由于毒物和催化剂发生化学反应而形成稳定的化合物，改变了催化剂的表面性质，因而活性很难恢复。催化剂积碳可通过烧炭再生。但无论是暂时性中毒后的再生还是积碳后的再生，通常均会引起催化剂结构不同程度的损伤，导致活性下降。

因此，应严格控制操作条件，采用结构合理的反应器，使反应温度在催化剂最佳使用温度范围内合理地分布，防止超温；反应原料中的毒物杂质应该预先加以脱除，使毒物含量低于催化剂耐受值以下；在有析炭反应的体系中，应采用有利于防止析炭的反应条件，并选用抗积碳性能高的催化剂。

4．催化剂的运输、储存和装卸　催化剂一般价格较昂贵，要注意保护。在运输和储藏中应防止其受污染和破坏；固体催化剂在装填于反应器中时，要防止污染和破裂。装填要均匀，避免出现“架桥”现象，以防止工况恶化。许多催化剂使用后在停工卸出之前，需要进行钝化处理，尤其是金属催化剂一定要经过低含氧量的气体钝化后，才能暴露于空气，否则遇空气剧烈氧化自燃，烧坏催化剂和设备。

【能力测评与提升】

一、填空题

1．石油中的主要化合物是烃类，天然石油中主要含烷烃、_______和环烷烃，一般不含________。

2．特性因数 K 相同的各种石油馏分，随着相对分子质量______，油品的密度也。

3．油品的物理性质、化学性质是条件性很强的数据，为了便于比较油品的质量，往往用________与_________测定。

4．油品进行蒸馏时，从________到________这一温度范围叫馏程。

5．油品的流动性主要是由含________多少和________多少而决定的。

6．油品的密度取决于组成它的烃类的分子________和分子________。

7．石油产品分为________、溶剂和化工原料、__________和有关产品、蜡、沥青、焦油六大类。

二、问答题

1．化工生产过程分为哪三个步骤？各有什么作用？

2．转化率、收率、选择性三者之间的相互关系如何？

3．什么是转化率？什么是选择性？对于多反应体系，为什么要同时考虑转化率和选择性两个指标？

4．试述催化剂的类型。

5．在生产中如何正确使用催化剂？

6．催化剂有哪些基本特征？它在化工生产中起到什么作用？

7．催化剂的化学组成如何？它们各自有什么作用？

8．什么是催化剂的活性与选择性？如何表示？怎样计算？

三、计算题

1. 用管式炉裂解轻柴油，输入轻柴油量为1000kg/h，参加反应原料虽为700kg/h，裂解后得到乙烯259kg/h，求反应的选择性和乙烯收率。

2．乙烷裂解生产乙烯，在一定的生产条件下，通入反应器的乙烷量为5000kg/h，裂解气中含未反应的乙烷量为2000kg/h，求乙烷的转化率和乙烯收率。

3．当通入5000kg/h的原料乙烷进行裂解生产乙烯，反应掉的乙烷量为3000kg/h，裂解后得到乙烯量为1980 kg/h，求该反应的选择性。

4．通入5000kg/h气态烃混合原料乙烷进行裂解生产乙烯，反应掉的气态烃总量为3000kg/h，裂解后得到乙烯量为2550 kg/h，求乙烯的质量收率。

5．通入裂解炉5000 kg/h的乙烷裂解，转化率高达90%，而反应的选择性为40%，求乙烯产量。

学习情境三　原油蒸馏

【任务一】原油预处理工艺操作

1. 能力目标

能根据原油评价数据，分析不同原油的主要特点，并初步确定原油的加工方案；能够完成原油预处理的工艺操作过程。

2. 知识目标

了解我国原油的特点及加工方向；熟悉原油蒸馏预处理的原理和方法。

3. 教、学、做说明

学生在深刻领会【相关知识】的基础上，通过网络资源认识原油预处理的原理和方法，然后由教师引领，熟悉原油预处理工艺过程操作步骤，在教师指导下完成原油预处理系统冷态开车操作、正常关断操作、长期关断操作和应急关断操作过程。

4. 工作准备

熟悉仿真实训室；熟悉原油预处理工艺过程；熟悉仿真软件的现场界面、DCS界面和评分界面；仔细阅读原油预处理装置概述及工艺流程说明，熟悉仿真软件中各个流程画面符号的含义及如何操作；熟悉仿真软件中控制组画面、手操器画面、指示仪组画面的内容及调节方法。

5. 工作过程

（1）冷态开车操作：系统准备；原油—水入口换热器的启动；原油—干油入口换热器的启动；一级分离器入口加热器的启动；一级分离器的启动；二级分离器入口加热器的启动；二级分离器的启动；二级分离器生产水泵的启动；原油脱水器供给泵的启动；原油脱水器入口加热器的启动；原油脱水器的启动；干油冷却器启动；查看冷态开车评分信息，查找自己操作过程中的不足之处，反复训练。

（2）正常关断操作规程：系统准备；原油—水入口换热器的关停；原油—干油入口换热器的关停；一级分离器入口加热器的关停；一级分离器的关停；二级分离器入口加热器的关停；二级分离器的关停；二级分离器生产水泵的关停；原油脱水器供给泵的关停；原油脱水器入口加热器的关停；原油脱水器的关停；干油冷却器的关停。

（3）长期关断操作：系统准备；原油—水入口换热器的关停；原油—干油入口换热器的关停；一级分离器入口加热器的关停；一级分离器的关停；二级分离器入口加热器的关停；

二级分离器的关停；二级分离器生产水泵的关停；原油脱水器供给泵的关停；原油脱水器入口加热器的关停；原油脱水器的关停；干油冷却器的关停。

（4）应急关断操作：系统准备；原油—水入口换热器的关停；原油—干油入口换热器的关停；一级分离器入口加热器的关停；一级分离器的关停；二级分离器入口加热器的关停；二级分离器的关停；二级分离器生产水泵的关停；原油脱水器供给泵的关停；原油脱水器入口加热器的关停；原油脱水器的关停；干油冷却器的关停。

【相关知识】

一、我国主要原油性质及加工方案

为设计建立一个炼油厂，在确定厂址、规模、原油来源之后，首要任务是选择和确定原油的加工方案。

（一）原油的加工方案概述

所谓原油加工方案、基本内容是生产什么产品，采用怎样的加工过程来生产这些产品。原油加工方案的确定取决于诸多因素，例如市场需要、经济效益、投资力度、原油的特性等。通常主要从原油特性的角度来讨论如何选择原油加工方案。理论上，可以从任何一种原油生产出各种所需的石油产品，但实际上，如果选择的加工方案适应原油的特性，则可以做到用最小的投入获得最大的产出。

原油的综合评价结果是选择原油加工方案的基本依据，有时还需对某些加工过程做中型试验以取得更详细的数据。对生产航空煤油和某些润滑油，往往还需要做产品的台架试验和使用试验。

（二）原有加工方案的基本类型

根据目的产品的不同，原油加工方案大体上可以分为三种基本类型：

1. 燃料型　主要产品是用作燃料的石油产品。除了生产部分重油燃料油外，减压馏分油和减压渣油通过各种轻质化过程转化为各种轻质燃料。下面以胜利原油的主要特点及加工方案为例说明。

胜利原油是含硫中间基原油，硫含量在 1% 左右，加工方案中应充分考虑原油含硫的问题。

直馏汽油的辛烷值为 47，初馏点 ~ 130℃馏分中芳烃含量高，是重整的良好原料；航煤馏分的密度大、结晶点低，可以生产 1 号航空煤油，但必须脱硫醇，而且由于芳烃含量较高，应注意解决符合无烟火焰高度的规格要求的问题。直馏柴油的柴油指数较高、凝固点不高。可以生产 -20 号、-10 号、0 号柴油及舰艇用柴油。由于含硫及酸值较高，产品需适当精制。减压馏分油的脱蜡油的黏度指数低，而且含硫及酸值较高不易生产润滑油，可以用作催化裂化或加氢裂化的原料。减压渣油的黏温性质不好而且含硫，也不宜用来生产润滑油，但胶质、沥青质含量较高，可以用于生产沥青产品。胜利减压渣油的残炭值和重金属含量都较高，只能少量掺入减压馏分油中作为催化裂化原料，最好是先经加氢处理后再送去催化裂化。由于加氢处理的投资高，一般多用作延迟焦化的原料。由于含硫，所得的石油焦的品级不高。胜利原油多采用燃料型加工方案，见图 3–1。

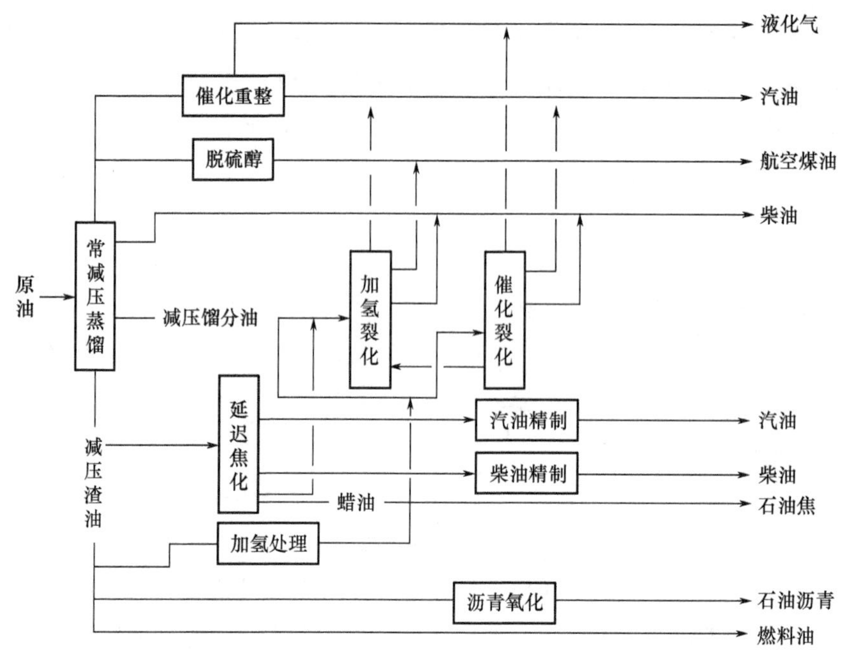

图 3–1 胜利原油的燃料型加工方案

2. 燃料—润滑油型 除了生产用作燃料的石油产品外，部分或大部分减压馏分油和减压渣油还被用于生产各种润滑油产品。下面以大庆原油的主要特点及加工方案为例说明。

大庆原油按原油的分类属于低硫石蜡基原油，其主要特点是含蜡量高、凝固点高、沥青质含量低、重金属含量低、硫含量低。通过原油评价数据可知其主要的直馏产品的主要性质特点如下：

初馏点小于 200℃直馏汽油的辛烷值低，仅有 37，应通过催化重整提高其辛烷值；直馏航空煤油的密度较小、结晶点高，只能符合 2 号航空煤油的规格指标；直馏柴油的十六烷值高、有良好的燃烧性能。但其收率受凝固点的限制；煤、柴油量（烷烃 + 环烷烃 + 轻芳烃）约占原油的 15%，而黏度指数可达 90 ~ 120，是生产润滑油的良好原料；减压渣油含硫量低，沥青和重金属含量低、饱和分含量高，可以掺入减压馏分油作催化裂化的原料，也可以丙烷脱沥青及精制生产残渣润滑油。由于渣油含沥青质和胶质较少，而蜡含量较高，难以生产高质量的沥青产品。

根据大庆原油及其直馏产品的性质，大庆原油可选择燃料—润滑油加工方案，见图 3–2。

3. 燃料—化工型 除了生产燃料产品外，还生产化工原料及化工产品，例如某些烯烃、芳烃、聚合物的单体等。这种加工方案体现了充分合理利用石油资源的要求，也是提高炼厂经济效益的重要途径，是石油加工的发展方向。

为了合理利用石油资源和提高经济效益，许多炼油厂的加工方案都考虑同时生产化工产

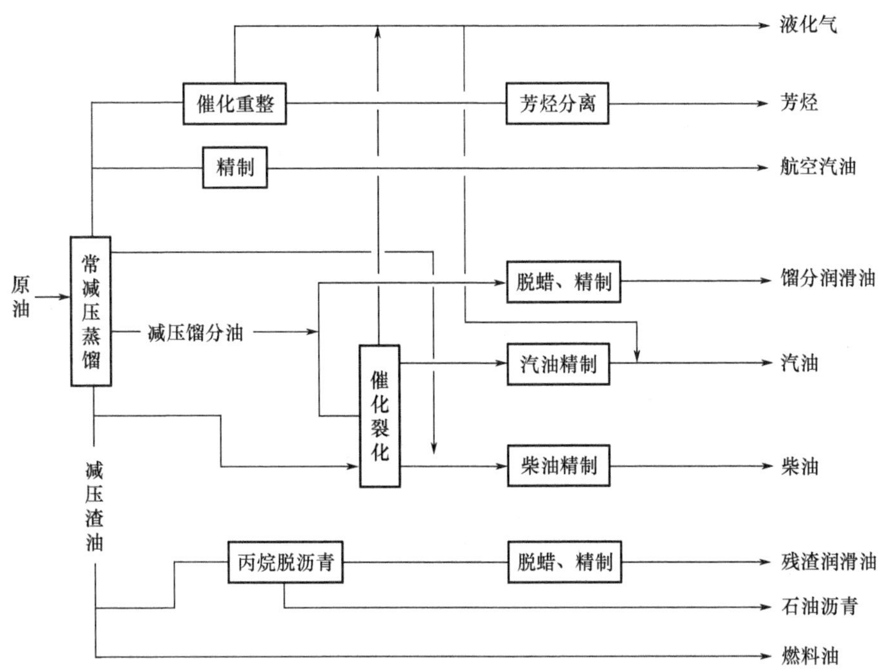

图 3–2　大庆原油的燃料—润滑油加工方案

品，只是其程度因原油性质和其他具体条件不同而异。有的是最大量地生产化工产品，有的则只是予以兼顾。关于化工产品的品类，多数炼油厂主要是生产化工原料和聚合物的单体，有的也生产少量的化工产品。图 3–3 列举了一个燃料—化工型加工方案。

以上只是大体的分类，实际上，各个炼厂的具体加工方案是多种多样的，没有必要作严格的区分，主要目标是提高经济效益和满足市场需要。

二、原油预处理

原油蒸馏是原油加工的第一道工序，又叫原油的初馏。原油蒸馏装置在炼厂占有重要的地位，被称为炼油厂的“龙头”。由于原油中含有杂质，在蒸馏前必须进行原油的预处理。

（一）原油预处理的目的

从地底油层中开采出来的石油都伴有水，这些水中都溶解有无机盐，如 NaCl、$MgCl_2$、$CaCl_2$ 等，油田原油要经过脱水和稳定，可以把大部分水及水中的盐脱除，但仍有部分水不能脱除，因为这些水是以乳化状态存在于原油中、原油含水含盐结原油运输、储存、加工和产品质量都会带来危害。

原油含水过多会造成蒸馏塔操作不稳定，严重时甚至造成冲塔事故，含水多增加了热能消耗，增大了冷却器的负荷和冷却水的消耗量。原油中的盐类一般溶解在水中，这些盐类的存在对加工过程危害很大，主要表现在：

（1）在换热器、加热炉中，随着水的蒸发，盐类沉积在管壁上形成盐垢，降低传热效率，增大流动压降，严重时甚至会堵塞管路导致停工。

（2）造成设备腐蚀。$CaCl_2$、$MgCl_2$ 水解生成具有强腐蚀件的 HCl：

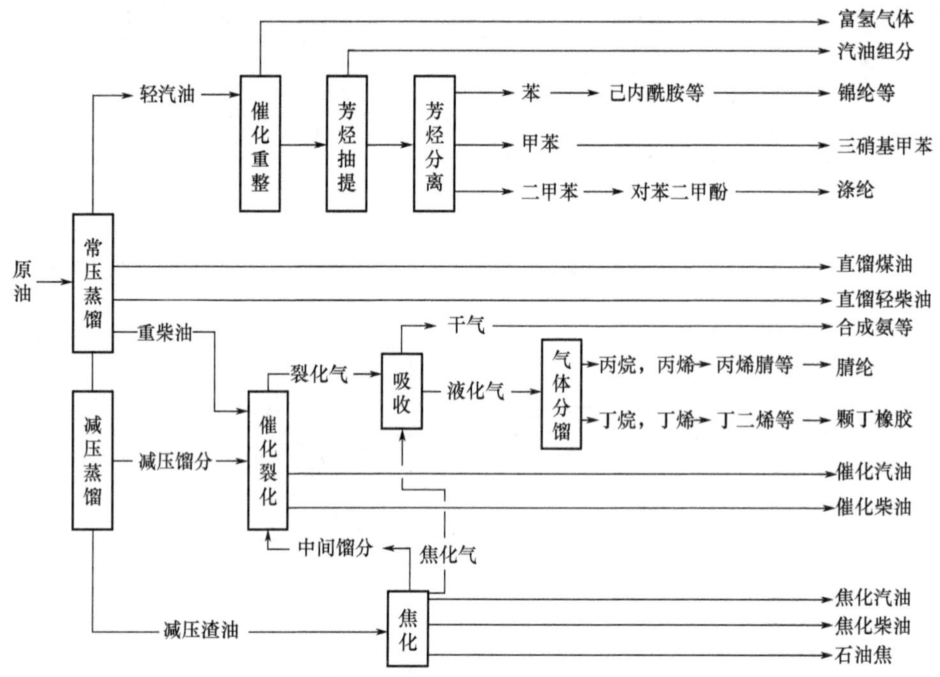

图 3-3　燃料—化工型加工方案

$$MgCl_2+2H_2O \rightleftharpoons Mg(OH)_2\downarrow+2HCl$$

如果系统又有硫化物存在，则腐蚀会更严重。

$$Fe+H_2S \rightleftharpoons FeS\downarrow+H_2\uparrow$$

$$FeS+2HCl \rightleftharpoons FeCl_2+H_2S\uparrow$$

（3）原油中的盐类在蒸馏时，大多残留在渣油和重馏分中，将会影响石油产品的质量。

根据上述原因，目前国内外炼油厂要求在加工前，原油含水量达到 0.1% ~ 0.2%，含盐量＜5 ~ 10mg/L。

（二）预处理的基本原理及工艺

1. 基本原理　原油中的盐大部分溶于所含水中，故脱盐脱水是同时进行的。为了脱除悬浮在原油中的盐粒，在原油中注入一定量的新鲜水（注入量一般为 5%），充分混合，然后在破乳剂和高压电场的作用下，使微小水滴逐步聚集成较大水滴，借重力从油中沉降分离，达到脱盐脱水的目的，这通常称为电化学脱盐脱水过程。

原油乳化液通过高压电场时，在分散相水滴上形成感应电荷，带有正、负电荷的水滴在做定向位移时，相互碰撞而合成大水滴，加速沉降，见图 3-4。

水滴直径越大，原油和水的相对密度差越大，温度越高，原油黏度越小，沉降速度越快。在这些因素中，水滴直径和油水相对密度差是关键，当水滴直径小到使其下降速度小于原油上升速度时，水滴就不能下沉，而随油上浮，达不到沉降分离的目的。

2. 工艺流程　我国各炼厂大都采用两级脱盐脱水流程，如图 3-5 所示。

原油自油罐抽出后，先与淡水、破乳剂按比例混合，经加热到规定温度，送入一级脱盐

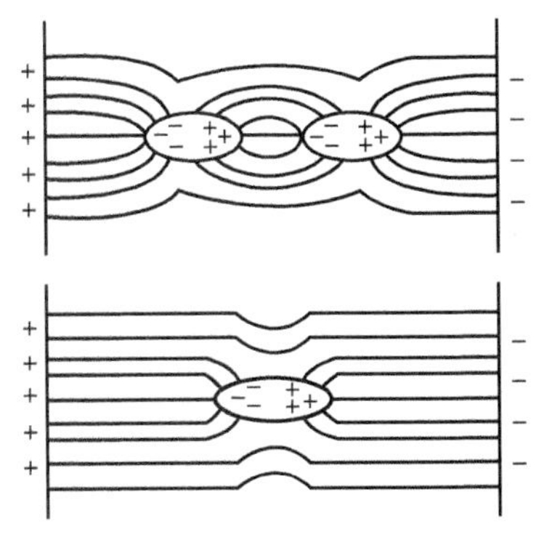

图 3-4　高压电场中水滴的偶极聚结示意图

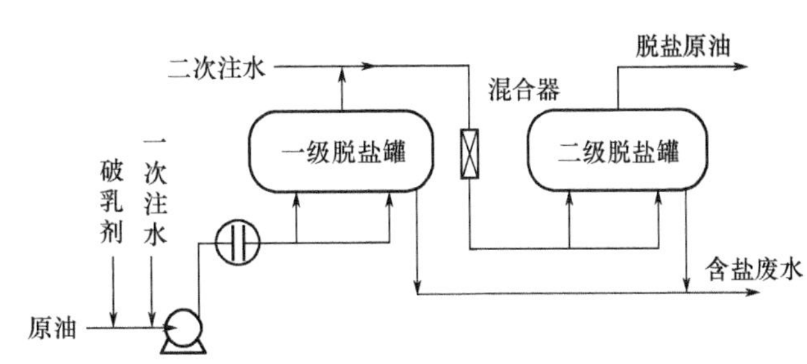

图 3-5　两级脱盐脱水流程示意图

罐，一级电脱盐的脱盐率在 90% ~ 95% 之间，在进入二级脱盐之前，仍需注入淡水，一次注水是为了溶解悬浮的盐粒，二次注水是为了增大原油中的水量，以增大水滴的偶极聚合力。脱水原油从脱盐罐顶部引出，经接力泵送至投热、蒸馏系统。脱出的含盐废水从罐底排出，经隔油池分出污油后排出装置。

（三）影响脱盐、脱水的因素

针对不同原油的性质、含盐量多少和盐的种类，合理地选用不同的电脱盐工艺参数。

1. 温度　温度升高可降低原油的黏度和密度以及乳化液的稳定性，水的沉降速度增加。若温度过高（> 140℃），油与水的密度差反而减小，同样不利于脱水。同时，原油的电导率随温度的升高而增大，所以温度太高不但不会提高脱水、脱盐的效果，反而会因脱盐罐电流过大而跳闸，影响正常送电。因此，原油脱盐温度一般选在 105 ~ 140℃。

2. 压力　脱盐罐需在一定压力下进行，以避免原油中的轻组分汽化，引起油层搅动，影响水的沉降分离。操作压力视原油中轻馏分含量和加热温度而定，一般为 0.8 ~ 2MPa。

3. 注水量　在脱盐过程中，注入一定量的水与原油混合，将增加水滴的密度使之更易聚结，同时注水还可以破坏原油乳化液的稳定性，对脱盐有利。一次注水量对脱后原油含盐量影响极大，这是因为一级电脱盐罐主要脱除悬浮于原油中及大部分存在于油包水型乳化液中的原油盐，二级电脱盐罐主要脱除存在于乳化液中的原油盐。注水量一般为 5% ~ 7%。

4. 破乳剂和脱金属剂　破乳剂是影响脱盐率的最关键的因素之一。近年来随着新油井开发，原油中杂质变化很大，而石油炼制工业对馏分油质量的要求也越来越高。针对这一情况，许多新型广谱多功能破乳剂问世，一般都是二元以上组分构成的复合型破乳剂。破乳剂的用量一般为 10 ~ 30μg/g。

为了将原油电脱盐功能扩大，近年来开发了一种新型脱金属剂，它进入原油后能与某些金属离子发生整合作用，使其从油相转入水相再加以脱除。这种脱金属剂对原油中的 Ca^{2+}、Mg^{2+} 及 Fe^{2+} 的脱除率可分别达到 85.9%、87.1% 和 74.1%，脱后原油含钙可达到 3μg/g 以下，能满足重油加氢裂化对原料油含钙量的要求。由于减少了原油中的导电离子，降低了原油的电导率，也使脱盐的耗电量有所降低。

5. 电场梯度　电场梯度 E 越大，两小水滴间的凝聚力 f 越大。但提高 E 有一定限度。当

E 大于或等于电场临界分散梯度时，水滴受电分散作用，使已聚集的较大水滴又开始分散，脱水、脱盐效果下降。我国现在各炼油厂采用的实际强电场梯度为 500 ~ 1000V/cm，弱电场梯度为 150 ~ 300V/cm。

【任务二】原油蒸馏工艺操作

1. 能力目标

能根据原油的组成、生产方案、工艺过程、操作条件对蒸馏产品的组成和特点进行分析；能够完成原油蒸馏操作过程。

2. 知识目标

熟悉原油蒸馏原理、特点、工艺过程、工艺特点及工艺条件。

3. 教、学、做说明

学生在深刻领会【相关知识】的基础上，通过网络资源认识原油蒸馏原理和方法，然后由教师引领，熟悉原油蒸馏工艺过程操作步骤，在教师指导下完成原油蒸馏系统冷态开车操作、正常停车操作、事故设置及排除操作过程。

4. 工作准备

熟悉仿真实训室；熟悉原油蒸馏工艺过程；熟悉仿真软件的现场界面、DCS 界面和评分界面；仔细阅读常减压蒸馏装置概述及工艺流程说明，熟悉仿真软件中各个流程画面符号的含义及如何操作；熟悉仿真软件中控制组画面、手操器画面、指示仪组画面的内容及调节方法。

5. 工作过程

（1）冷态开车操作：开车准备；进油及原油循环；F−1 加热炉开车；F−2 加热炉开车；常压塔开车；减压塔开车；初馏塔开车及调节平稳；调整操作；调用开车评分信息，查找自己操作过程中的不足之处，反复训练。

（2）正常停车操作：降量（减少进料量，关小燃料量，保持进料温度不变）；降低采出量；降温（关燃料）；炉 F−1 出口温度小于 310℃时，关常减压塔、汽提塔吹气，自上而下关侧线；炉 F−1 出口温度小于 350℃时，关注气；停各塔中间循环；减压塔撤真空；初馏塔、常压塔顶温小于 80℃时，停止塔顶冷回流；退油，停泵。

（3）事故设置及排除：常压塔顶停冷却水；炉 F−2 熄灭；减压塔真空停；减压塔釜出料泵坏；常压塔二线出料泵坏。对以上几种故障的设置，事故发生的现象，分析产生的原因，排除事故的方法进行训练。

【相关知识】

一、原油常减压蒸馏工艺流程

原油蒸馏过程中，在一个塔内分离一次称一段汽化。原油经过加热汽化的次数，称为汽化段数，汽化段数一般取决于原油性质、产品方案和处理量等。原油蒸馏装置汽化段数可分为:

一段汽化式、二段汽化式、三段汽化式、四段汽化式等几种。

目前炼油厂最常采用的原油蒸馏流程是两段汽化流程和三段汽化流程。常压蒸馏是否要采用两段汽化流程应根据具体条件对有关因素进行综合分析而定，如果原油所含的轻馏分多，则原油经过一系列热交换后，温度升高，轻馏分汽化，会造成管路巨大的压力降，其结果是原油泵的出口压力升高，换热器的耐压能力也相应增加。另外，如果原油脱盐脱水不好，进入换热系统后，尽管原油中轻馏分含量不高，水分的汽化也会造成管路中相当可观的压力降。当加上含硫原油时，在温度超过 160 ~ 180℃的条件下，某些含硫化合物会分解而释放出 H_2S，原油中的盐分则可能水解而析出 HCl，造成蒸馏塔顶部、气相馏出管线与冷凝冷却系统等低温位的严重腐蚀。采用两段汽化蒸馏流程时，这些现象都会出现。给操作带来困难，影响产品质量和收率，大型炼油厂的原油蒸馏装置多采用二段汽化流程。

根据产品的用途不同，可将原油蒸馏工艺流程分为以下三种类型：

（一）燃料型

这类加工方案的目的产品基本上都是燃料。

从罐区来的原油经过换热，温度达到 80 ~ 120℃进电脱盐脱水罐进行脱盐脱水。经这样预处理后的原油再经换热到 210 ~ 250℃进入初馏塔，塔顶出轻汽油馏分，塔底为拔头原油，拔头原油经换热进常压加热炉至 360 ~ 370℃，形成的气液混合物进入常压塔，塔顶出汽油馏分，经冷凝冷却至 40℃左右，一部分作塔顶回流，一部分作汽油馏分。各侧线馏分油经汽提塔汽提出装置，塔底是沸点高于 350℃的常压重油。用热油泵从常压塔底部抽出送到减压炉加热，温度达到 390 ~ 400℃进入减压精馏塔，减压塔顶一般不出产品，直接与抽真空设备连接。侧线各馏分油经换热冷却后出装置作为二次加工的原料。塔底减压渣油经换热、冷却后出装置作为下道工序如焦化、溶剂脱沥青等的进料。

（二）燃料—润滑油型

这种类型的原油常减压蒸馏工艺流程图如图 3-6 所示。其特点是：

（1）常压系统在原油和产品要求与燃料型相同时，其流程也相同。

（2）减压系统流程较燃料型复杂，减压塔要出各种润滑油原料组分，故一般设 4 ~ 5 个侧线，而且要有侧线汽提塔以满足对润滑油原料馏分的闪点要求，并改善各馏分的馏程范围。

（3）控制减压炉出口最高油温不高于 395℃，以免油料因局部过热而裂解，进而影响润滑油质量。

（4）减压蒸馏系统一般采用在减压炉管和减压塔底注入水蒸气的操作工艺。注入水蒸气的目的在于改善炉管内油的流动情况，避免油料因局部过热裂解，降低减压塔内油气分压，提高减压馏分油的拔出率。

（三）燃料—化工型

化工型原油蒸馏工艺如图 3-7 所示。其特点是：

（1）化工型流程是三类流程中最简单的。常压蒸馏系统一般不设初馏塔而设闪蒸塔（闪蒸塔与初馏塔的差别在于前者不出塔顶产品，塔顶蒸气进入常压塔中上部，无冷凝和回流设施）。

（2）常压塔设 2 ~ 3 个侧线，产品作裂解原料，分离精确度要求低，塔板数可减少提塔。

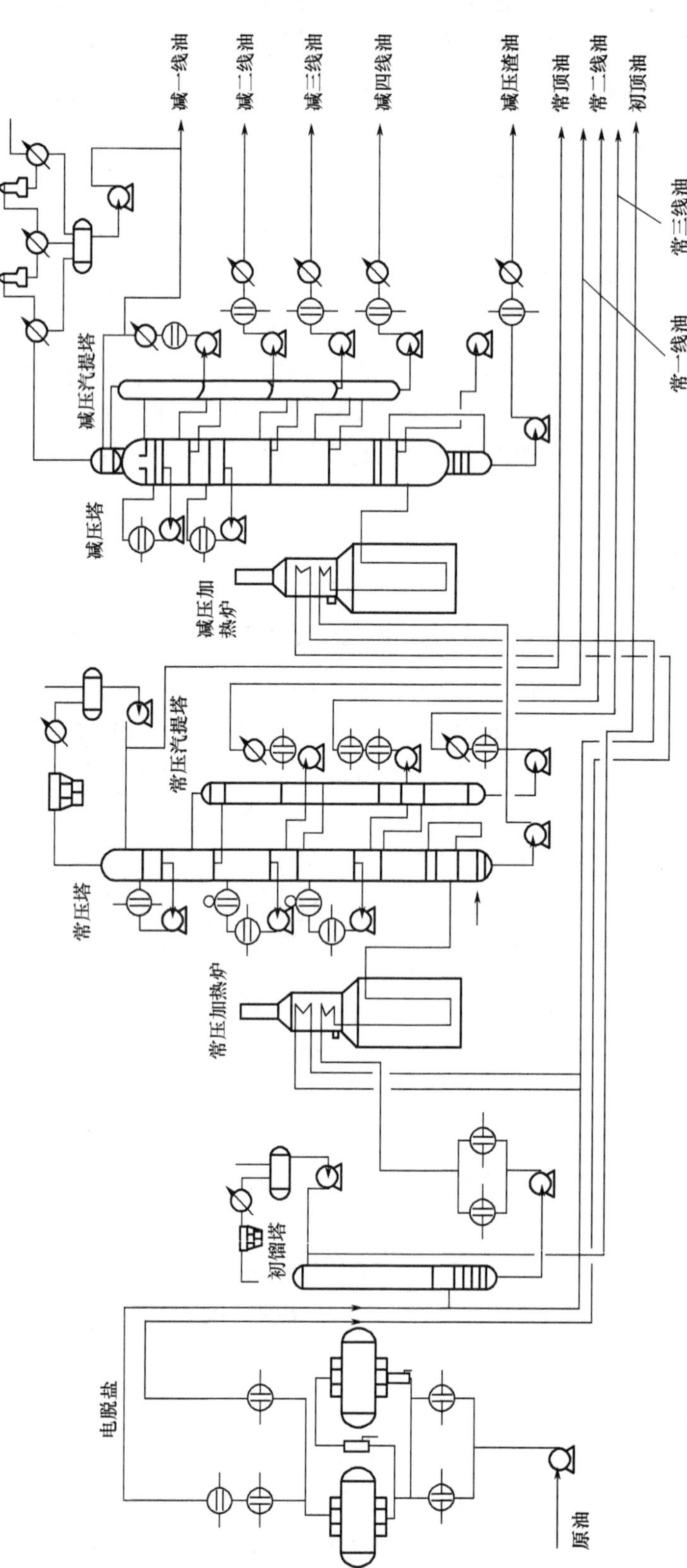

图 3-6 原油常减压蒸馏工艺流程图（燃料—润滑油型）

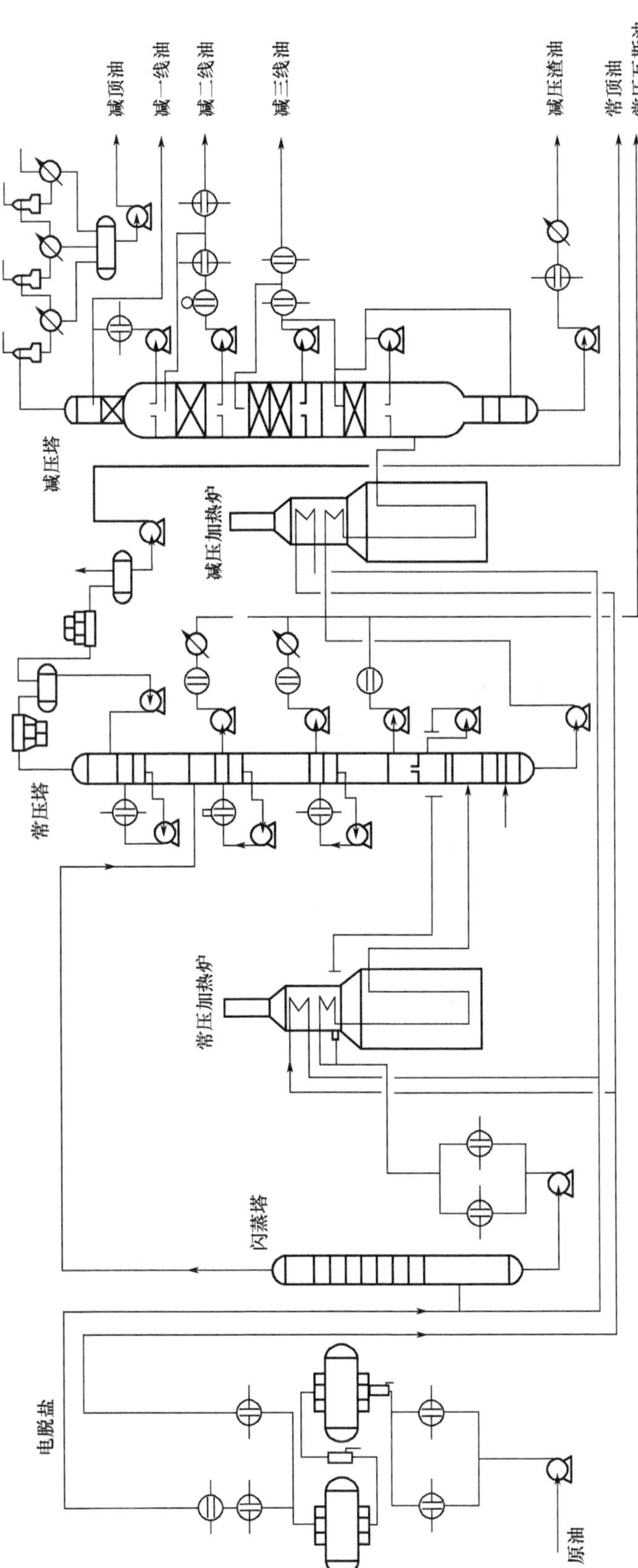

图 3-7　原油常减压蒸馏工艺流程图（燃料—化工型）

（3）减压蒸馏系统与燃料型基本相同。

二、原油常减压蒸馏装置的工艺特征

（一）初馏塔的作用

原油蒸馏是否采用初馏塔应根据具体条件对有关因素进行综合分析后决定。初馏塔的作用如下。

1. 原油的轻馏分含量　含轻馏分较多的原油在经过换热器被加热时，随着温度的升高，轻馏分汽化，从而增大了原油通过换热器和管路的阻力，这就要求提高原油输送来的扬程和换热器的压力等级，也就是增加了电能消耗和设备投资。

如果将原油经换热过程中已汽化的轻组分及时分离出来，让这部分馏分不必再进入常压炉去加热。这样一是能减少原油管路阻力，降低原油泵出口压力；二是能减少常压炉热负荷；两者均有利于降低装置能耗。因此，当原油含汽油馏分接近或大于20%时，可采用初馏塔。

2. 原油脱水效果　当原油因脱水效果波动而引起含水量高时，水能从初馏塔塔顶分出，使得常压塔操作免受水的影响，保证产品质量合格。

3. 原油的含砷量　对含砷量高的原油如大庆原油（As > 2000 μg/g），为了生产重整原料油，必须设置初馏塔。重整催化剂极易因砷中毒而永久失活，重整原料油的砷含量要求小于200 μg/g。如果进入重整装置的原料的含砷量超过200 μg/g，则仅依靠预加氢精制是不能使原料达到要求的。此时，原料应在装置外进行预脱砷，使其含砷量小于200 μg/g以下后才能送入重整装置。重整原料的含砷量不仅与原油的含砷量有关，而且与原油被加热的温度有关。例如在加工大庆原油时，初馏塔进料温度约230℃，只经过一系列换热，温度低且受热均匀，不会造成砷化合物的热分解，由初馏塔顶得到的重整原料的含砷量小于200 μg/g。若原油加热到370℃直接进入常压塔，则从常压塔顶得到的重整原料的含砷量通常高达1500 μg/g。重整原料含砷量过高不仅会缩短顶加氢精制催化剂的使用寿命，而且有可能保证不了精制后的含砷量降至1 μg/g以下。因此，国内加工大庆原油的炼油厂一般都采用初馏塔，并且只取初馏塔顶的汽油作为重整原料。

4. 原油的含硫量和含盐量　当加工含硫原油时，在温度超过160 ~ 180℃的条件下，某些含硫化合物会分解而释放出H_2S，原油中的盐分则可能水解而析出HCl，造成蒸馏塔顶部、气相馏出管线与冷凝冷却系统等低温部位的严重腐蚀。设置初馏塔可使大部分腐蚀转移到初馏塔系统，从而减轻了常压塔顶系统的腐蚀，这在经济上是合理的。但是这并不是从根本上解决问题的办法。实践证明，加强脱盐、脱水和防腐蚀措施，可以大大减轻常压塔的腐蚀而不必设初馏塔。

（二）原油常压蒸馏塔的特点

原油的常压蒸馏就是原油在常压（或稍高于常压）下进行的蒸馏，所用的蒸馏设备叫做原油常压精馏塔，它具有以下工艺特点：

1. 常压塔是一个复合塔　原油通过常压蒸馏要切割成汽油、煤油、轻柴油、重柴油和重油等四五种产品馏分。按照一般的多元精馏方法，需要有N–1个精馏塔才能把原料分割成N

个馏分。但是在石油精馏中，各种产品本身依然是一种复杂混合物，它们之间的分离精确度并不要求很高，两种产品之间需要的塔板数并不多，因而原油常压精馏塔是在塔的侧部开若干侧线以得到如上所述的多个产品馏分，就像 N 个塔叠在一起一样，它的精馏段相当于原来 N 个简单塔的精馏段组合而成，而其下段则相当于最下一个塔的提馏段，故称为复合塔（图 3-8）。

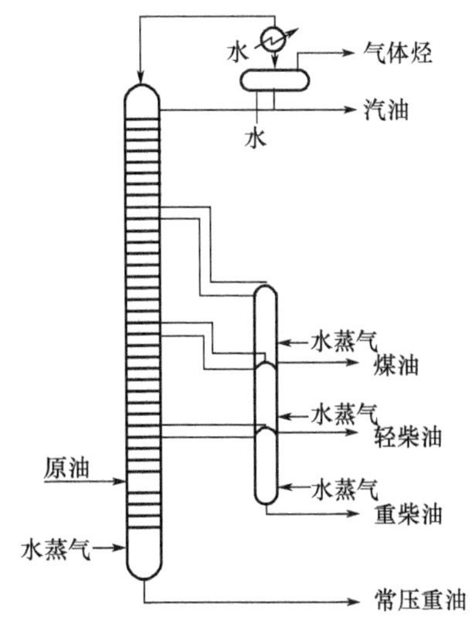

图 3-8　常压蒸馏塔（复合塔）

2. *常压塔的原料和产品都是组成复杂的混合物*　原油经过常压塔可得到沸点范围不同的馏分，如汽油、煤油、柴油等轻质馏分油和常压重油，这些产品仍然是复杂的混合物（其质量是靠一些质量标准来控制的，如汽油馏程的干点不能高 205℃）。35 ~ 150℃是石脑油或重整原料，30 ~ 250℃是煤油馏分，250 ~ 300℃是柴油馏分，300 ~ 350℃是重柴油馏分，可作催化裂化原料，高于 350℃是常压重油。

3. *汽提段和汽提塔*　对石油精馏塔，提馏段的底部常不设再沸器，因为塔底温度较高，一般在 350℃左右，在这样的高温下，很难找到合适的再沸器热源。因此，通常向底部吹入少量过热水蒸气，以降低塔内的油汽分压，使混入塔底重油中的轻组分汽化，这种方法称为汽提。汽提所用的水蒸气通常是 400 ~ 450℃，约为 3MPa 的过热水蒸气。

在复合塔内，汽油、煤油、柴油等产品之间只有精馏段而没有提馏段，这样侧线产品中会含有相当数量的轻馏分，这样不仅影响侧线产品的质量，而且降低了轻馏分的收率。所以通常在常压塔的旁边设置若干个侧线汽提塔，这些汽提塔可重叠起来，但相互之间是隔开的，侧线产品从常压塔中部抽出，送入汽提塔上部，从该塔下注入水蒸气进行汽提，汽提出的低沸点组分同水蒸气一起从汽提塔顶部引出返回主塔，侧线产品由汽提塔底部抽出送出装置。

在有些情况下，侧线的汽提塔不采用水蒸气而仍像正规的提馏段那样采用再沸器。这种做法是基于以下几点考虑：

（1）侧线油品汽提时，产品中会溶解微量水分，对有些要求低凝固点或低冰点的产品如航空煤油可能使冰点升高，采用再沸提馏可避免此弊病。

（2）汽提用水蒸气的质量分数虽小（通常为侧线产品的 2% ~ 3%），但水的相对分子质量比煤油、柴油低数十倍，因而体积流量相当大，增大了塔内的气相负荷。采用再沸提馏代替水蒸气汽提有利于提高常压塔的处理能力。

（3）水蒸气的冷凝潜热很大，采用再沸提馏有利于降低塔顶冷凝器的负荷。

（4）采用再沸提馏有助于减少装置的含油污水量。

采用再沸提馏代替水蒸气汽提会使流程设备复杂些，因此采用何种方式要具体分析。至于侧线油品用作裂化原料时则可不必汽提。

常压塔进料汽化段中未汽化的油料流向塔底，这部分油料中还含有相当多的低于 350℃的轻馏分。因此，在进料段以下也要有汽提段，在塔底吹入过热水蒸气以使其中的轻馏分汽化后返回精馏段，以达到提高常压塔拔出率和减轻减压塔负荷的目的。塔底吹入的过热水蒸气的质量分数一般为 2% ~ 4%。常压塔底不可能用再沸器代替水蒸气汽提，因为常压塔底温度一般在 350℃左右，如果用再沸器，很难找到合适的热源，而且再沸器也十分庞大。减压塔的情况也是如此。

4. 全塔热平衡　由于常压塔塔底不用再沸器，热量来源几乎完全取决于加热炉加热的进料。汽提水蒸气（一般约 450℃）虽也带入一些热量，但由于只放出部分显热，且水蒸气量不大，因而这部分热量是不大的。全塔热平衡的情况引出以下几个问题：

（1）常压塔进料的汽化率至少应等于塔顶产品和各侧线产品的产率之和，否则不能保证要求的拔出率或轻质油收率。至于普通的二元或多元精馏塔，理论上讲，进料的汽化率可以在 0 ~ 1 之间任意变化而仍能保证产品产率。在实际设计和操作中，为了使常压塔精馏段最低一个侧线以下的几层塔板（在进料段之上）上有足够的液相回流以保证最低侧线产品的质量，原料油进塔后的汽化率应比塔上部各种产品的总收率略高一些。高出的部分称为过汽化度。常压塔的过汽化度一般为 2% ~ 4%。实际生产中，只要侧线产品质量能保证，过汽化度低一些是有利的，这不仅可减轻加热炉负荷，而且由于炉出口温度降低可减少油料的裂化。

（2）在常压塔只靠进料供热，而进料的状态（温度、汽化率）又已被规定。因此，常压塔的回流比是由全塔热平衡决定的，变化的余地不大。常压塔产品要求的分离精确度不太高，只要塔板数选择适当，在一般情况下，由全塔热平衡所确定的回流比已完全能满足精馏的要求。普通的二元系或多元系精馏与原油精馏不同，它的回流比是由分离精确度要求确定的，至于全塔热平衡，可以通过调节再沸器负荷来达到。在常压塔的操作中，如果回流比过大，必然会引起塔的各点温度下降、馏出产品变轻、拔出率下降。

（3）在原油精馏塔中，除了采用塔顶回流，通常还设置 1 ~ 2 个中段循环回流，即从精馏塔上部的精馏段引出部分液相热油，经与其他冷流换热或冷却后再返回塔中，返回口比抽出口通常高 2 ~ 3 层塔板。

中段循环回流的作用是：在保证产品分离效果的前提下，取走精馏塔中多余的热量，这些热量因温度较高，因而是价值很高的可利用热源。采用中段循环回流的好处是，在相同的处理量下可缩小塔径，或者在相同的塔径下可提高塔的处理能力。

5. 恒分子回流的假定完全不适用　在普通的二元和多元精馏塔的设计计算中，为了简化计算，对性质及沸点相近的组分所组成的体系做出了恒分子回流的近似假设，即在塔内的气、液相的物质的量流量不随塔高而变化。这个近似假设对原油常压精馏塔是完全不能适用的。石油是复杂混合物，各组分间的性质可以有很大的差别，它们的摩尔汽化潜热可以相差很远，沸点之间的差别甚至可达几百摄氏度。如常压塔顶和塔底之间的温差就可达 250℃左右。显然，以精馏塔上、下部温差不大，塔内各组分的摩尔汽化潜热相近为基础所做出的恒分子回流这一假设对常压塔是完全不适用的。

（三）减压蒸馏塔的工艺特征

原油在常压蒸馏的条件下，只能够得到各种轻质馏分。常压塔底产物即常压重油，是原油中比较重的部分，沸点一般高于 350℃，而各种高沸点馏分，如裂化原料和润滑油馏分等都存在其中。要想从重油中分出这些馏分，就需要把温度提到 350℃以上，而在这一高温下，原油中的稳定组分和一部分烃类就会发生分解，降低了产品质量和收率。为此，将常压重油在减压条件下蒸馏，蒸馏温度一般限制在 420℃以下。降低压力使油品的沸点相应下降，上述高沸点馏分就会在较低的温度下汽化，从而避免了高沸点馏分的分解。减压塔是在压力低于 100kPa 的负压下进行蒸馏操作。

根据生产任务的不同，减压塔可分为润滑油型和燃料型两种，见图 3-9 和图 3-10。润滑油型减压塔是为了提供黏度合适、残炭值低、色度好和馏程较窄的润滑油料。燃料型减压塔主要是为了提供残炭值低和金属含量低的催化裂化和加氢裂化原料，对馏分组成的要求是不严格的。无论哪种类型的减压塔，都要求有尽可能高的拔出率。为了提高汽化段的真空度，除了需要有一套良好的塔顶抽真空系统外，一般还采取以下几种措施。

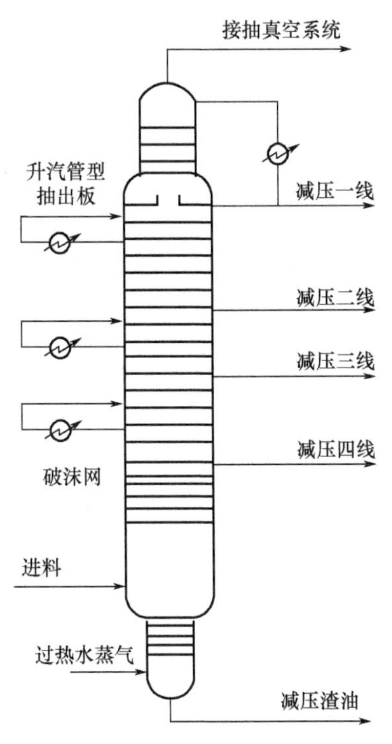

图 3-9　润滑油型减压塔

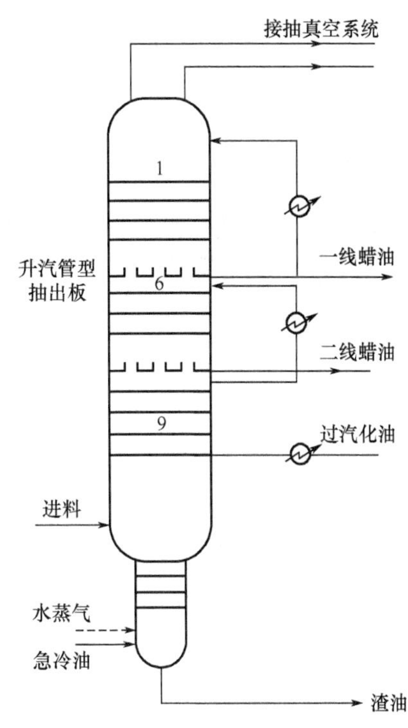

图 3-10　燃料型减压塔

1. 减压塔的一般工艺特征

（1）降低从汽化段到塔顶的流动压降。这主要依靠减少塔板数和降低气相通过每层塔板的压降来实现。

（2）降低塔顶油气馏出管线的流动压降。为此，减压塔塔顶不出产品，塔顶管线只供抽真空设备抽出不凝气用。因为减压塔顶没有产品馏出，故只采用塔顶循环回流而不采用塔顶冷回流。

（3）减压塔塔底汽提蒸汽用量比常压塔大，其主要目的是降低汽化段中的油气分压。近年来，少用或不用汽提蒸汽的干式减压蒸馏技术有较大的发展。

（4）降低转油线压降，通过降低转油线中的油气流速来实现。减压塔汽化段温度并不是常压重油在减压蒸馏系统中所经受的最高温度，此最高温度的部位是在减压炉出口。为了避免油品分解，对减压炉出口温度要加以限制，在生产润滑油时不得超过 395℃，在生产裂化原料时不超过 420℃，同时在高温炉管内采用较高的油气流速以减少停留时间。

（5）缩短渣油在减压塔内的停留时间。塔底减压渣油是最重的物料，如果在高温下停留时间过长，则其分解、缩合等反应进行得比较显著。其结果，一方面生成较多的不凝气使减压塔的真空度下降；另一方面会造成塔内结焦。因此，减压塔底部的直径通常缩小，以缩短渣油在塔内的停留时间。此外，有的减压塔还在塔底打入急冷油以降低塔底温度，减少渣油分解、结焦的倾向。

由于上述各项工艺特征，从外形来看，减压塔比常压塔显得粗而短。此外，减压塔的底座较高，塔底液面与塔底油抽出泵入口之间的位差在 10m 左右，这主要是为了给热油泵提供足够的灌注头。

2. *减压塔的抽真空系统*　减压塔之所以能在减压下操作，是因为在塔顶设置了一个抽空真空系统，将塔内不凝气、注入的水蒸气和极少量的油气连续不断地抽走，从而形成塔内真空。减压塔的抽真空设备可以用蒸汽喷射器（也称蒸汽喷射泵或抽空器）或机械真空泵。在炼油厂中的减压塔广泛地采用蒸汽喷射器来产生真空，图 3–11 是常减压蒸馏装置常用的蒸汽喷射器抽真空系统的流程。

（1）抽真空系统的流程。减压塔顶出来的不凝气、水蒸气和少量油气首先进入一个管壳式冷凝器。水蒸气和油气被冷凝后排入水封池，不凝气则由一级喷射器抽出，从而在冷凝器中形成真空。由一级喷射器抽出来的不凝气再排入一个中间冷凝器，将一级喷射器排出的水蒸气冷凝。不凝气再由二级喷射器抽走而排入大气。为了消除因排放二级喷射器的蒸汽所产生的噪声及避免排出的蒸汽的凝结水洒落在装置平台上，通常再设一个冷凝器将水蒸气冷凝而排入水阶，而不凝气则排入大气。

冷凝器是在真空下操作的。为了使冷凝水顺利地排出，排出管内水柱的高度应足以克服大气压力与冷凝器内残压之间的压差以及管内的流动阻力。通常此排液管的高度至少应存 10m 以上，在炼油厂俗称此排液管为大气腿。

图 3–11 中的冷凝器是采用间接冷凝的管壳式冷凝器，故通常称为间接冷凝式二级抽真空系统。它的作用在于使可凝的水蒸气和油气冷凝而排出，从而减轻喷射器的负荷。冷凝器本身并不形成真空，因为系统中还有不凝气存在。

另外，最后一级冷凝器排放的不凝气中，气体烃（裂解气）占 80% 以上，并含有硫化物气体，造成大气污染和可燃气的损失。国内外炼油厂都开始回收这部分气体，把它用作加热炉燃料，既节约燃料，又减少了对环境的污染。

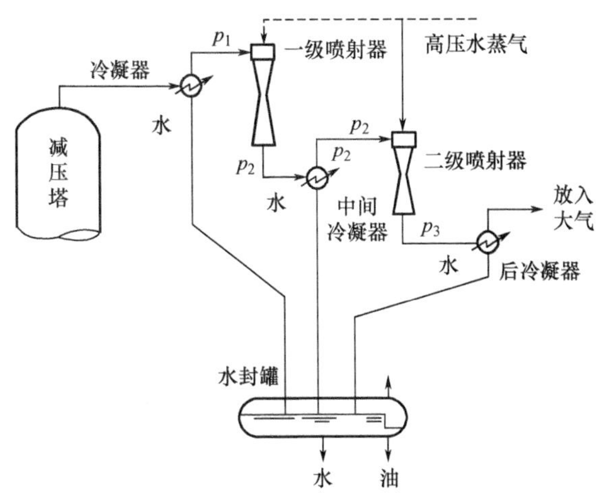

图 3-11　抽真空系统流程

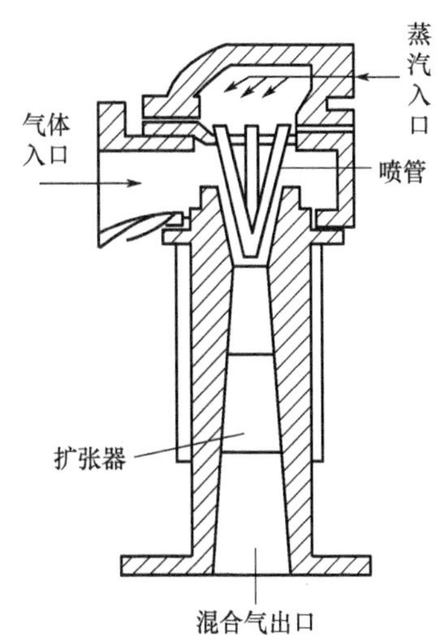

图 3-12　蒸汽喷射器

（2）蒸汽喷射器。蒸汽喷射器（或蒸汽喷射泵）如图 3-12 所示。

蒸汽喷射器由喷嘴、扩张器和混合室构成。高压上作蒸汽进入喷射器中，先经收缩喷嘴将压力能变成动能，在喷嘴出口处可以达到极高的速度（1000 ~ 1400 m/s），使混合室形成了高度真空。不凝气从进口处被抽吸进来，在混合室内与驱动蒸汽混合并一起进入扩张器，扩张器中混合流体的动能又转变为压力能，使压力略高于大气压。混合气才能从出口排出。

（3）增压喷射器。在抽真空系统中，不论是采用直接混合冷凝器、间接式冷凝器还是空冷器，其中都会有水存在。水在其本身温度下有一定的饱和蒸气压，故冷凝器内总会有若干水蒸气。因此，理论上冷凝器中所能达到的残压最低只能达到该处温度下水的饱和蒸气压。

减压塔顶所能达到的残压应在上述的理论极限值加上不凝气的分压、塔顶馏出管线的压降、冷凝器的压降。所以减压塔顶残压要比冷凝器中水的饱和蒸气压高，当水温为 20℃时，冷凝器所能达到的最低残压为 0.0023MPa。此时减压塔顶的残压就可能高于 0.004MPa。

实际上，20℃的水温是容易达到的，二级或三级蒸气喷射抽真空系统，很难使减压塔顶达到 0.004MPa 以下的残压。如果要求更高的真空度，就必须打破水的饱和蒸气压这个极限。因此，在塔顶馏出气体进入一级冷凝之前，再安装一个蒸气喷射器使馏出气体升压，如图 3-13 所示。

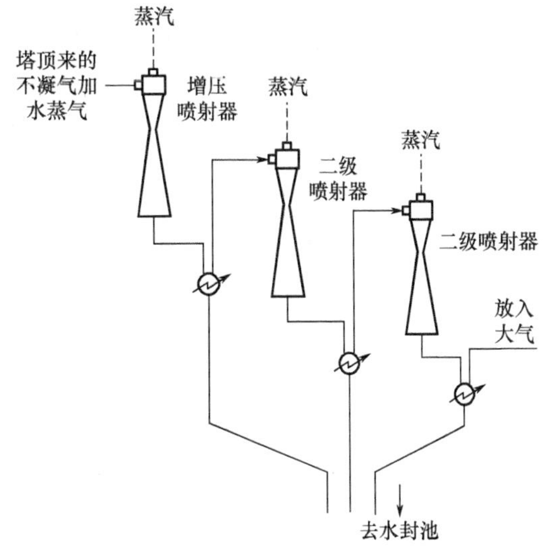

图 3-13 增压喷射器

由于增压喷射器前面没有冷凝器，所以塔

顶真空度就能摆脱水温限制，而相当于增压喷射器所能造成的残压加上馏出线压力降，使塔内真空度达到较高程度。但是，由于增压喷射器消耗的水蒸气往往是一级蒸汽喷射器消耗蒸气量的四倍左右，故一般只用在夏季、水温高、冷却效果差、真空度很难达到要求的情况下或干式蒸馏情况下。

三、原油分馏塔的主要工艺条件的确定

（一）经验塔板数

石油的组成相当复杂，目前还不能用分析法计算塔板数，一般采用生产中可行的经验数据，表 3-1 是国内外常压塔板数参考值。

表3-1　国内外常压塔塔板数*

初步分离的馏分	国内			国外
	一级	二级	三级	
汽油 ~ 煤油	10	8	10	1 ~ 8
煤油 ~ 轻柴油	8	9	9	4 ~ 6
轻柴油 ~ 重柴油	7	7	4	4 ~ 6
重柴油 ~ 裂化料	8	8	4	—
最低侧线 ~ 进料	3	4	4	3 ~ 6**
进料 ~ 塔底	4	4	6	—

注　*表示塔板数均未包括循环回流的换热塔板。
**也可用填料代替。

（二）汽提水蒸气用量

石油精馏塔的汽提蒸汽一般都是用温度为 400 ~ 450℃的过热水蒸气（压力约为 0.3MPa），用过热水蒸气的主要原因是防止冷凝水带入塔内。侧线产品汽提的目的主要是驱除其中的低沸点组分，从而提高产品的闪点和改善分馏精确度；常压塔底汽提主要是为了降低塔底重油中 350℃以前馏分的含量，以提高直馏轻质油品的收率，同时也减轻了减压塔的负荷，减压塔底汽提的目的则主要是降低汽化段的油气分压，从而在所能达到的最高温度和真空度之下尽量提高减压塔的拔出率。

汽提蒸汽的用量与需要提馏出来的轻组分含量有关，在设计计算中可以参考表 3-2 的经验数据选择汽提蒸汽的用量。

由于原料不同，操作情况多变，适宜目的汽提蒸汽用量还应当通过实际生产情况的考察来调整。近年来，由于对节能问题的重视，在可能的条件下，倾向于减少汽提蒸汽的用量。

（三）过汽化油量

当原料油是以部分汽化状态进入塔内，而气体部分的量仅等于塔顶及各侧线产品的量时，最低一侧线至汽化段间的塔板将产生“干板”现象，即塔板上无液相回流，从而使此段塔板失去精馏作用。因此，要求进料的汽化量除了保证塔顶和各侧线的产品量外，还应有一部分

表3-2　汽提蒸汽用量

塔	产品	蒸汽用量（%，对产品的质量分数）
常压塔	溶剂油	1.5～2
	煤油	2～3
	轻柴油	2～3
	重柴油	2～4
	轻润滑油	2～4
	塔底重油	2～4
初馏塔	塔底油	1.2～1.5
减压塔	中、润滑油	2～4
	残渣燃料油	2～4
	残渣气缸油	2～5

多余的量，这就是过汽化油量。过汽化油量应适当，过小影响分离效果；过大将增加加热炉的负荷，提高汽化段温度，同时也增加了外回流量。表 3-3 为国内某些炼厂的蒸馏塔过汽化油量。

表3-3　国内某些原油蒸馏塔过汽化油量（占进料的质量分数）

塔名称	一级	二级	三级	四级	推荐值
初馏塔	5.3%	5%			2～5
常压塔	2.5%	2%	2%	2.85%	2～4
减压塔	1.2%		2%		3～6

（四）操作压力

原油常压蒸馏塔的最低操作压力最终是受制于塔顶产品接受罐的温度下塔顶产品的泡点压力。常压塔顶产品通常是汽油馏分或重整原料。当用水作为冷却介质时，塔顶产品冷却至40℃左右，产品接受罐（在不使用二级冷凝冷却流程时也就是回流罐）在 0.1 ～ 0.25MPa 的压力操作时，塔顶产品能基本上全部冷凝，不凝气很少。为了克服塔顶馏出物流经管线和设备的流动阻力，常压塔顶的压力应稍高于产品接受罐的压力，或者说稍高于常压。

在确定塔顶产品接受罐或回流罐的操作压力后，加上塔顶馏出物流经管线、管件和冷凝冷却设备的压降，即可计算得到塔顶的操作压力。根据经验，通过冷凝器或换热器壳程（包括连接管线在内）的压降一般约为 0.02MPa，使用空冷器时的压降可能稍低些。国内多数常压塔的塔顶操作压力在 0.13 ～ 0.16MPa 之间。

在塔顶操作压力确定后，塔的各部位的操作压力也随之可以通过计算得到。塔的各部位的操作压力与油气流经塔板时所造成的压降有关。油气由下而上流动，故塔内压力由下而上逐渐降低。常压塔采用的各种塔板的压降大致如表 3-4 所示。

表3-4 各种塔板的压力降

塔板形式	压力降/kPa	塔板形式	压力降/kPa
泡罩	0.5 ~ 0.8	舌形	0.25 ~ 0.4
浮阀	0.1 ~ 0.65	金属泡沫网	0.1 ~ 0.25
筛板	0.25 ~ 0.5		

由加热炉出口经转油线到精馏塔汽化段的压力降通常为0.034MPa，由精馏塔汽化段的压力即可推算出炉出口压力。

（五）操作温度

确定了精馏塔各部位的操作压力后，就可以求定各点的操作温度。

从理论上说，在稳定操作的情况下，可以将精馏塔内离开任一块塔板或汽化段的气、液两相都看成处于相平衡状态。因此，气相温度是该处油气中分压下的露点温度，而液相温度则是其泡点温度。虽然在实际中由于塔板上的气、液两相常未能完全达到相平衡状态而使实际的气相温度稍偏高或液相的温度稍偏低，但是在设计计算中都是按上述理论假设来计算各点的温度。

上述计算方法中要计算油气分压时必须知道该处的回流量。因此，求各点的温度时需要综合运用热平衡和相平衡两个工具，用试差计算的方法。计算时，先假设某处温度为 t，作热平衡以求得该处的回流量和油气分压，再利用相平衡关系——平衡汽化曲线，求得相应的温度 t'（泡点、露点或一定汽化率的温度）。t 与 t' 的误差应小于1%，否则需另设温度 t，重新计算直至达到要求的精度为止。

为了减小计算的工作量，应尽可能地参照炼油厂同类设备的操作数据来假设各点的温度值。如果缺乏可靠的经验数据或进行方案比较而只需做粗略的热平衡时，可根据以下经验来假设温度的初值：

（1）在塔内有水蒸气存在的情况下，常压塔顶汽油蒸气的温度可以大致定为该油品的恩氏蒸馏60%点温度。

（2）当全塔汽提水蒸气用量不超过进料量的12%时，侧线抽出板温度大致相当于该油品的恩氏蒸馏5%点温度。

下面分别讨论求定各点温度的方法

1. 汽化段温度　汽化段温度即进料的绝热闪蒸温度。已知汽化段和炉出口的操作压力，而且产品总收率或常压塔拔出率和过汽化度、汽提蒸汽量等也已确定，就可以算出汽化段的油气分压；进而可以作出进料（在常压塔的情况下即为原油）在常压下、在汽化段油气分压下以及炉出口压力下的三条平衡汽化曲线，如图3-14所示。根据预定的汽化段中的总汽化率即 e_F，由该图查得汽化段温度 t_F，由 e_F 和 t_F 可算出汽化段内进料的焓值。

在汽化段内发生的是绝热闪蒸过程。如果忽略转油线的热损失，则加热炉出口处进料的焓 h_a 应等于汽化段内进料的焓 h_F。加热炉出口温度 t_0 必定高于汽化段温度 t_F，而炉出口处汽化率 e_0 则必然低于 e_F。

前已提及，为了防止进料中不安定组分在高温下发生显著的化学反应，进料被加热的最高温度（即加热炉出口温度）应有所限制。因此，如果由前而求得的 t_F、e_F 推算出的 t_0 超出允许的最高加热温度，则应对所规定的操作条件进行适当的调整。

生产航空煤油（喷气燃料）时，原油的最高加热温度一般为 360 ~ 365℃，而在生产一般石油产品时则可放宽至约 370℃。在设计计算时可以根据此要求选择一个合适的炉出口温度 t_0，并在图 3-14 上查得炉出口的汽化率 e_0，从而求出炉出口处油料的焓值 h_0。考虑到转油线上的热损失，此 h_0 值应稍大于由汽化段的 t_F、e_F 推算出的 h_F 值。如果 h_0 值高出 h_F 值甚多，说明进料在塔内的汽化率还可以提高；反之，若 h_0 值低于 h_F 值，而炉出口温度又不允许再提高，则可以调整汽提水蒸气量或过汽化度，使汽化段的油气分压适当降低，以保证所要求的拔出率。

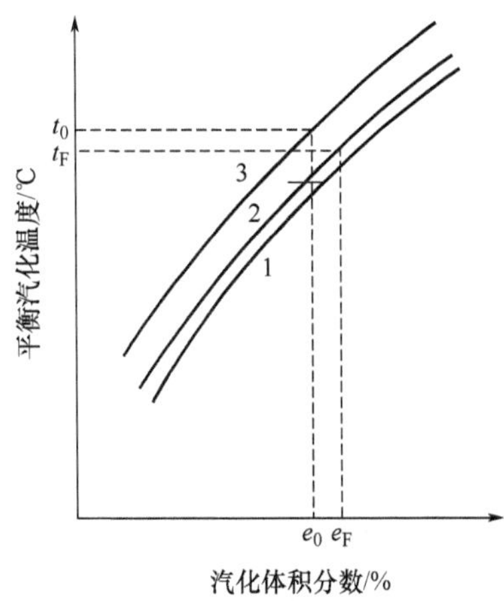

图 3-14　进料的平衡汽化曲线
1—常压下平衡汽化曲线
2—汽化段油气分压下平衡汽化曲线
3—炉出口压力下平衡汽化曲线

2. 塔底温度　进料在汽化段闪蒸形成的液相部分，汇同精馏段流下的液相回流（相当于过汽化部分），向下流至汽提段。塔底通入过热水蒸气逆流而上与油料接触，不断地将油料中的轻馏分汽提出去。轻馏分汽化需要的热量一部分由过热水蒸气供给，一部分由液相油料本身的显热提供。由于过热水蒸气提供的热量有限，加之又有散热损失。因此油料的温度由上而下逐板下降，塔底温度比汽化段温度低不少。虽然文献资料中有关于计算塔底温度方法的介绍，但计算值与实际情况往往有较大的出入，所以一般均采用经验数据。原油蒸馏装置的初馏塔、常压塔及减压塔的塔底温度一般比汽化段温度低 5 ~ 10℃。

3. 侧线温度　严格来说，侧线抽出温度应该是未经汽提的侧线产品在该处的油气分压下的泡点温度。它比汽提后的产品在同样条件下的泡点温度略低一点。然而往往能够得到的是经汽提后的侧线产品的平衡汽化数据。考虑到在同样条件下汽提前后的侧线产品的泡点温度相差不多，为简化起见，通常都是按经汽提后的侧线产品在该处油气分压下的泡点温度来计算。

侧线温度的计算要用猜算法。先假设侧线温度 t_m，作适当的隔离体系及热平衡，求出回流量，算得油气分压，再求得该油气分压下的泡点温度 t_m'，t_m' 应与假设的 t_m 相符，否则重新假设 t_m，直至达到要求的精度为止。这里要说明两点：

（1）算侧线温度时，最好从最低的侧线开始，这样计算比较方便。因为进料段和塔底温度可以先行确定，则自下而上作隔离体和热平衡时，每次只有一个侧线温度是未知数。

（2）为了计算油气分压，需分析一下侧线抽出板上气相的组成情况。该气相是由下列物料构成的：通过该层塔板上升的塔顶产品和该侧线上方所有侧线产品的蒸气，还有在该层抽出板上汽化的内回流蒸气以及汽提水蒸气。可以认为内回流的组成与该塔板抽出的侧线产品组成基本相同，因此，所谓的侧线产品的油气分压即是指该处内回流蒸气的分压。国内一般采用以下的方法：一方面把除回流蒸气以外的所有油气都看作和水蒸气一样的起着降低分压的作用，另一方面按汽提后侧线产品的平衡汽化数据来计算泡点温度。

4. *塔顶温度*　塔顶温度是塔顶产品在其本身油气分压下的露点温度。塔顶馏出物包括塔顶产品、塔顶回流（其组成与塔顶产品相同）蒸气、不凝气（气体烃）和水蒸气。塔顶回流量需通过假设塔顶温度作全塔热平衡才能求定。算出油气分压后，求出塔顶产品在此油气分压下的露点温度，以此校核所假设的塔顶温度。

原油初馏塔和常压塔的塔顶不凝气量很少，可忽略不计。忽略不凝气以后求得的塔顶温度较实际塔顶温度约高出3%，可将计算所得的塔顶温度乘以系数0.97作为采用的塔顶温度。

在确定塔顶温度时，应同时校核水蒸气在塔顶是否会冷凝。若水蒸气的分压高于塔顶温度下水的饱和蒸气压，则水蒸气就会冷凝。遇到此情况时应考虑减少水蒸气用量或降低塔的操作压力，重新进行全部计算。对于一般的原油常压精馏塔，只要汽提水蒸气用量不是过大，则只有当塔顶温度约低于90℃时才会出现水蒸气冷凝的可能性。

5. *侧线汽提塔塔底温度*　当用水蒸气汽提时，汽提塔塔底温度比侧线抽出温度低8 ~ 10℃，有的也可能低得更多些。当需要严格计算时，可以根据汽提出的轻组分的量通过热平衡计算求取。

当用再沸提馏时，其温度为该处压力下侧线产品的泡点温度，此温度有时可高出该侧线抽出板温度十几度。

【能力测评与提升】

一、填空题

1．原油常用的分类方法有______和________。

2．按关键馏分分类我国大庆原油属于______原油，按照两种分类方法的综合分类，胜利原油属于_________原油；按原油的含硫量分类，硫含量＜0.5%，属于______原油。

3．原油加工方案一般分_________、_________和___________三类。

4．原油蒸馏常用三种蒸馏曲线分别是_________、_________和___________。

5. 典型三段汽化原油蒸馏工艺过程中采用蒸馏塔为________、_________和_________。

6．原油脱盐脱水常用方法有________、_________和___________。

7．塔顶打回流的作用是提供________，取走塔内部分___________。

8. 常压塔塔底汽提蒸汽压力________，汽提效果越好，但塔压会___________。

9. 从热量利用率来看，提高分馏塔精馏段下部_________的取热比例，可以提高装置___________。

二、问答题

1．原油分类的目的是什么？分类的方法有哪些？

2．原油评价的目的是什么？评价的类型有几种？

3．原油综合评价包括哪些内容？

4．什么叫实沸点蒸馏及平衡蒸发？

5．什么叫原油的性质曲线？它有什么特性，如何绘制？有何用途？

6．简述目前炼厂对原油有几种加工方案？简述你所了解的炼油厂属于哪种类型的？画出加工方案的流程图。

7．从加工角度分析，大庆原油和胜利原油有哪些主要特点？分别可采用何种加工方案？

8．在原油精馏中，为什么采用复合塔代替多塔系统？

9．原油精馏塔塔底为什么要吹入过热水蒸气？它有何作用及局限性？

10．什么是“过汽化度”？它有何作用，其数值范围为多少？为什么要尽量降低“过汽化度”？

11．回流的作用是什么？炼油厂常用的回流有几种？

12．在精馏塔精馏段中，为何越往塔顶内回流量及蒸气量均越大？

13．中段循环回流有何作用？为什么在油品分馏塔上经常采用，而在一般化工厂精馏塔上并不使用？

14．减压塔的真空系统是怎样产生的？什么是“干式减压蒸馏”？此新工艺的特点是什么？

15．蒸汽喷射泵的结构和工作原理是什么？

16．原油中所含盐的种类、存在形式及含盐对原油炼制加工和产品质量所带来的危害性各是什么？

17．原油在脱盐之前为什么要先注水，脱盐后原油的含水、含盐指标应达到多少？

18．原油常压蒸馏的类型有哪几种？什么叫原油的汽化段数？增加汽化段数的优缺点各是什么？

19．原油常减压蒸馏中采用初馏塔的原因是什么？设置初馏塔有什么优缺点？初馏塔是否都需要开侧线？为什么？

20．减压塔有什么特征？

学习情境四　催化裂化

【任务一】认识催化裂化化学反应原理

1. 能力目标

能够认识催化裂化化学反应原理；能够根据反应原理分析催化裂化反应特点。

2. 知识目标

了解单体烃催化裂化的化学反应；掌握催化裂化反应机理；掌握石油馏分催化裂化反应特点。

3. 教、学、做说明

学生通过图书馆和网络资源的查找，并结合本任务的【相关知识】，分组讨论总结催化裂化化学反应原理及特点，然后由教师引领，组别代表发言，并在教师指导下完成催化裂化化学反应原理及特点的汇总。

4. 工作准备

学生分组：按照班级人数分组，并指派组长；资料查阅：布置工作任务，学生可通过图书馆或互联网等途径查阅相关资料。

5. 工作过程

小组讨论；组长指派代表发言；教师引领，完成催化裂化化学反应原理及特点的总结。

【相关知识】

催化裂化产品的数量和质量，取决于原料中的各种烃类在催化剂上所进行的反应，为了更好地控制生产，达到高产优质的目的，就必须了解催化裂化反应的实质、特点以及影响反应进行的因素。

一、单体烃催化裂化的化学反应

石油馏分是由各种烷烃、环烷烃、芳烃组成，在催化剂上，各种单体烃进行着各种不同反应并且相互影响。为了更好地了解催化裂化的反应过程，首先应了解单体烃的催化裂化反应。

（一）烷烃

烷烃主要发生分解反应，分解成较小分子的烷烃和烯烃，例如：

$$C_{16}H_{34} \longrightarrow C_8H_{16}+C_8H_{18}$$

烷烃分解时多从中间的 C—C 键处断裂，分子越大越容易断裂。异构烷烃的分解速率比正构烷烃快，裂化后生成的烷烃又可继续分解为更小的分子。

（二）烯烃

烯烃的主要反应也是分解反应，但还有一些其他重要反应，主要反应有：

1. 分解反应　分解为两个较小分子的烯烃，烯烃的分解速率比烷烃高得多，且大分子烯烃分解反应速率比小分子快，异构烯烃的分解速率比正构烯烃快。例如：

$$C_{16}H_{32} \longrightarrow C_8H_{16}+C_8H_{16}$$

2. 异构化反应　该反应包括两种，其一是分子骨架异构，另一种是双键异构（分于中双键向中间位置转移）。

例如：

$$CH_3—CH_2—CH_2—CH_2—CH{=}CH_2 \longrightarrow CH_3—CH_2—CH{=}CH—CH_2—CH_3 \quad （双键异构）$$

$$CH_3—CH_2—CH{=}CH_2 \longrightarrow CH_3—\underset{\underset{CH_3}{|}}{C}{=}CH_2 \quad （骨架异构）$$

3. 氢转移反应　两个烯烃分子之间发生氢转移反应，一个获得氢变成烷烃，另一个失去氢转化为多烯烃及芳烃或缩合程度更高的分子，直到缩合至焦炭。氢转移反应是烯烃的重要反应，是催化裂化汽油饱和度较高的主要原因，但反应速率较慢，需要较高活性的催化剂。

4. 芳构化反应　烯烃环化并脱氢生成芳烃。例如：

$$CH_3—CH_2—CH_2—CH_2—CH{=}CH—CH_3 \longrightarrow \text{(甲基环己烷)} \longrightarrow \text{(甲苯)} +3H_2$$

这一反应有利于汽油辛烷值的提高。

（三）环烷烃

环烷烃的环可断裂生成烯烃，烯烃再继续进行上述各项反应；环烷烃带有长侧链，则侧链本身会发生断裂生成环烷烃和烯烃；环烷烃可以通过氢转移反应转化为芳烃；带侧链的五元环烷烃可以异构化成六元环烷烃，并进一步脱氢生成芳烃。例如：

$$\text{(环戊基)}—CH_2—CH_2—CH_3 \longrightarrow CH_3—CH_2—CH_2—CH{=}CH—CH_2—CH_2—CH_3$$

$$\text{(甲基环戊烷)} \longrightarrow \text{(环己烷)} \longrightarrow \text{(苯)} +3H_2$$

（四）芳烃

芳烃环在催化裂化条件下十分稳定，连在苯环上的烷基侧链容易断裂成较小分子的烯烃，侧链越长，反应速率越快。多环芳烃的裂化反应速率很低，它们的主要反应是缩合成稠环芳烃，进而转化为焦炭，同时放出氢使烯烃饱和。

由以上列举的化学反应可以看出：在催化裂化条件下，烃类进行的反应除了有大分子分解为小分子的反应，而且还有小分子缩合成大分子的反应（甚至缩合至焦炭）。与此同时，还进行异构化、氢转移、芳构化等反应。在这些反应中，分解反应是最主要的反应，催化裂化这一名称就是因此而得。

二、烃类催化裂化反应机理

碳正离子学说是被公认为解释催化裂化反应机理的较成熟的学说。所谓碳正离子（或称碳阳离子），是指缺少一对价电子的碳所形成的烃离子。例如：

$$\begin{array}{c} \mathrm{H} \\ \ddot{} \\ \mathrm{R:\!C\!:H} \\ + \end{array}$$

碳正离子的主要来源是由一个烯烃分子获得一个氢离子（质子）而生成的，例如：

下面以正十六碳烯的催化裂化反应为例来说明碳正离子的生成和转化的一般规律。

$$C_nH_{2n}+H^+ \longrightarrow H_{2n+1}^+$$

（1）十六碳烯从催化剂表面或与已生成的碳正离子获得一个质子（H^+）而生成碳正离子。

（2）大的碳正离子不稳定，在β位上容易发生断裂。

（3）生成的碳正离子是伯碳离子，不够稳定，易于异构成仲碳离子，然后又在β位上断裂，直到生成为止。

（4）碳正离子的稳定程度依次是：叔碳正离子＞仲碳正离子＞伯碳正离子，因此生成的碳正离子趋向于异构成叔碳正离子。

（5）碳正离子将H^+还给催化剂，本身变成烯烃，此时反应终止。

碳正离子学说可以解释烃类催化裂化反应中的许多现象。例如：由于碳正离子分解时不生成比C_3、C_4更小的碳正离子，因此裂化气中含C_1、C_2少（催化裂化条件下总不免伴随有热裂化反应发生，因此总有部分C_1、C_2产生）；由于伯、仲碳正离子趋向于转化成叔碳正离子，因此裂化产物中含异构烃多；由于具有叔碳正离子的烃分子易于生成碳正离子，因此异构烷烃或烯烃、环烷烃和带侧链的芳烃的反应速率高。碳正离子还说明了催化剂的作用，催化剂表面提供H^+，使烃类通过生成碳正离子的途径来进行反应，而不像热裂化那样通过自由基来进行反应，从而降低了反应的活化能，提高了反应速率。

三、石油馏分的催化裂化反应特点

石油馏分是由各种单体烃组成的，工业催化裂化所用的原料，并不是单体烃而是石油馏分。因此，单体烃在催化裂化过程中的表现还不能直接用在石油馏分上，但是单体烃的反应规律可以作为预测石油馏分进行反应的依据，石油馏分催化裂化的特点主要有以下两个方面。

（一）各烃类之间的竞争吸附和反应的阻滞作用

石油馏分催化裂化的结果，并非是各族烃类单独反应的综合结果，因为任何一种烃类的反应都将受到同时存在的其他烃类的影响，更重要的是，石油馏分的催化裂化反应是在固体催化剂表面上进行的，某烃类的反应速率，不仅与本身的化学反应速率有关，而且还与它们的吸附和脱附能力有关，因为烃类分子必须被吸附在催化剂表面才能进行反应。如果某一烃类尽管本身的反应速率很快，若吸附速率很慢，那么，该烃类的最终反应速率也不会很快。换言之，某烃类的催化裂化反应的总速率是由吸附速率和反应速率共同决定的。

不同烃分子在催化剂表面的吸附能力不同。大量实验证明，对于碳原子数相同的各族烃，吸附能力的大小顺序为：稠环芳烃＞稠环环烷烃＞烯烃＞单烷基单环芳烃＞单环环烷烃＞烷烃。

同族烃分子，相对分子质量越大越容易被吸附。

如果按化学反应速率的高低进行排列，则大致情况如下：烯烃＞大分子单烷基侧链的单环芳烃＞异构烷烃和环烷烃＞小分子单烷基侧链的单环芳烃＞正构烷烃＞稠环芳烃。

综合上述两个排列顺序可知，石油馏分中的芳烃虽然吸附能力强，但反应能力弱，它首先吸附在催化剂表面占据了相当的表面积，阻碍了其他烃类的吸附和反应，使整个石油馏分的反应速率变慢。对于烷烃，虽然反应速率快，但吸附能力弱，从而对原料反应的总效应不利。由此可得出结论：环烷烃有一定的吸附能力，又具有适宜的反应速率，因此可以认为，富含环烷烃的石油馏分应是催化裂化的理想原料。然而，实际生产中，这类原料并不多见。

（二）石油馏分的催化裂化反应是复杂的平行—顺序反应

实验表明，石油馏分进行催化裂化反应时，原料向几个方向进行反应，中间产物又可继续反应，从反应工程观点来看，这种反应属于平行—顺序反应。原料油可直接裂化为汽油或气体，属于一次反应；汽油又可进一步裂化生成气体，这就是二次反应，如图 4–1 所示。

平行—顺序反应的一个重要特点是反应深度对产品产率分布有重大影响。如图 4–2 所示，随着反应时间的增长，转化率提高，气体和焦炭产率一直增加，而汽油产率开始增加。经过一个最高点后又下降。这是因为到一定反应深度后，汽油分解为气体的速率超过了汽油的生成速率，即二次反应速率超过了一次反应速率。催化裂化的二次反应是多种多样的，有些二次反应是有利的，有些则不利。例如，烯烃和环烷烃氢转移生成稳定的烷烃和芳烃是人们所

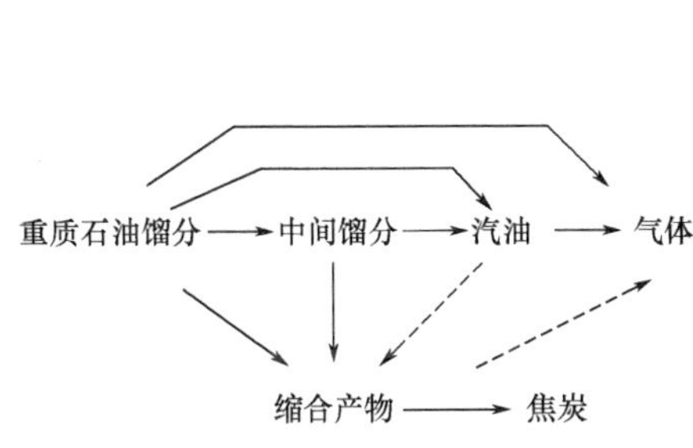

图 4–1　石油馏分的催化裂化反应
（虚线表示不重要的反应）

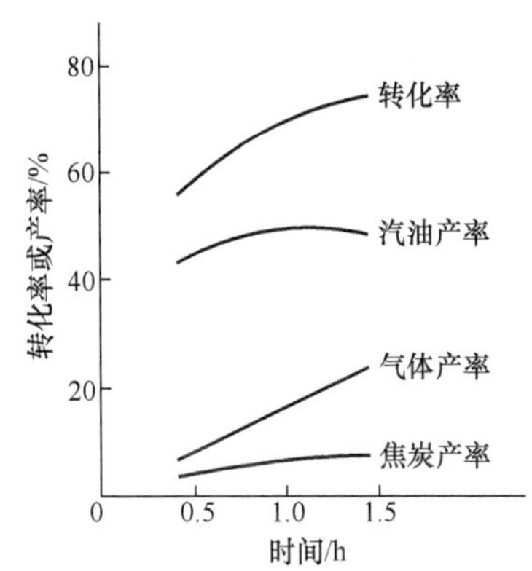

图 4–2　某馏分催化裂化的结果
（转化率 = 气体、汽油、焦炭产率之和）

希望的，中间馏分缩合生成焦炭则是不希望的。因此在催化裂化工业生产中，对二次反应进行有效的控制是必要的。另外，要根据原料的特点选择合适的转化率，这一转化率应选择在汽油产率最高点附近。如果希望有更多的原料转化成产品，则应将反应产物中的沸程与原料油沸程相似的馏分与新鲜原料混合，重新返回反应器进一步反应。这里所说的沸点范围与原料相当的那一部分馏分，工业上称为回炼油或循环油。

【任务二】认识催化裂化催化剂

1. 能力目标

能够根据催化裂化催化剂的组成、特点分析催化裂化催化剂的特点；能够根据催化裂化催化剂的使用性能理解催化剂的失活与再生，并掌握失活与再生方法。

2. 知识目标

掌握裂化催化剂的种类、组成和结构；掌握催化剂的失活与再生；了解不同裂化催化剂的性能特点。

3. 教、学、做说明

学生通过图书馆和网络资源的查找，并结合本任务的【相关知识】，分组讨论总结催化裂化催化剂的结构、组成、特点、使用性能、失活与再生等，然后由教师引领，组别代表发言，并在教师指导下完成催化裂化催化剂相关知识的汇总。

4. 工作准备

学生分组：按照班级人数分组，并指派组长；资料查阅：布置工作任务，学生可通过图书馆或互联网等途径查阅相关资料。

5. 工作过程

小组讨论；组长指派代表发言；教师引领，完成催化裂化催化剂相关知识的总结。

【相关知识】

由于催化剂可以改变化学反应速率，并且有选择地促进某些反应，因此，它对目的产品的产率和质量、生产成本、操作条件、工艺过程、设备形式都有重要的影响。催化裂化的发展和催化剂的发展是分不开的，尤其是分子筛催化剂的发展促进了催化裂化工艺的重大改革。

一、裂化催化剂的种类、组成和结构

工业上广泛采用的催化裂化催化剂可分两大类：无定形硅酸铝和结晶型硅酸铝盐（又称分子筛），特别是分子筛催化剂近几十年来得到广泛应用。

（一）无定形硅酸铝催化剂

最初使用的是处理过的天然活性白土，其主要成分是硅酸铝，后来广泛采用具有更高稳定性的人工合成硅酸铝。硅酸铝的主要成分是氧化硅和氧化铝，合成硅酸铝依铝含量的不同又分为低铝（含 Al_2O_3，10% ~ 13%）和高铝（含 Al_2O_3 约为 25%）两种。其催化剂按颗粒大小又分为小球状（直径在 3 ~ 6mm）和微球状（直径在 40 ~ 80μm）。其化学组成见表4-1。

表4-1　硅酸铝催化剂的组成

组分（质量分数）/%	低铝	高铝	组分（质量分数）/%	低铝	高铝
Si_2O_3	86	74	Fe_2O_3	0.05	0.05
Al_2O_3	13	25	SO_4^{2-}	0.2	0.5
Na_2O	0.01	0.03	615℃灼烧减量	10	12

其中 Al_2O_3、Si_2O_3 及少量水分是必要的活性组分，而其他组分是在催化剂的制备过程中残留下来的极少量的杂质。合成硅酸铝是由 Na_2SiO_3 和 $Al_2(SO_4)_3$ 溶液按一定比例配合而成的凝胶，再经水洗、过滤、成型、干燥、活化而制成的。硅酸铝催化剂的表面具有酸性，并形成许多酸性中心，催化剂的活性就来源于这些酸性中心，即催化剂的活性中心。

（二）结晶型硅酸铝盐（分子筛）催化剂

分子筛催化剂是20世纪60年代初发展起来的一种新型催化剂，它对催化裂化技术的发展起了划时代的作用。分子筛又称为泡沸石，按其组成及晶体结构不同分为A型、X型、Y型及丝光沸石等几种。目前工业裂化催化剂中常用的是X型和Y型沸石，其中用得最多的是Y型沸石。

X型和Y型沸石具有相同的晶体结构，每个单元晶胞由八个削角八面体组成，如图4-3所示。由于削角八面体的连接方式不同，可形成不同的分子筛。

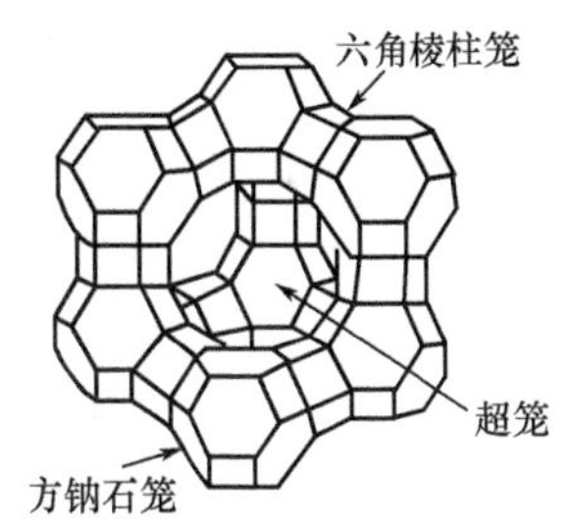

图4-3　X型、Y型分子筛的结构

人工合成的分子筛是含钠离子的分子筛，这种分子筛没有催化活性。分子筛中的钠离子可以被氢离子、稀土金属离子等取代，经过离子交换的分子筛的活性比硅酸铝的高出上百倍。这样过高的活性不宜直接用作裂化催化剂，工业上使用的分子筛催化剂，一般是将含5% ~ 15%的分子筛均匀分布在担体上，担体通常采用无定形硅酸铝、白土等具有裂化活性的物质，担体除了起活性组分的稀释作用外，还起到对分子筛的分散作用、增强催化剂的强度作用以及提高经济效益的作用。

二、催化剂的使用性能

催化裂化工艺对所用催化剂有诸多的使用要求，其中表示其催化性质的活性、选择性、稳定性和抗重金属污染性以及表示其物理性质的密度、流化性能和抗磨性能，是评定催化剂性能的重要指标。

（一）活性

活性是指催化剂促进化学反应进行的能力。对不同类型的催化剂，实验室评定和表示方法有所不同。对无定形硅酸铝催化剂，采用产物（D）加蒸馏损失（L）的计算方法，即D+L

法，它是以待定催化剂和标准原料在标准裂化条件下进行化学反应，以反应所得干点低于204℃的汽油加上蒸馏损失占原料油的质量分数来表示。工业上经常采用更为简便的间接测定方法——KOH 指数法，硅酸铝催化剂带有酸性，而酸性的强弱和活性有直接关系，因此，以过量的 KOH 反应，再以 HCl 滴定过量的 KOH，根据滴定结果算出 KOH 指数，然后再用图表查出相应的活性称为 KOH 指数法。如新鲜微球硅酸铝催化剂的活性约为 55。

对分子筛催化剂，由于活性很高，对吸附在催化剂上的焦炭量很敏感。在实际使用时，反应时间很短，而 D+L 法的反应时间过长，会使焦炭产率增加，用 D+L 法不能显示分子筛催化剂的真实活性。目前，对分子筛催化剂，采用反应时间短，催化剂用量少的微活性测定法，所得活性称为微活性。

平衡活性：新鲜催化剂在开始投用时，一段时间内，活性急剧下降，降到一定程度后则缓慢下降。另外，由于生产过程中不可避免地损失一部分催化剂而需要定期补充相应数量的新鲜催化剂，因此，在实际生产过程中，反应器内的催化剂活性可保持在一个稳定的水平上，此时催化剂的活性称为平衡活性。显然，平衡活性低于新鲜催化剂的活性。平衡活性的高低取决于催化剂的稳定性和新鲜剂的补充量。普通硅酸铝催化剂的平衡活性一般在 20 ~ 30［（D+L）活性］，分子筛催化剂的平衡活性为 60 ~ 70（微活性）。

（二）选择性

对于以生产汽油为主要目的的裂化催化剂，常用“汽油产率 / 焦炭产率”或“汽油产率 / 转化率”表示其选择性。选择性好的催化剂可使原料生成较多的汽油，而较少生成气体和焦炭。

选择性与催化剂表面结构有关，分子筛催化剂比无定形硅酸铝催化剂有更好的选择性，当焦炭产率相同时，使用分子筛催化剂可提高汽油产率 15% ~ 20%。对分子筛催化剂而言，Y 型比 X 型的选择性好。

（三）稳定性

催化剂在使用过程中保持其活性和选择性的性能称为稳定性。在催化裂化过程中，催化剂需反复经历反应和再生两个不同阶段，长期处于高温和水蒸气作用下，高温和水蒸气可使催化剂的孔径扩大、比表面积减小而导致活性下降，活性下降的现象称为“老化”。稳定性高表示催化剂经高温和水蒸气作用时活性下降少、催化剂使用寿命长。通常情况下，分子筛催化剂的稳定性比无定形硅酸铝催化剂好，无定形硅酸铝催化剂中高铝的稳定性比低铝好，分子筛催化剂中 Y 型比 X 型的稳定性好。

（四）抗重金属污染性能

原料中的镍（Ni）、钒（V）、铁（Fe）、铜（Cu）等金属的盐类，沉积或吸附在催化剂表面，会大大降低催化剂的活性和选择性，称为催化剂“中毒”或“污染”，从而使汽油产率大大下降，气体和焦炭产率上升。分子筛催化剂比硅铝催化剂更具抗重金属污染能力。

重金属对催化剂的污染程度用污染指数表示：

$$\text{污染指数}=0.1(Fe+Cu+14Ni+4V)$$

式中：Fe、Cu、Ni、V 分别为催化剂上铁、铜、镍、钒的含量，以 μg/g 表示。

新鲜硅酸铝催化剂的污染指数在75以下，平衡催化剂污染指数在150以下，均算作清洁催化剂，污染指数达到750时为污染催化剂，污染指数大于900时为严重污染催化剂。但分子筛催化剂的污染指数达1000以上时，对产品的收率和质量尚无明显影响，说明分子筛催化剂可以适应较宽的原料范围和性质较差的原料。

为防止重金属污染，一方面应控制原料油中重金属含量，另一方面三苯锑或二硫化磷酸锑以抑制污染金属的活性。

（五）流化性能和抗磨性能

为保证催化剂在流化床中有良好的流化状态，要求催化剂有适宜的粒径或筛分组成。工业用微球催化剂颗粒直径一般为20 ~ 80μm。粒度分布大致为：0 ~ 40μm占10% ~ 15%，大于80μm的占15% ~ 20%，其余是40 ~ 80μm的筛分。因为小于20μm的催化剂在旋风分离器中不易回收，大于80μm的催化剂过多时，使流化性能变差，对设备的磨损变大，适当的细粉含量可改善流化质量。

为避免在运转过程中催化剂过度粉碎，以保证流化质量和减少催化剂损耗，要求催化剂具有较高的机械强度。我国用磨损指数来评价微球催化剂的机械强度，测定方法是将一定量的微球催化剂放在一特定的仪器中，用高速气流冲击4h后，所生成的小于15μm细粉的质量占试样中大于15μm催化剂的质量分数即为磨损指数，通常要求微球催化剂的磨损指数不大于2。

（六）密度

对催化裂化催化剂来说，它是微球状多孔性物质，故其密度有几种不同的表示方法。

（1）真实密度。又称催化剂的骨架密度，即颗粒的质量与骨架实体所占体积之比，其值是2 ~ 2.2g/cm^3。

（2）颗粒密度。把微孔体积计算在内的单个颗粒的密度。一般是0.9 ~ 1.2g/cm^3。

（3）堆积密度。催化剂堆积时包括微孔体积和颗粒间的空隙体积的密度，一般是0.5 ~ 0.8g/cm^3。对于微球状（粒径为20 ~ 100μm）的分子筛催化剂，堆积密度又可分为松动状态沉降状态和密实状态三种状态下的堆积密度。

催化剂的堆积密度常用于计算催化剂的体积和质量，催化剂的颗粒密度对催化剂的流化性能有重要的影响。

三、裂化催化剂的失活与再生

（一）裂化催化剂失活的原因

在反应—再生过程中，裂化催化剂的活性和选择性不断下降，此现象称为催化剂的失活。裂化催化剂的失活原因主要有三个：高温或与高温水蒸气的作用，裂化反应生焦及毒物的毒害。

1. *水热失活* 在高温，特别是有水蒸气存在的条件下，裂化催化剂的表面结构发生变化，比表面积减小、孔容减小，分子筛的晶体结构破坏，导致催化剂的活性和选择性下降。无定形硅酸铝催化剂的热稳定性较差，当温度高于650℃时失活就很快。分子筛催化剂的热稳定性比无定形硅酸铝的要高得多，在高于800℃时，许多分子筛就已开始有明显的晶体破坏现象发生。在工业生产中，对分子筛催化剂，一般在低于 650℃时催化剂失活很慢，在低于 720℃时失活并不严重，但当温度高于 730℃时失活问题就比较突出了。

2. 结焦失活　催化裂化反应生成的焦炭沉积在催化剂的表面，覆盖催化剂上的活性中心性和选择性下降。随着反应的进行，催化剂上沉积的焦炭增多，失活程度也加大。所产生的焦炭可认为包括以下四类：

（1）催化焦。烃类在催化剂活性中心上反应时生成的焦炭。其氢碳比较低（H/C 原子比约 0.4）。催化焦随反应转化率的增大而增加。

（2）附加焦。原料中的焦炭前身物（主要是稠环芳烃）在催化剂表面上吸附、经缩合反应产生的焦。附加焦与原料的残炭值、转化率及操作方式（如回炼方式）等因素有关。

（3）可汽提焦。也称剂油比焦，因在汽提段汽提不完全而残留在催化剂上的重质烃类，其氢碳比较高。可汽提焦的量与汽提段的汽提效率、催化剂的孔结构状况等因素有关。

（4）污染焦。由于重金属沉积在催化剂表面，促进了脱氢和缩合反应而产生的焦炭。污染焦的量与催化剂上的金属沉积量、沉积金属的类型及催化剂的抗污染能力等因素有关。

3. 毒物引起的失活　裂化催化剂的毒物主要是某些金属（铁、镍、铜、钒等重金属及钠）和碱性氮氧化合物。重金属在裂化催化剂上的沉积会降低催化剂的活性和选择性，其中以镍和钒的影响最为重要。在催化裂化反应条件下，镍起脱氢催化剂的作用，使催化剂的选择性变差，其结果是焦炭产率增大，液体产品产率下降，产品的不饱和度增高，气体中的氢含量增大；钒会破坏分子筛的晶体并使催化剂的活性下降。在催化剂上金属含量低于 3000 μg/g 时，镍对选择性的影响比钒大 4 ~ 5 倍，而在高含量时（15000 ~ 20000 μg/g），钒对选择性的影响与镍达到相同的水平。重金属污染的影响还与其老化的程度及催化剂的抗金属污染能力有关。实践表明，已经老化的重金属的污染作用要比新沉积金属的作用弱得多。

碱金属和碱土金属以离子态存在时，可以吸附在催化剂的酸性中心上并使之中和，从而降低了催化剂的活性。在实际生产中，钠对裂化催化剂的中毒是需要注意的。钠会中和酸性中心而降低催化剂的活性，而且会降低催化剂的熔点，使之在再生温度条件下发生熔化现象，把分子筛和基质一同破坏。

除了金属毒物外，碱性氮化合物对裂化催化剂也是毒物，它会使催化剂的活性和选择性降低。碱性氮化合物的毒害作用的大小除了与总碱氮含量有关外，还与其分子结构有关，例如分子大小、杂环类型、分子的饱和程度等。

（二）裂化催化剂的再生

催化剂失活后，可以通过再生而恢复由于结焦而丧失的活性，但不能恢复由于结构变化及金属污染引起的失活。

裂化催化剂在反应器和再生器之间不断地进行循环，通常在离开反应器时催化剂（待生催化剂）上含炭约 1%，需在再生器内烧去积碳以恢复催化剂的活性。对无定形硅酸铝催化剂，要求再生剂的含炭量降至 0.5% 以下，对分子筛催化剂则一般要求降至 0.2% 以下，而对超稳 Y 分子筛催化剂则甚至要求降至 0.05% 以下。对一个催化裂化装置来说，裂化催化剂的再生过程决定着整个装置的热平衡和生产能力。因此，在研究催化裂化时必须十分重视催化剂的再生问题。

催化剂再生反应就是用空气中的氧烧去沉积的焦炭。再生反应的产物是 CO_2、CO 和 H_2O。一般情况下，再生烟气中的 CO_2/CO 的比值在 1.1 ~ 1.3。在高温再生或使用 CO 助燃剂时，此比值可以提高，甚至可使烟气中的 CO 几乎全部转化为 CO_2。再生烟气中还含有 SO_x（SO_2、SO_3）和 NO_x（NO_x、NO_2）。由于焦炭本身是许多种化合物的混合物，主要是由碳和氢组成，故可以写成以下反应式：

$$C+O_2 \longrightarrow CO_2 \quad 反应热：33873kJ/kg^3$$

$$C+\frac{1}{2}O_2 \longrightarrow CO \quad 反应热：10258kJ/kg^3$$

$$H_2+\frac{1}{2}O_2 \longrightarrow H_2O \quad 反应热：119890kJ/kg$$

通常氢的燃烧速率比碳快得多，当碳烧掉 10% 时，氢已烧掉一半，当碳烧掉一半时，氢已烧掉 90%。因此，碳的燃烧速率是确定再生能力的决定因素。

上面三个反应的反应热差别很大，因此，每千克焦炭的燃烧热因焦炭的组成及生成的 CO_2/CO 的比不同而异。在非完全再生的条件下，每千克焦炭的燃烧热在 32000kJ 左右。再生时需要供给大量的空气（主风），在一般工业条件下，每千克焦炭需要耗主风 9 ~ 12m^3。从以上反应式计算出焦炭燃烧热并不是全部都可以利用，其中应扣除焦炭的脱附热。脱附热可按下式计算：

$$焦炭的脱附热 = 焦炭的吸附热 = 焦炭的燃烧热 \times 11.5\%$$

因此，烧焦时可利用的有效热量只有燃烧热的 88.5%。

四、分子筛催化剂与无定形硅酸铝催化剂比较

综合上面分析，对分子筛催化剂与无定形硅酸铝催化剂的性能作一比较，如表 4-2 所示。

表4-2　分子筛催化剂与无定形硅酸铝催化剂的性能比较

催化剂 / 性能	分子筛催化剂	无定形硅酸铝
活性	裂解和异构活性高	低
所需反应时间	短（1 ~ 4s）	长
选择性	好（焦炭产率低）	差（焦炭产率高）
对热稳定性	好	较差
再生温度	高（约700℃）	较低（约600℃）
氢转移反应活性	很高	较低
抗重金属稳定性	较高	较弱
对再生催化剂含碳量的要求	不大于0.2%	可在0.5%左右

【任务三】反应—再生系统工艺操作

1. 能力目标

能够根据催化裂化催化剂的组成及其使用性能要求，分析反应—再生系统催化剂的使用和再生性能；能够利用催化裂化反应机理及反应特点分析催化裂化反应过程及产品的主要特点；能够熟练操作催化裂化工艺装置。

2. 知识目标

了解催化裂化工艺的发展、工艺流程及主要设备；了解渣油催化裂化反应存在的困难及其加工特点；熟悉烃类催化裂化反应机理及其反应动力学影响因素和反应特点；熟悉催化裂化反应的反应—再生系统。

3. 教、学、做说明

学生在深刻领会【相关知识】的基础上，通过网络资源认识催化裂化反应原理和催化裂化催化剂的性能，然后由教师引领，熟悉催化裂化反应—再生工艺过程操作步骤，在教师指导下完成催化裂化反应—再生系统冷态开车操作、事故设置及排除操作过程。

4. 工作准备

熟悉仿真实训室；熟悉催化裂化反—再生工艺过程；熟悉仿真软件的现场界面、DCS界面和评分界面；仔细阅读催化裂化反应—再生装置概述及工艺流程说明，熟悉仿真软件中各个流程画面符号的含义及如何操作；熟悉仿真软件中控制组画面、手操器画面、指示仪组画面的内容及调节方法。

5. 工作过程

（1）冷态开车操作：开车准备；吹扫试压；拆盲板建立汽封；开两炉三器升温；赶空气切换汽封；装入催化剂及三器流化操作；反应进油；开汽压机；调整操作。调用开车评分信息，查找自己操作过程中的不足之处，反复训练。

（2）正常停车操作：降温降量；切断进料；卸催化剂；装盲板。

（3）事故设置及排除：二次燃烧；炭堆积；待生滑阀阻力增大；汽压机停车；烟机入口阀故障。

【相关知识】

催化裂化自工业化以来，先后出现过多种形式的催化裂化工业装置。固定床和移动床催化裂化是早期的工业装置，随着微球硅铝催化剂和分子筛催化剂的出现，流化床和提升管催化裂化相继问世。1965年我国建成了第一套同高并列式流化床催化裂化工业装置，1974年我国建成投产了第一套提升管催化裂化工业装置，2002年世界上第一套多功能两段提升管反应器已在石油大学（华东）胜华炼厂年加工能力10万吨的催化裂化工业装置上改造成功。

催化裂化装置一般由三部分组成，即反应—再生系统、分馏系统和吸收稳定系统，在有些装置中还有再生烟气能量回收系统。现以提升管催化裂化为例，对三大系统分述如下。

一、反应—再生系统

反应—再生系统是催化裂化装置的核心部分，不同类型的催化裂化装置，主要区别就在于它们反应—再生部分的型式不同。这里，以高低并列式提升管催化裂化装置的反应—再生系统为例说明反应—再生系统的工艺流程，如图 4–4 所示。

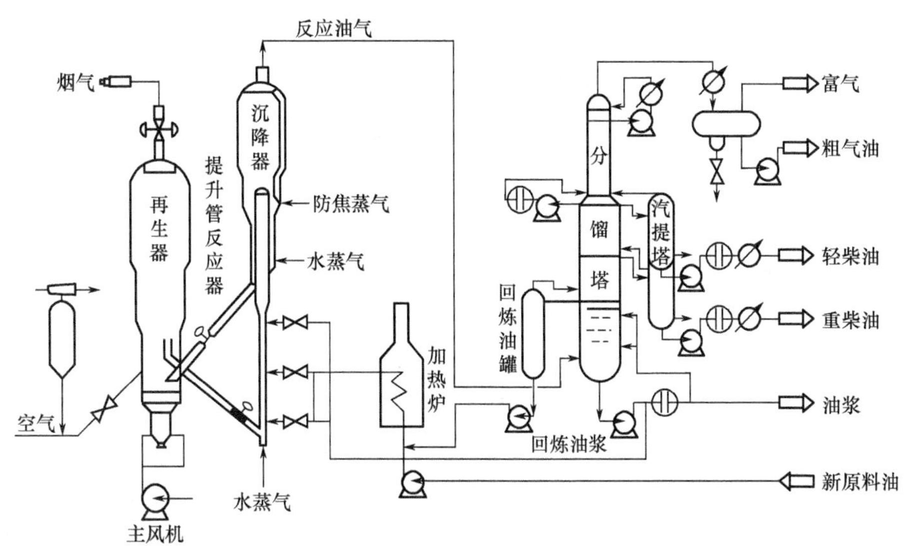

图 4–4　反应—再生和分馏系统的工艺流程图

新鲜原料（减压馏分油）经换热后与回炼油混合，进入加热炉预热至 300 ~ 380℃（温度过高会发生热裂解），借助于雾化水蒸气，由原料油喷嘴以雾化状态喷入提升管反应器下部（回炼油浆不经加热直接进入提升管），与来自再生器的高温催化剂（650 ~ 700℃）接触并立即汽化，油气与雾化蒸气及预提升水蒸气一起以 7 ~ 8m/s 的线速度携带催化剂沿提升管向上流动、边流动边进行化学反应，在 470 ~ 510℃的温度下，停留 3 ~ 4s，以 13 ~ 20m/s 的高线速度通过提升管出口，经过快速分离器，大部分催化剂被分出落入沉降器下部。气体（油气和蒸气）携带少量催化剂经两级旋风分高器分出夹带的催化剂后进入集气室，通过沉降器顶部出口进入分馏系统。

积有焦炭的催化剂（待生剂）自沉降器下部落入汽提段，用过热水蒸气汽提吸附在催化剂表面的油气。经汽提后的待生剂通过待生斜管、待生单动滑阀以切线方向进入再生器，与来自再生器底部的空气（由主风机提供）接触形成流化床层，进行再生反应同时放出大量燃烧热，以维持再生器足够高的床层温度。再生器密相段温度为 650 ~ 700℃，顶部压力维持在 0.15 ~ 0.25MPa（表）。床层线速为 0.7 ~ 2.0m/s。再生后的催化剂（再生剂）含碳量小于 0.2%，经淹流管、再生斜管及再生单动滑阀进入提升管反应器，构成催化剂的循环。

烧焦产生的再生烟气，经再生器稀相段进入旋风分离器，经两级旋风分离器分出控带的大部分催化剂，烟气通过集气室和双动滑阀排入烟囱（或去能量回收系统）。回收的催化剂经旋风分离器的料腿返回床层。

在生产过程中，由于少量催化剂细粉随烟气排入大气和进入分馏系统随油浆排出，造成催化剂的损失。因此，需要定期地向系统内补充新鲜催化剂，以维持系统内的催化剂藏量。即使是催化剂损失很低的装置由于催化剂老化减活或受重金属污染，也需要放出一些废催化剂，补充一些新鲜催化剂以维持系统内平衡催化剂的活性。为此，装置内通常设有两个催化剂储罐，一个是供加料用的新鲜催化剂储罐，一个是供卸料用的热平衡催化剂储罐。

保证催化剂在两器间按正常流向循环以及再生器有良好的流化状况是催化裂化装置的技术关键。为此，反应—再生系统主要设有以下控制手段：

（1）由吸收稳定系统的气压机入口压力调节汽轮机转速控制富气流量，以维持沉降器顶部压力恒定。

（2）以两器压差（通常为 0.02 ~ 0.04MPa）作为调节信号，由双动滑阀控制再生器顶部压力。

（3）由提升管反应器出口温度控制再生滑阀开度来调节催化剂循环量，根据系统压力平衡要求由待生滑阀开度控制汽提段料位高度。

（4）根据再生器稀密相温差调节主风放空量（称为微调放窜），以控制烟气中的氧含量（通常要求小于 0.5%），防止发生二次燃烧。

（5）一套比较复杂的自保系统主要有：反应器进料低流量自保；主风机出口低流量自保；主风机出口压力下限自保；两器差压自保；双动滑阀安全自停保护等。自保系统的作用是当发生流化失常时立即自动采取某些措施以免发生事故。以反应器进料低流量自保系统为例：当进料量低于某个下限值时，在提升管内就不能形成足够低的密度，正常的两器压力平衡被破坏，催化剂不能按规定的路线进行循环，而且还会发生催化剂倒流并使油气大量带入再生器而引起事故。此时，进料低流量自保就自动进行以下动作：切断反应器进料并使进料返回原料油罐（或中间罐），向提升管通入事故水蒸气以维持催化剂的流化和循环。

二、分馏系统

分馏系统的原理流程如图 4–4 所示。由沉降器顶部出来的高温反应油气进入催化分馏塔下部，经装有挡板的脱过热段后进入分馏段，经分馏得到富气、粗汽油、轻柴油、重柴油（也可以不出）、回炼油和油浆。塔顶的富气和粗汽油去吸收稳定系统；轻、重柴油分别经汽提、换热、冷却后出装置，轻柴油有一部分经冷却后送至再吸收塔作为吸收剂（贫吸收油），吸收了 C_3、C_4 组分的轻柴油（富吸收油）再返回分馏塔；回炼油返回提升管反应器进行回炼；塔底抽出的油浆即为带有催化剂细粉的渣油，一部分可送去回炼，另一部分作为塔底循环回流经换热后返回分馏塔脱过热段上方（也可将其中一部分冷却后送出装置）。为了消除分馏塔的过剩热量以使塔内气、液负荷分布均匀，在塔的不同位置分别设有 4 个循环回沉，顶循环回流、一中段回流、二中段回流和油浆循环回流。

与一般分馏塔相比，催化分馏塔有以下特点：

（1）过热油气进料。分馏塔的进料是由沉降器来的 460 ~ 480℃的过热油气、并夹带有少量催化剂细粉。为了创造分馏的条件，必须先把过热油气冷却至饱和状态并洗去夹带的催化剂细粉，以免在分馏时堵塞塔盘。为此，在分馏塔下部设有脱过热段，其中装有人字挡板，由塔底抽出油浆经换热、冷却后返回挡板上方与向上的油气逆流接触换热，达到冲洗粉尘和脱过热的目的。

（2）由于全塔剩余热量多（由高温油气带入），催化裂化产品的分馏精确度要求也不高，因此设置 4 个循环回流分段取热。

（3）塔顶采用循环回流，而不用冷回流。其主要原因是：

①进入分馏塔的油气中含有大量惰性气和不凝气，若采用冷回流会影响传热效果或加大塔顶冷凝器的负荷。

②采用循环回流可减少塔顶流出的油气量，从而降低分馏塔顶至气压机入口的压力降，使气压机入口压力提高，可降低气压机的动力消耗。

③采用顶循环回流可回收一部分热量。

三、吸收稳定系统

吸收稳定系统的目的在于将来自分馏部分的催化富气中 C_2 以下组分（干气）与 C_3、C_4 组分（液化气）分离以便分别利用，同时将混入汽油中的少量气体烃分出，以降低汽油的蒸气压，保证符合商品规格。

吸收稳定系统典型流程见图 4–5。由分馏系统油气分离器出来的富气经气体压缩机升压后，冷却并分出凝缩油，压缩富气进入吸收塔底部，粗汽油和稳定汽油作为吸收剂由塔顶进入，吸收了 C_3、C_4 及部分 C_2 的富吸收油由塔底抽出送至解吸塔顶部。吸收塔设有一个中段回流以维持塔内较低的温度。吸收塔顶出来的贫气中尚夹带少量汽油，经再吸收塔用轻柴油回收其中的汽油组分后成为干气送至燃料气管网。吸收了汽油的轻柴油由再吸收塔底抽出返回分馏塔。解吸塔的作用是通过加热将富吸收油中 C_2 组分解吸出来，由塔顶引出进入中间平衡罐，塔底为脱乙烷汽油被送至稳定塔。稳定塔的目的是将汽油中 C_4 以下的轻烃脱除，在塔顶得到液化石油气（简称液化气），塔顶得到合格的汽油——稳定汽油。

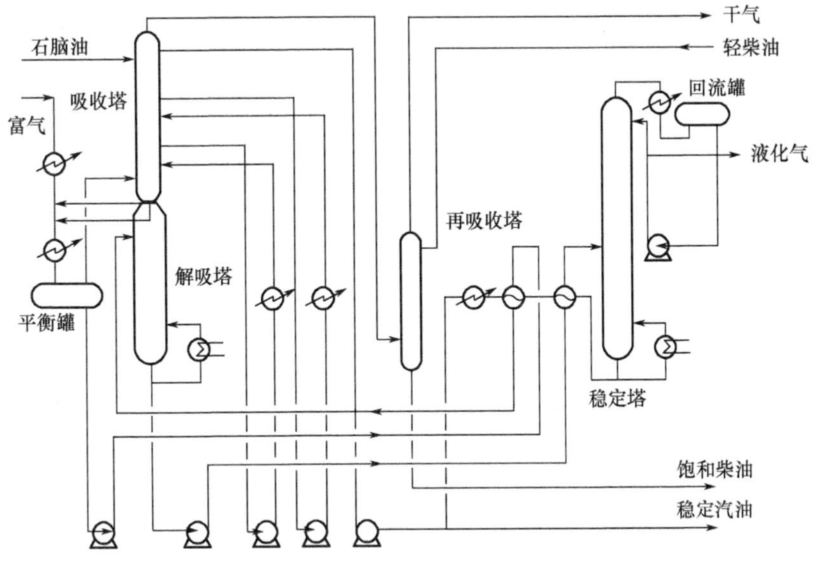

图 4–5　吸收稳定系统的工艺流程图

吸收解吸系统有两种流程，上面介绍的是吸收塔和解吸塔分开的所谓双塔流程；还有一种单塔流程，即一个塔同时完成吸收和解吸的任务。双塔流程优于单塔流程，它能同时满足高吸收率和高解吸率的要求。

除以上三大系统外，现代催化装置（尤其是大型装置）大都设有烟气能量回收系统，目的是最大限度地回收能量，降低装置能耗。图 4–6 为催化裂化装置烟气轮机动力回收系统的典型工艺流程。

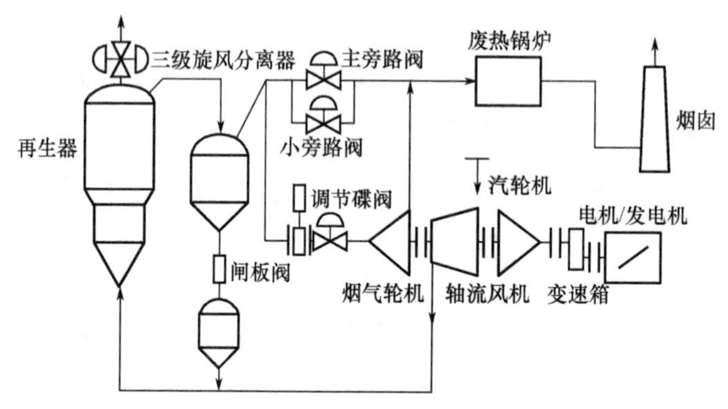

图 4–6　催化裂化能量回收系统流程图

从再生器出来的高温烟气进入三级旋风分离器，除去烟气中绝大部分催化剂微粒后，通过调节蝶阀进入烟气轮机（又叫烟气透平）膨胀做功，使再生烟气的动能转化为机械能，驱动主风机（轴流风机）转动，提供再生所需空气。开工时无高温烟气，主风机由电动机（或汽轮机，又称蒸汽透平）带动。正常操作时如烟气轮机功率带动主风机尚有剩余时，电动机可以作为发电机，向配电系统输出电功率。烟气经过烟气轮机后，温度、压力都有所降低（温度降低 100 ~ 150℃），但含有大量的热能（如不是完全再生，还有化学能），故排出的烟气可进入废热锅炉（或 CO 锅炉）回收能量，产生的水蒸气可供汽轮机或装置内外其他部分使用。为了操作灵活，安全，流程中另设有一条辅线，使从三级旋风分离器出来的烟气可根据需要直接从锅炉进入烟囱。

四、催化裂化装置主要设备

催化裂化装置的主要特殊设备包括：三器（反应器、沉降器、再生器），三阀（单动滑阀、双动滑阀、塞阀），三机（主风机、气压机、增压机）及分馏塔等。下面仅对典型的设备结构做一介绍。

（一）三器

三器包括提升管反应器、沉降器及再生器。

1. *提升管反应器*　提升管反应器是催化裂化反应进行的场所，是催化裂化装置的关键设备之一。常见的提升管反应器型式有两种，即直管式和折叠式。前者多用于高低并列式提升管催化裂化装置，后者多用于同轴式和由床层反应器改为提升管的装置。图 4–7 是直管式提升管反应器及沉降器示意图。

进料口以下的一段称预提升段（图 4–8），其作用是：由提升管底部吹入水蒸气（称预

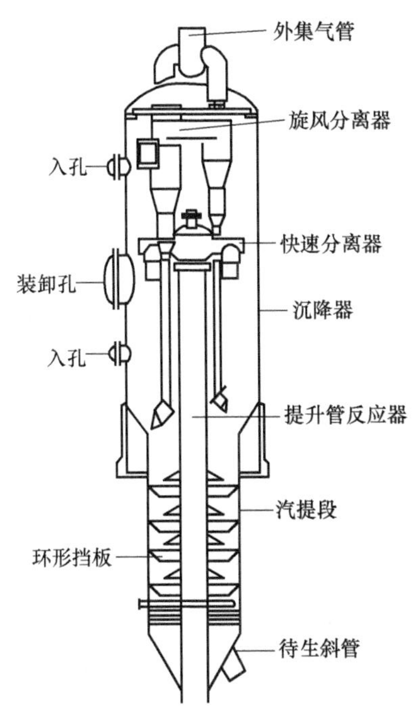

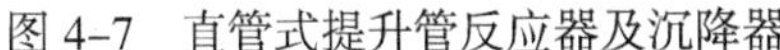

图 4-7　直管式提升管反应器及沉降器

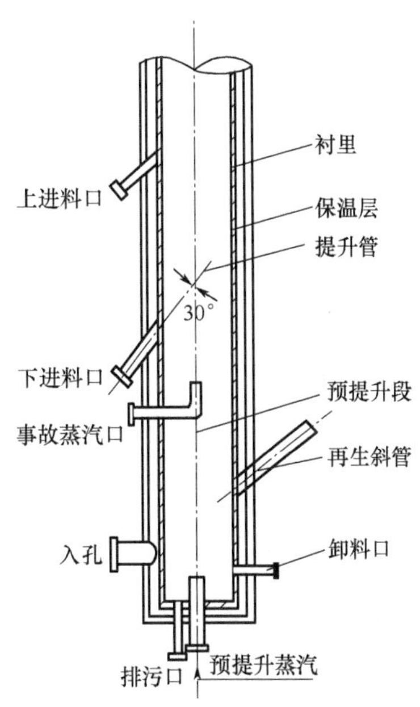

图 4-8　提升管提升段结构

提升蒸汽），使出再生斜管的再生催化剂加速，以保证催化剂与原料油相遇时均匀接触。这种作用叫预提升。

为使油气在离开提升管后立即终止反应，提升管出口均设有快速分离装置，其作用是使油气与大部分催化剂迅速分开。快速分离器的类型很多，常用的有：伞帽型、倒 L 型、T 型、粗旋风分离器、弹射快速分离器和垂直齿缝式快速分离器，如图 4-9 所示。

为进行参数测量和取样，沿提升管高度还装有热电偶管、测压管、采样门等。除此之外，提升管反应器的设计还要考虑耐热、耐磨以及热膨胀等问题。

2. 沉降器　沉降器是用碳钢焊制成的圆筒形设备，上段为沉降段，下段是汽提段。沉降段内装有数组旋风分离器，顶部是集气室并开有油气出口。沉降器的作用是使来自提升管的油气和催化剂分离，油气经旋风分离器分出所夹带的催化剂后经集气室去分馏系统；由提升管快速分离器出来的催化剂靠重力在沉降器中向下沉降落入汽提段。汽提段内有数层人字挡板和蒸汽吹入口，其作用是将催化剂夹带的油气用过热水蒸气吹出（汽提），并返回沉降段，以便减少油气损失和减小再生器的负荷。

沉降器多采用直筒形，直径大小根据气体（油气、水蒸气）流率及线速度决定，沉降段线速度一般不超过 0.5m/s。沉降段高度内旋风分离器料舱压力平衡所需料腿长度和所需沉降高度确定，通常为 9 ～ 12m。

汽提段的尺寸一般由催化剂循环量以及催化剂在汽提段的停留时间决定，停留时间一般是 1.5 ～ 3min。

3. 再生器　再生器是催化裂化装置的重要工艺设备，其作用是为催化剂再生提供场所和

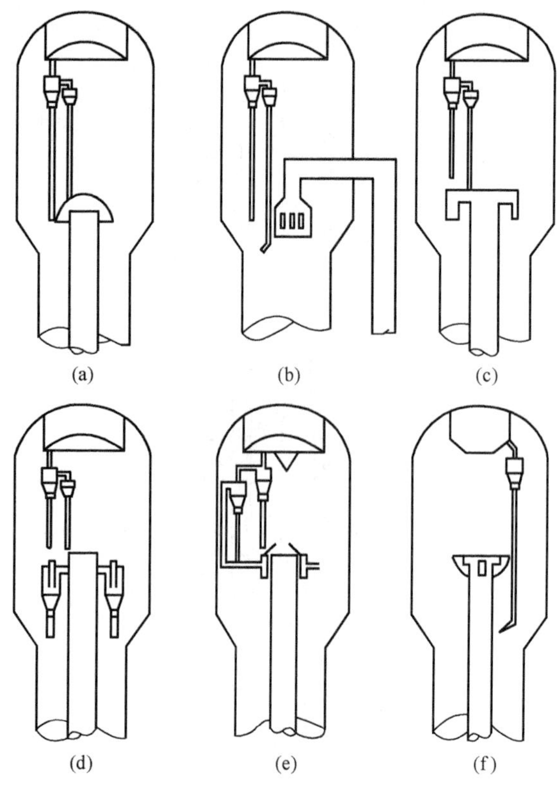

图 4-9　快速分离装置示意图

条件。它的结构形式和操作状况直接影响烧焦能力和催化剂损耗。再生器是决定整个装置处理能力的关键设备。图 4-10 是常规再生器的结构示意图。

再生器由筒体和内部构件组成。

（1）筒体。再生器筒体是由 A3 碳钢焊接而成的，由于经常处于高温和受催化剂颗粒冲刷，因此筒体内壁敷设一层隔热、耐磨衬里以保护设备材质。筒体上部为稀相段，下部为密相段，中间变径处通常称过渡段。

①密相段。密相段是待生催化剂进行流化和再生反应的主要场所。在空气（主风）的作用下，待生催化剂在这里形成密相流化床层，密相床层气体线速度一般为 0.6 ~ 1.0m/s，采用较低气速称为低速床，采用较高气速称为高速床。密相段直径大小通常由烧焦所能产生的湿烟气量和气体线速度确定。密相段高度一般由催化剂藏量和密相段催化剂密度确定，一般为 6 ~ 7m。

②稀相段。稀相段实际上是催化剂的沉降段。为使催化剂易于沉降，稀相段气体线速度不能太高，要求不大于 0.6m/s，因此稀相段直径通常大于密相段直径。稀相段高度应由沉降要求和旋风分离器料腿长度要求确定，适宜的稀相段高度是 9 ~ 11m。

（2）旋风分离器。旋风分离器是气固分离并回收催化剂的设备，它的操作状况好坏直接影响催化剂耗量的大小，是催化裂化装置中非常关键的设备。图 4-11 是旋风分离器示意图。旋风分离器由内圆柱筒、外圆柱筒、圆锥筒以及灰斗组成。灰斗下端与料腿相连，料腿出口装有翼阀。

旋风分离器的作用原理都是相同的，携带催化剂颗粒的气流以很高的速度（15 ~ 25m/s）从切线方向进入旋风分离器，并沿内外圆柱筒间的环形通道做旋转运动，使固体颗粒产生离心力，造成气固分离的条件，颗粒沿锥体下转进入灰斗，气体从内圆柱筒排出。灰斗、料腿和翼阀都是旋风分离器的组成部分。灰斗的作用是脱气，即防止气体被催化剂带入料腿；料腿的作用是将回收的催化剂输送回床层，为此，料腿内催化剂应具有一定的料面高度以保证催化剂顺利下流，这也就是要求料腿有一定长度的原因；翼阀的作用是密封，即允许催化剂流出而阻止气体倒窜。

（3）主风分布管和辅助燃烧室。主风分布管是再生器的空气分配器，作用是使进入再生器的空气均匀分布，防止气流趋向中心部位，以形成良好的流化状态，保证气固相均匀接触，

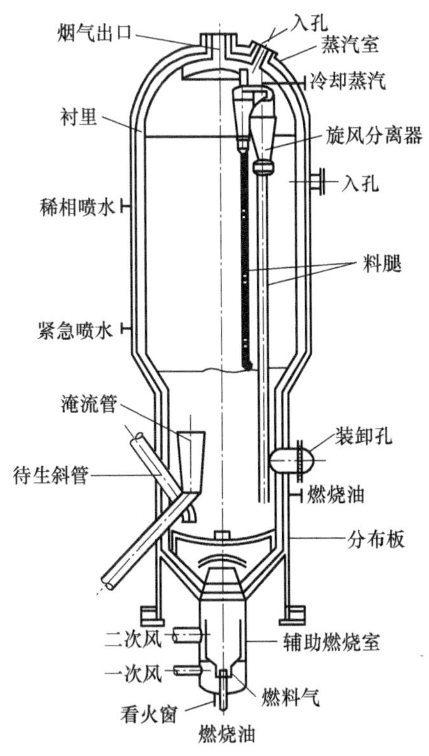

图 4-10　再生器的结构

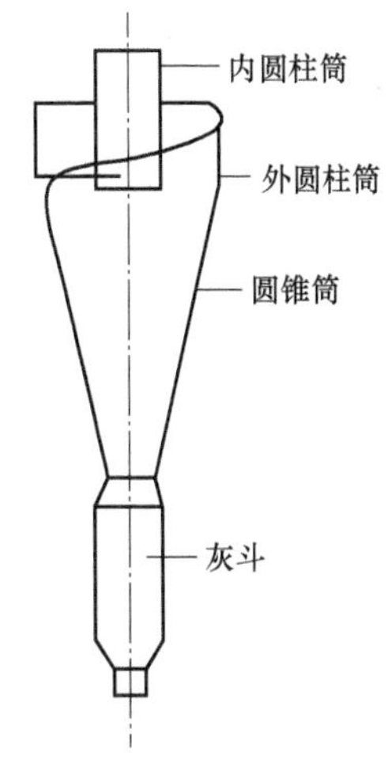

图 4-11　旋风分离器

强化再生反应。

辅助燃烧室是一个特殊形式的加热炉，设在再生器下面（可与再生器连为一体，也可分开设置），其作用是开工时用以加热主风使再生器升温，紧急停工时维持一定的降温速度，正常生产时辅助燃烧室只作为主风的通道。

（二）三阀

三阀包括单动滑阀、双动滑阀和塞阀。

1. 单动滑阀　单动滑阀用于床层反应器催化裂化和高低并列式提升管催化裂化装置。对提升管催化裂化装置，单动滑阀安装在两根输送催化剂的斜管上，其作用是：正常操作时用来调节催化剂在两器间的循环量，出现重大事故时用以切断再生器与反应沉降器之间的联系，以防造成更大事故。运转中，滑阀的正常开度为 40% ~ 60%。单动滑阀结构示意图见图 4-12。

2. 双动滑阀　双动滑阀是一种两块阀板双向动作的超灵敏调节阀，安装在再生器出口管线上（烟囱），其作用是调节再生器的压力，使之与反应沉降器保持一定的压差。设计滑阀时，两块阀板都留有一缺口，即使滑阀全关时，中心仍有一定大小的通道，这样可避免再生器超压。图 4-13 是双动滑阀结构示意图。

3. 塞阀　在同轴式催化裂化装置中利用塞阀调节催化剂的循环量。塞阀比滑阀具有以下优点：

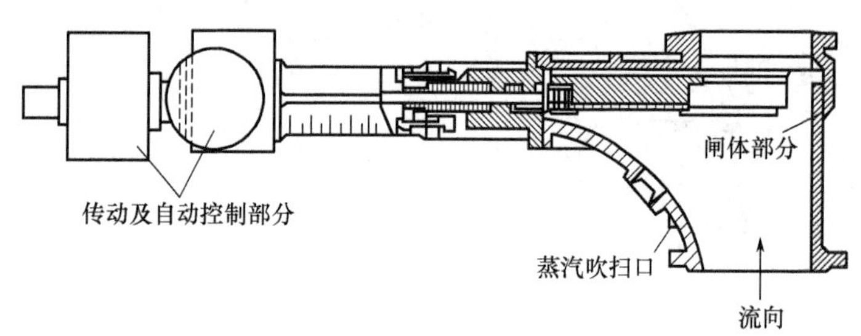

图 4-12　单动滑阀结构

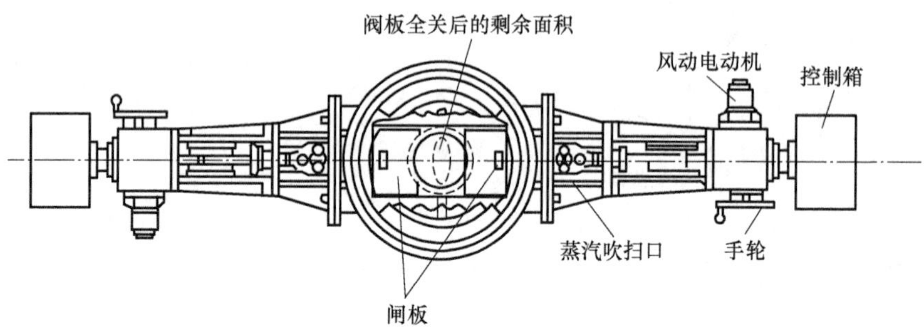

图 4-13　双动滑阀结构

（1）磨损均匀而且较少。

（2）高温下承受强烈磨损的部件少。

（3）安装位置较低，操作维修方便。

在同轴式催化裂化装置中塞阀有待生管塞阀和再生管塞阀两种，它们的阀体结构和自动控制部分完全相同，但阀体部分连接部位及尺寸略有不同。结构主要由阀体部分、传动部分、定位及阀位变送部分和补偿弹簧箱组成。

（三）三机

三机包括主风机、气压机和增压机。

主风机是将空气加压后（称主风）供给再生器烧焦，并使再生器的催化剂流化；气压机是用以压缩富气至一定的压力然后送往吸收塔；在同高并列式催化裂化装置中，增压机将一部分主风再提压后（称增压风）送入待生 U 形管，由于单动滑阀通常处于全开位置，用增压风流量调节催化剂的循环量。在高低并列式或同轴式催化裂化装置中，催化剂的循环量是由单动滑阀或塞阀控制的，一般不用增压机。

五、渣油的催化裂化反应特征

渣油的化学组成与减压馏分油有较大的差异，因此，与馏分油相比，渣油的催化裂化反应行为有其重要的特点，主要有：

1. 较高的焦炭产率和较低的轻质油产率　渣油除了相对分子质量较大外，且渣油中含有的芳烃较多，特别是含有较多的多环芳烃和稠环芳烃，渣油中还含有较多的胶质和沥青质。因此，渣油催化裂化时会有较高的焦炭产率和相应较低的轻质油产率。我国减压渣油化学组成的一个重要特点是胶质含量高（多数达 50% 左右），而沥青质，尤其是正庚烷沥青质含量相对较低。在催化裂化反应中，沥青质基本上是都转化成焦炭，因此，胶质的反应行为对焦炭产率的影响就显得十分重要。

采用超临界流体萃取分馏方法（SCFEF）可以把减渣大体上按相对分子质量大小切割成多个窄馏分，然后再分别考察各窄馏分的催化裂化反应行为。对于许多渣油来说，采用溶剂脱沥青方法先脱去减渣中部分最重的组分，再去作催化裂化原料，可能比直接把减渣全馏分掺入裂化原料中在技术经济上更为合理。

2. *渣油催化裂化是一个气—液—固三相反应*　减压渣油的沸点很高，模拟蒸馏计算结果表明，在催化裂化提升管反应器进料段的条件下，相当大的一部分渣油不能汽化。此外，实验结果也表明，渣油在 700 ~ 800℃高温裂化催化剂接触时不会发生“膜沸腾现象”，而是渣油迅速被吸入催化剂的细孔中。因此，渣油的催化裂化反应过程中有液相存在，它是一个气—液—固催化反应过程，在液相中的反应主要是非催化的热反应，反应的选择性差。可以这样简要地描述渣油的催化裂化反应过程：渣油在与炽热的催化剂接触时，渣油的一部分迅速汽化和反应，其未汽化部分则附着在催化剂外表面并被吸入微孔中、同时进行裂化反应（主要是热反应），较小分子的裂化产物汽化，而残留物则继续进行液相反应，直至缩合至焦炭。由此可见，渣油的汽化率及汽化速率对渣油催化裂化反应的结果会有重要的影响。实验研究表明：提高渣油在进料段的汽化率有利于降低反应的生焦率。进料段的温度条件及原料的雾化程度对渣油的汽化率及汽化速率有重要影响，因此，在工业装置中，应对渣油催化裂化时的进料段温度和进料雾化状况给予应有的重视。

3. *采用不同孔径的分子筛催化剂进行渣油催化裂化反应*　常用作裂化催化剂的 Y 型分子筛的孔径一般为 0.99 ~ 1.3nm。渣油中较大的分子难以直接进入分子筛的微孔中去。因此，在渣油催化裂化时，大分子先在具有较大孔径的催化剂基质上进行反应，生成的较小分子的反应产物再扩散至分子筛微孔内进一步发生化学反应。

六、催化裂化新工艺简介

（一）两段提升管催化裂化工艺技术

1. *常规提升管与两段提升管反应器的区别*　原料油预热后经喷嘴进入常规提升管反应器，与自再生器来的高温催化剂（LBO-16H 降烯烃催化剂）接触后迅速汽化并反应，油气和催化剂沿提升管上行，反应时间约为 3s。焦炭不断在反应过程中沉积于催化剂表面，使催化剂的活性及选择性急剧下降。研究表明，提升管出口处催化剂的活性只有初始活性的 1/3 左右，反应 1s 后活性下降 50% 左右，因此在提升管反应器的后半段，催化剂的性能很差，存在热反应和二次反应，对产品分布和操作带来不利影响。两段提升管反应器能及时且有选择性地用新再生催化剂更换已结焦的催化剂，使催化剂的平均活性及选择性大幅度提高，不利的二次反应和热裂化反应得到抑制，产品质量获得改善，转化深度和轻油收率提高。两段提升管反应器的柴汽比（质量比）高于单段提升管反应器，原因为：首先，更换新催化利后，活性中心的接触性显著提高，重油大分子可与活性中心充分接触，继续发生裂化反应生成柴油组分；其次，由于第二段所用催化剂的柴油选择性优于已结焦的单段催化剂，柴油组分发生过裂化反应的程度比单段小，所以柴油的二次裂化反应总速率比单段小。由于将裂化反应分为两个阶段且在段间更换新催化剂，催化剂的轻油选择性增强，热裂化反应和二次反应减少，所以干气产率下降，轻质油产率增加。段间更换新催化剂还能使氢转移和异构化反应增强。在轻质产品收率提高的前提下，汽油的烯烃含量明显下降，辛烷值也能够维持在较高水平。

2. 提升管系统　将原提升管更换，第一段提升管内设置四个高效雾化喷嘴，新增第二段提升管，内设两层喷嘴，下层为两个轻汽油高效雾化喷嘴，上层为四个高效雾化回炼油和回炼油浆喷嘴。由于反应时间较短，为确保催化剂与原料油能够充分、迅速、均匀混合，第二段提升管底部预提升器采用新型高效预提升器。

石油大学（华东）研究开发成功两段提升管催化裂化新工艺技术，见图 4-14。年加工能力 10 万吨催化装置工业试验显示，该项工艺技术可使装置处理能力提高 30% ~ 40%，轻油收率提高 3% 以上，液体产品收率提高 2% ~ 3%，干气和焦炭产率明显降低，汽油烯烃含量降低 20%，催化柴油密度下降，十六烷值提高。据称，这是继分子筛催化剂和提升管催化裂化工艺技术出现以来的又一次催化裂化技术的重大创新。该技术的突出效果是，可改善产品结构，大幅度提高原料的转化深度，显著提高轻质油品收率，提高催化汽油质量，改善柴油质量，提高催化装置的柴汽比。

（二）灵活多效催化裂化工艺技术

灵活多效催化裂化工艺技术采用双提升管反应系统分别对重质石油馏分和劣质汽油进行催化改质，采用稀土超稳 Y 型多产柴油催化裂化催化剂 CC-20-D，提高催化裂化装置的劣质重油掺炼比。工艺流程如图 4-15 所示。

由洛阳石化工程公司和清江石化公司共同承担的灵活多效催化裂化工艺工业化试验取得成功。试验表明，采用该项工艺技术与常规催化裂化工艺相比，催化汽油含量降低 20% ~ 30%（体积分数）、硫含量可降低 15% ~ 25%。研究法和马达法辛烷值可分别提高 1 ~ 2 个单位，这为国内石化企业清洁汽油生产开辟了一条新途径。洛阳石化工程公司炼制研究所经过实验室小试、中试，成功开发出以降低催化汽油烯烃含量、多产丙烯为目标的灵活多效催化裂化

图 4-14　两段提升管催化裂化试验装置图

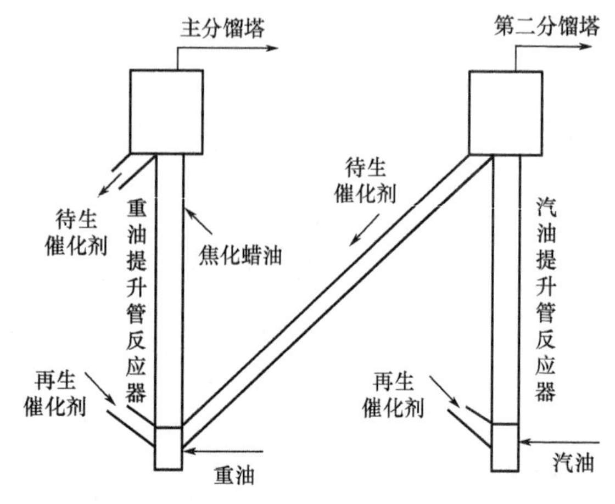

图 4-15　灵活多效催化裂化工艺

工艺技术。2002 年 4 月清江石化公司 12 万吨 / 年双提升管催化裂化装置上顺利完成第一阶段工业试验目标。不仅是对该项工艺技术性能指标的全面考核，而且也将为该项工艺技术的大型化工业装置工程设计提供可靠依据。

【任务四】催化裂化工艺主要操作条件分析

1. 能力目标

能够根据影响催化裂化反应的因素控制催化裂化工艺过程；能够初步根据催化裂化三大平衡理解催化裂化操作特点。

2. 知识目标

掌握催化裂化反应操作的影响因素；掌握催化裂化反应—再生系统的三大平衡。

3. 教、学、做说明

学生通过图书馆和网络资源的查找，并结合本任务的【相关知识】，分组讨论总结催化裂化反应操作的影响因素和反应—再生系统的三大平衡，然后由教师引领，组别代表发言，并在教师指导下完成催化裂化工艺主要操作条件分析。

4. 工作准备

学生分组：按照班级人数分组，并指派组长；资料查阅：布置工作任务，学生可通过图书馆或互联网等途径查阅相关资料。

5. 工作过程

小组讨论；组长指派代表发言；教师引领，完成催化裂化工艺主要操作条件分析。

【相关知识】

催化裂化反应是一个复杂的平行—顺序反应。影响因素很多，在生产装置中各个操作条件密切联系。操作参数的选择应根据原料和催化剂的性质而定，各操作参数的综合影响应以得到尽可能多的高质量汽油、柴油；气体产品中尽可能多的烯烃和在满足热平衡的条件下以尽可能少产焦炭为目的。

一、催化裂化反应操作的影响因素

（一）反应温度

反应温度是生产中的主要调节参数，也是对产品产率和质量影响最灵敏的参数。一方面，反应温度高则反应速率增大。催化裂化反应的活化能（42 ~ 126kJ/mol）比热裂化活化能低（210 ~ 294kJ/mol），而反应速率常数的温度系数是热裂化比催化裂化高，因此，当反应温度升高时，热裂化反应的速率提高比较快，当温度高于 500℃时，热裂化趋于重要，产品中出现热裂化产品的特征（气体中 C_1、C_2 多，产品的不饱和度上升）。但是，即使这样高的温度，催化裂化的反应仍占主导地位。另一方面，反应温度可以通过对各类反应速率大小来影响产品的分布和质量。催化裂化是平行—顺序反应，提高反应温度，汽油→气体的速率加快最多，原料→汽油的反应速率加快较少，原料→焦炭的速率加快更少。因此，在转化率不变时，气体产率增加，汽油产率降低，而焦炭产率变化很少，同时也导致汽油辛烷值上升和柴油的十六烷值降低。由此可见，温度升高汽油的辛烷值上升，但汽油产率下降，气体产率上升，产品的产量和质量对温度的要求产生矛盾，必须适当选取温度。在我国要求多产柴油时，可采用较低的反应温度（460 ~ 470℃），在低转化率下进行大回炼操作；当要求多产汽油时，可采用较高的反应温度（500 ~ 510℃），在高转化率下进行小回炼操作或单程操作；多产气体时，反应温度则更高。

装置中反应温度以沉降器出口温度为标准，但同时也要参考提升管中下部温度的变化。直接影响反应温度的主要因素是再生温度或再生催化剂进入反应器的温度、催化剂循环量和原料预热温度。在提升管装置中主要是用再生单动滑阀开度来调节催化剂的循环量，从而调节反应温度，其实质是通过改变剂油比调节焦炭产率而达到调节装置热平衡的目的。

（二）反应压力

反应压力是指反应器内的油气分压，油气分压提高意味着反应物浓度提高，因而反应速率加快，同时生焦的反应速率也相应提高。虽然压力对反应速率影响较大，但是在操作中压力一般是固定不变的，因而压力不作为调节操作的变量，工业装置中一般采用不太高的压力（0.1 ~ 0.3MPa）。应当指出，催化裂化装置的操作压力主要不是由反应系统决定的，而是由反应器与再生器之间的压力平衡决定的。一般来说，对于给定大小的设备，提高压力是增加装置处理能力的主要手段。

（三）剂油比

剂油比（C/O）是单位时间内进入反应器的催化剂量（即催化剂循环量）与总进料量之比。剂油比反映了单位催化剂上有多少原料进行反应并在其上积碳。因此，提高剂油比，则催化剂上积碳少，催化剂活性下降小，转化率增加。但催化剂循环量过高将降低再生效果。在实际操作中剂油比是一个因变参数，一切引起反应温度变化的因素，都会相应地引起剂油比的改变。改变剂油比最灵敏的方法是调节再生催化剂的温度和调节原料预热温度。

（四）原料的性质

分子筛催化剂不仅能很快裂化高分子原料，也能很快裂化低分子原料。因此，使用分子筛催化剂对增产汽油比较有利，此外，分子筛催化剂对芳烃的裂化速率较慢，与对烷烃和环烷烃的裂化速率相差较小，当用特性因数表示原料烃组成时，特性因素小的原料（芳烃多）较难裂化。当采用回炼操作时，回炼油中芳烃含量较多，较难裂化，需要苛刻的反应条件。

原料性质也影响产品分布，在同样转化率时，石蜡基原料的汽油及焦炭产率较低，气体产率较高；环烷基原料的汽油产率高，气体产率低；芳香基原料汽油产率居中，焦炭产率高。

分子筛催化剂易受原料内含氮化物的毒害作用以及重金属的污染，使其活性和选择性下降，焦炭产率上升，液体产率下降，产品不饱和度上升。

（五）空速和反应时间

在催化裂化过程中，催化剂不断地在反应器和再生器之间循环，但是在任何时间，两器内都各自保持一定的催化剂量，两器内经常保持的催化剂量称藏量。在流化床反应器内，藏量通常是指分布板上的催化剂量。

每小时进入反应器的原料油量与反应器藏量之比称为空速。空速有质量空速和体积空速之分，体积空速是进料流量按 20℃时计算的。空速的大小反映了反应时间的长短，其倒数为反应时间。

反应时间在生产中不是可以任意调节的。它是由提升管的容积和进料总量决定的。但生产中反应时间是变化的，进料量的变化及其他条件引起的转化率的变化，都会引起反应时间的变化。反应时间短，转化率低；反应时间长，转化率提高。过长的反应时间会使转化率过高，汽、柴油收率反而下降，液态烃中烯烃饱和。

（六）再生催化剂含炭量

再生催化剂含炭量是指经再生后的催化剂上残留的焦炭含量。对分子筛催化剂来说，裂化反应生成的焦炭主要沉积在分子筛催化剂的活性中心上，再生催化剂含炭过高，相当于减少了催化剂中分子筛的含量，催化剂的活性和选择性都会下降，因而转化率大大下降，汽油产率下降，溴价上升，诱导期下降。

（七）回炼比

回炼比虽不是一个独立的变量，却是一个重要的操作条件。在操作条件和原料性质大体相同的情况下，增加回炼比则转化率上升，汽油、气体和焦炭产率上升，但处理能力下降；在转化率大体相同的情况下，若增加回炼比，则单程转化率下降，轻柴油产率有所增加，反应深度变浅。反之，回炼比太低，虽处理能力较高，但轻质油总产率仍不高。因此，增加回炼比，降低单程转化率是增产柴油的一项措施。但是，增加回炼比后，反应所需的热量大大增加，原料预热炉的负荷、反应器和分馏塔的负荷会随之增加，能耗也会增加。因此，回炼比的选取要根据生产实际综合选定。

二、催化裂化反应—再生系统的三大平衡

反应—再生系统是催化裂化装置的核心部分，这个系统操作是否平稳，对整个装置的影响极大，它一般包括压力平衡、热平衡及物料平衡，俗称装置的三大平衡。

（一）压力平衡

压力平衡是本装置进行正常生产的基础，压力平衡也包括两器压力平衡、气体产量和气体压缩能力的平衡，以两器压力平衡最为关键。

在系统的压力平衡中，一般要求两器压力大致相等。当两器压差超过规定的范围时，就会引起操作波动，容易发生催化剂从一器向另一器倒流而破坏立管料封，或是再生空气倒串入反应器，或是反应油气倒串入再生器，这都可能造成爆炸事故。因此，生产中要求单、双动滑阀动作准确、灵敏、稳定，以确保两器压力平衡。

在两器压差调节中，一般是用气压机转速和气体循环量来控制反应器的压力，而再生器的压力又是随反应器的压力改变而改变的。通常通过两器差压调节器控制双动滑阀开度来调节，使两器压力大致保持相等。

（二）热平衡

待生催化剂在再生器内进行烧焦再生，所产生热量除加热主风（增压风）外，余热全部

通过催化剂带入反应器，供原料油汽化和反应所需的热量，若再生烧焦所产生的热量与反应所吸收的热量达到平衡，则系统处于热平衡。

在系统运转过程中，原料油的质量和反应条件发生变化，使回炼油量、总进料量和焦炭的生成量也随之变化。若生焦量增加，要及时增大主风以增加再生器烧焦量，否则催化剂上积碳就增多，催化剂活性下降，选择性也随之变差，又促使生焦率增加，烧焦更不完全，从而形成恶性循环。

操作中主要是通过调节两器间催化剂的循环量来控制两器间的热量平衡，以保持要求的反应温度。再生热量是由燃烧焦产生的，所以焦炭生成量是影响热平衡的基本因素，而进料预热和喷燃烧油只作反应需热的补充手段，对于热量过剩的渣油催化裂化装置再生器的取热措施也是辅助手段。

（三）物料平衡

物料平衡包括催化剂和原料在数量上的平衡、单程转化率和回炼比的平衡及催化剂的损失和补充的平衡。这三方面的问题是与催化剂循环量、藏量、活性和原料性质相联系，同时又是影响处理能力与产品质量的关键。

催化剂和原料在数量上的平衡是通过选择合适的剂油比控制的，它们与进料量、反应器催化剂藏量和催化剂循环量有关，对于特定的催化剂在其自然平衡活性下，剂油比的大小对反应效率影响较大。

单程转化率与回炼比的平衡是有关装置处理能力和轻质油收率的问题，进行循环裂化时，适当降低单程转化率，控制裂化深度（如降低反应温度），在达到相同的最终转化率（总转化率）时，就可以使气体和焦炭产生减少，轻油收率提高。但是单程转化率低，回炼比会增大，处理能力下降。因此，需要根据原料的性质，选择适当的条件，达到适中的单程转化率，使处理量和轻油收率都较高，以达到最好的经济效益。

催化剂在两器中循环，由于催化剂不断老化、污染中毒和磨损、质量变坏而需要置换，两器顶部经旋风分离器排出的气流中总是要带出一些催化剂细粉，再生烟气也要带出一部分催化剂；由于重金属污染严重还要卸出一部分催化剂。以上这些情况下系统中催化剂的减少，就需要在反应过程中不断地补充新鲜催化剂，以保持系统内催化剂藏量不变，同时使活性、粒度、金属毒物的含量等保持在一定范围内，以满足操作要求。

【能力提升与测评】

一、填空题

1. 催化裂化装置处理的原料主要有________、________、________等；产品有________、________、________和液化气。

2. 催化裂化的化学反应主要有________、________、异构化反应、________和缩合反应。

3. 催化裂化反应所用的催化剂主要有________、________，其中________催化剂活性、选择性、对热稳定性等性能均优于________。

4. 分子筛催化剂是由________和一定量的分子筛所构成，其催化活性中心是________。

5. 催化裂化工艺流程主要包括________、________、________和烟气能量回收系统构成。

6. 反应—再生系统的两器压差调节的实质是通过________的开度改变再生器压力，使其与________顶压力保持平衡。

7. 反应—再生系统的反应温度主要是用再生滑阀的开度调节________来达到控制的目的，滑阀开度增加则反应温度________。

8. 剂油比是指________与__________之比，剂油比增大，转化率________，焦炭产率________。

9. 反应—再生系统的操作的关键是要维持好系统的________平衡、________平衡和________平衡。

10. 催化裂化装置的吸收稳定系统由________塔、________塔、________和再吸收塔组成。

二、是非题

1. 催化裂化的气体产品中，烷烃的含量比烯烃高。（ ）

2. 新鲜催化剂的活性高，平衡剂的活性就高。（ ）

3. 装置中的主风不仅用来烧去催化剂上的积碳，同时还维持了再生器中的流化状态。（ ）

4. 催化汽油的辛烷值高于其直馏汽油，催化柴油的十六烷值也高于其直馏柴油（ ）。

5. 碳正离子学说是解释催化裂化反应机理比较完善的一种学说。（ ）

三、简答题

1. 为什催化裂化过程能居石油二次加工的首位，是目前我国炼油厂中提高轻质油收率和汽油辛烷值的主要手段？

2. 为什说石油馏分的催化裂化反应是平行—顺序反应？

3. 催化裂化的反应是否受化学平衡的限制？为什么？

4. 为什么说催化裂化反应是放热反应？

5. 分子筛催化剂的担体是什么？它的作用是什么？

6. 什么叫剂油比？它的大小对催化裂化反应有什么影响？

7. 催化裂化反应—再生系统的影响因素有哪些？

8. 催化裂化的分馏塔与常压分馏塔相比有何异同点？

9. 催化裂化反应—再生系统中三大平衡是什么？它们各包括哪些部分？

10. 什么叫回炼油？为什么要使用回炼操作？分子筛催化剂为什么不用大回炼比？

11. 画出催化裂化装置典型流程图。

学习情境五　石油烃类热裂解

【任务一】认识热裂解过程的化学反应

1．能力目标

能够认识烃类裂解的一次反应和二次反应；能够根据烃类裂解的一、二次反应理解烃类热裂解反应的特点。

2．知识目标

掌握烃类裂解的一次反应及二次反应的原理和特点。

3．教、学、做说明

学生通过图书馆和网络资源的查找，并结合本任务的【相关知识】，分组讨论热裂解过程的化学反应，然后由教师引领，组别代表发言，并在教师指导下完成烃类裂解的一次反应和二次反应原理和特点的汇总。

4．工作准备

学生分组：按照班级人数分组，并指派组长；资料查阅：布置工作任务，学生可通过图书馆或互联网等途径查阅相关资料。

5．工作过程

小组讨论；组长指派代表发言；教师引领，完成烃类裂解的一次反应和二次反应原理和特点的总结。

【相关知识】

石油化工系列原料包括天然气、炼厂气、石脑油、柴油、重油等，它们都是由烃类化合物组成的。烃类化合物在高温下不稳定，容易发生碳链断裂和脱氢等反应。

烃类热裂解就是以烃类为原料，利用烃类在高温下不稳定、易分解的性质，在隔绝空气和高温条件下，使大分子的烃类发生断链和脱氢等反应，以制取低级烯烃的过程，工业上制取烯烃的方法有许多，其中最主要的方法是烃类热裂解。

工业上烃类热裂解制乙烯的主要生产工艺流程如下：

原料→热裂解→裂解气预处理→裂解气分离→产品（乙烯、丙烯）及关联产品

虽然各生产装置所用的原料和生产技术有所差异，相应的工艺流程也不完全相同，但均包括裂解和分离两个基本过程。裂解是天然气或石油中的烃原料经一定的预加工后，进行高

温裂解化学反应而获得裂解气的过程。分离则是裂解的后续加工过程，其任务是将裂解气分离，生产出高纯度的乙烯、丙烯和其他烃类产品。

烃类热裂解的主要目的是生产乙烯，同时可得丙烯、丁二烯以及苯、甲苯和二甲苯等产品。它们都是重要的基本有机原料，所以烃类热裂解是有机化学工业获取基本有机原料的主要手段，因而乙烯装置能力的大小实际上反映了一个国家有机化学工业的发展水平。

裂解能力的大小往往以乙烯的产量来衡量。乙烯在世界大多数国家几乎都有生产。2015年，世界净增乙烯产能约为 616.5 万吨 / 年，乙烯生产能力达到 1.59 亿吨 / 年，新增产能主要来自中东和亚太，世界乙烯需求量增加约 490 万吨，需求总量达到 1.48 亿吨。随着乙烯原料价格走低，乙烯生产毛利总体好于上年，装置开工率继续回升。油价下跌降低了石脑油制乙烯生产商的生产成本，间接提高了以石脑油为原料的石化生产商的竞争力。北美地区继续推进新建裂解装置，油价下跌影响部分项目的投资决定；欧洲乙烯业盈利好转，加快整合，日本继续关停落后产能；“一带一路”主要国家的乙烯业稳步发展，印度、中东地区乙烯业继续扩能。预计在 2017 年左右全球乙烯产业将进入新一轮景气周期的高峰。2014 年，全球有 4 套新建大型乙烯装置投产，全年新增产能 640 万吨 / 年，其中美国乙烯扩能增加产能超过 150 万吨 / 年；中国有 4 套煤制烯烃装置投产，新增乙烯产能 115 万吨 / 年。预计到 2020 年，全球甲醇制烯烃的份额将达到 20%，其中煤制烯烃约占 16%。

我国乙烯工业已有 40 多年的发展历史，20 世纪 60 年代初我国第一套乙烯装置在兰州建成投产，多年来，我国乙烯工业发展很快，乙烯产量逐年上升，2005 年乙烯生产能力达到 773 × 104t/a，居世界第三位。随着国家新建和改扩建乙烯装置的投产，预计到 2020 年，国内乙烯产能将达到 3560 万吨 / 年，当量需求在 4760 万吨 / 年左右。

虽然我国乙烯工业发展较快，但远不能满足经济社会快速发展的要求，不仅乙烯自给率下降，而且产品档次低、品种牌号少，一半的乙烯来自进口。2004 年我国乙烯进口量比 2003 年增长了 44.7%，达到 6.8×10^4t。2005 年我国乙烯进口量创历史新高，达到 11.1×10^4t，比 2004 年增加了 63.2%。

根据 2000 ~ 2020 年我国 GDP 增长率 7.2% 为基准的弹性系数测算，乙烯需求预测可见表 5-1。

从表 5-1 可以看出，我国乙烯自给率还不高，一方面需要进口乙烯产品，另一方面需要加大国内乙烯的生产。因此，无论从乙烯在有机化工中的地位，还是从乙烯的需求量预测都可以看出，以生产乙烯为主要目的的石油烃热裂解装置在石油化工中具有举足轻重的地位。

表5-1　我国乙烯需求预测

年份	2020年
乙烯生产能力/ $\times 10^4 t \cdot a^{-1}$	2000
当量需求/ $\times 10^4 t \cdot a^{-1}$	3700 ~ 4100
自给率/%	54 ~ 48

在裂解原料中，主要烃类有烷烃、环烷烃和芳烃，二次加工的馏分油中还含有烯烃。尽管原料的来源和种类不同，但其主要成分是一致的，只是各种烃的比例有差异。烃类在高温下裂解，不仅原料发生多种反应，生成物也能继续反应，其中既有平行反应又有连串反应，包括脱氢、断链、异构化、脱氢环化、脱烷基、聚合、缩合、结焦等反应过程，生成的产物也多达数十种甚至上百种。

因此，烃类裂解过程的化学变化错综复杂，要全面而准确地描述这样一个反应系统是非常困难的，有许多问题目前还处于研究之中。但是，为了对这一复杂的反应过程有一个概括的认识，现用图 5-1 来说明烃类热裂解过程中的主要产物及其变化关系。

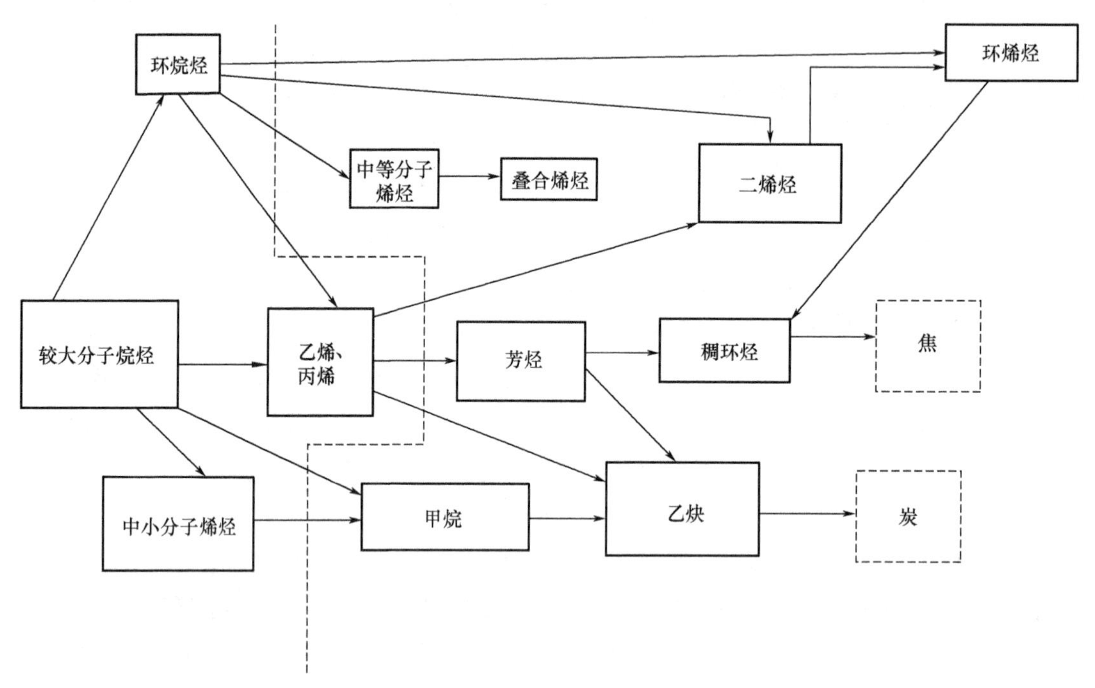

图 5-1　烃类热裂解过程中的主要产物及其变化关系

由图 5-1 可见，要全面描述这样一个十分复杂的反应过程是很困难的，所以人们根据反应的前后顺序，将它们简化归类分为一次反应和二次反应。研究表明，烃类热裂解时发生的基元反应大部分都遵循自由基反应机理，有些反应是按分子反应机理进行的。

一、烃类裂解的一次反应

所谓一次反应是指以生成目的产物乙烯、丙烯等低级烯烃为主的反应。

（一）烷烃裂解的一次反应

1. 断链反应　断链反应是 C—C 链断裂反应，反应后产物有两个，一个是烷烃，一个是烯烃，其碳原子数比原料烷烃减少。其通式为：

$$C_{m+n}H_{2(m+n)+2} \longrightarrow C_nH_{2n}+C_mH_{2m+2}$$

2. 脱氢反应　脱氢反应是 C—H 链断裂的反应，生成的产物是碳原子数与原料烷烃相同的烯烃和氢气。其通式为：

$$C_nH_{2n+2} \longrightarrow C_nH_{2n}+H_2$$

（二）环烷烃的断链（开环）反应

环烷烃的热稳定性比同碳数烷烃好。环烷烃热裂解时，可以发生C—C链的断裂（开环）与脱氢反应，生成乙烯、丙烯、丁烯和丁二烯等烃类。以环己烷为例，断链反应如下：

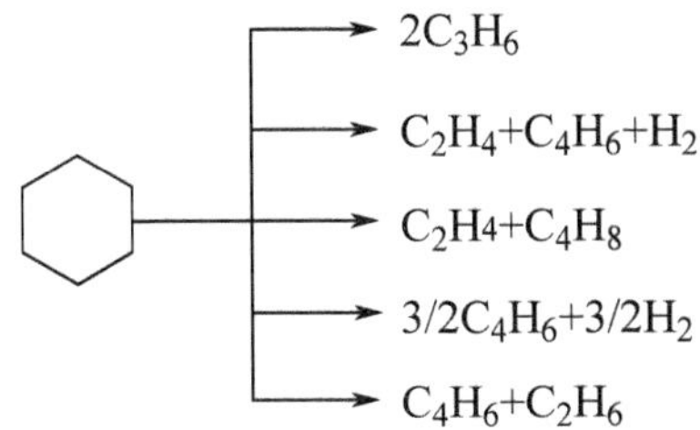

环烷烃的脱氢反应生成的是芳烃，芳烃缩合最后生成焦炭，所以不能生成低级烯烃，即不属于一次反应。

（三）芳烃的断侧链反应

芳烃的热稳定性很高，一般情况下，芳香烃不易发生断裂。所以由苯裂解生成乙烯的可能性极小。但烷基芳烃可以断侧链生成低级烷烃、烯烃和苯。

（四）烯烃的断链反应

常减压车间的直馏馏分中一般不含烯烃，但二次加工的馏分油中可能含有烯烃。大分子烯烃在热裂解温度下能发生断链反应，生成小分子的烯烃，例如：

$$C_5H_{10} \longrightarrow C_3H_6+C_2H_4$$

二、烃类裂解的二次反应

所谓二次反应就是一次反应生成的乙烯、丙烯继续反应并转化为炔烃、二烯烃、芳烃直至生炭成结焦的反应。

烃类热裂解的二次反应比一次反应复杂。原料经过一次反应后，生成氢气、甲烷和一些低分子量的烯烃如乙烯、丙烯、丁二烯、异丁烯、戊烯等，氢气和甲烷在裂解温度下很稳定，而烯烃则可以继续反应。主要的二次反应有以下几种。

（一）低分子烯烃脱氢反应

$$C_2H_4 \longrightarrow C_2H_2+H_2$$

$$C_3H_6 \longrightarrow C_3H_4+H_2$$

$$C_4H_8 \longrightarrow C_4H_6+H_2$$

（二）二烯烃叠合芳构化反应

$$2C_2H_4 \longrightarrow C_4H_6+H_2$$

$$C_2H_4+C_4H_6 \longrightarrow C_6H_6+2H_2$$

（三）结焦反应

烃的结焦反应，要经过生成芳烃的中间阶段，芳烃在高温下发生脱氢缩合反应而形成多环芳烃，然后继续发生多阶段的脱氢缩合反应生成稠环芳烃，最后生成焦炭。

$$烯烃 \xrightarrow{-H_2} 芳烃 \xrightarrow{-H_2} 多环芳烃 \xrightarrow{-H_2} 稠环芳烃 \longrightarrow 焦$$

除烯烃外，环烷烃脱氢生成的芳烃和原料中含有的芳烃都可以脱氢发生结焦反应。

（四）生炭反应

在较高温度下，低分子烷烃、烯烃都可能分解为碳和氢，这一过程是随着温度升高而分步进行的。如乙烯脱氢生成乙炔，再由乙炔脱氢生成炭。

$$CH_2{=}CH_2 \longrightarrow CH{\equiv}CH \longrightarrow 2C+H_2$$

因此，实际上生炭反应只有在高温条件下才可能发生，并且乙炔生成的炭不是断链生成单个碳原子，而是脱氢稠合成几百个碳原子。

结焦和生炭过程两者机理不同，结焦是在较低温度下（低于 927℃）通过芳烃缩合而成，生炭是在较高温度下（高于 927℃），通过生成乙炔的中间阶段，脱氢为稠合的碳原子。

由此可以看出，一次反应是生产的目的，而二次反应既造成烯烃的损失，浪费原料又会生炭或结焦，致使设备或管道堵塞，影响正常生产，所以是不希望发生的。因此，无论在选取工艺条件或进行设计，都要尽力促进一次反应，抑制二次反应。

从以上讨论中可以归纳各族烃类热裂解反应的大致规律。

（1）烷烃：正构烷烃最利于生成乙烯、丙烯，是生产乙烯的最理想原料。相对分子质量越小烯烃的总收率越高。异构烷烃的烯烃总收率低于同碳原子数的正构烷烃。随着相对分子质量的增大，这种差别逐渐减少。

（2）环烷烃：在通常裂解条件下，环烷烃脱氢生成芳烃的反应优于断链（开环）生成单烯烃的反应。含环烷烃多的原料，其丁二烯、芳烃的收率较高，乙烯的收率较低。

（3）芳烃：无侧链的芳烃基本上不易裂解为烯烃；有侧链的芳烃，主要是侧链逐步断链及脱氢。芳烃倾向于脱氢缩合生成稠环芳烃，直至结焦。所以芳烃不是裂解的合适原料。

（4）烯烃：大分子的烯烃能裂解为乙烯和丙烯等低级烯烃，但烯烃会发生二次反应，最后生成焦和炭。所以含烯烃的原料如二次加工产品作为裂解原料不好。

所以，高含量的烷烃，低含量的芳烃和烯烃是理想的裂解原料。

【任务二】裂解过程的工艺参数和控制指标

1. 能力目标

能够应用不同的指标评价不同原料特性；能够理解不同工艺条件对裂解反应的影响。

2. 知识目标

掌握烃类裂解原料的特性；掌握烃类裂解温度、停留时间、烃分压及稀释剂对裂解反应的影响；掌握裂解深度衡量裂解反应进行程度的意义。

3. 教、学、做说明

学生通过图书馆和网络资源的查找，并结合本任务的【相关知识】，分组分析讨论裂解过程工艺参数对裂解过程的影响和控制方法，然后由教师引领，组别代表发言，并在教师指导下完成烃类裂解工艺参数和控制指标的汇总。

4. 工作准备

学生分组：按照班级人数分组，并指派组长；资料查阅：布置工作任务，学生可通过图书馆或互联网等途径查阅相关资料。

5. 工作过程

小组讨论；组长指派代表发言；教师引领，完成烃类裂解工艺参数和控制指标的总结。

【相关知识】

影响热裂解结果的因素有很多，主要有原料特性、裂解工艺条件（如裂解温度、停留时间、烃分压）等。烃类裂解反应使用的原料是组成性质有很大差异的混合物，因此原料的特性无疑对裂解效果起着重要的决定作用，是决定反应效果的内因，而工艺条件的调整、优化则是外部条件。

一、裂解原料特性

石油烃裂解所得产品收率与裂解原料的性质密切相关。而对相同裂解原料而言，则裂解所得产品的收率取决于裂解过程的工艺条件。只有选择合适的工艺条件，并在生产中平稳操作，才能达到理想的裂解产品收率分布，并保证合理的清焦周期。

对于单纯的烃类或已知的原料，其性质可由各组成的特性来表示。但裂解原料（尤其是液体燃料）通常是组成复杂、组分不定、性质差异很大的混合物，其性质很难用各组分的性质表示，因此常用下列指标来表征原料特性。

1. 族组成（PONA 值）　裂解原料油中各种烃，按其结构可以分为四大族，即链烷烃族、烯烃族、环烷烃族和芳香族。这四大族的族组成以 PONA 值来表示，P 指烷烃（Paraffin），O 烯烃（Olefin），N 指环烷烃（Naphtene），A 指芳烃（Aromatics）。

根据 PONA 值可以定性评价液体燃料的裂解性能，也可以根据族组成通过简化的反应动力学模型对裂解反应进行定量描述，因此 PONA 值是一个表征各种液体原料裂解性能的有实用价值的参数。

2. 氢含量　氢含量可以用裂解原料中所含氢的质量分数表示，也可以用裂解原料中 C 与 H 的质量比（称为碳氢比）表示。

含氢量：

$$\omega_{H_2}=\frac{n_H}{12n_C+n_H}\times 100\%$$

碳氢比：

$$m_C/m_H=\frac{12n_C}{n_H}$$

式中：n_C——原料烃中碳原子数；

n_H——原料烃中氢原子数。

氢含量顺序为烷烃>环烷烃>芳烃。

通过裂解反应，使一定含氢量的裂解原料生成含氢量较高的 C_4 和 C_4 以下轻组分和含氢量较低的 C_5 和 C_5 以上的液体。从氢平衡可以断定，裂解原料氢含量越高，获得的 C_4 和 C_4 以下轻烃的收率越高，相应乙烯和丙烯收率也一般较高。显然，根据裂解原料的氢含量既可判断该原料可能达到的裂解程度，也可评价该原料裂解所得 C_4 和 C_4 以下轻烃的收率。

3. 特性因数（R） 特性因数是表示烃类和石油馏分化学性质的一种参数，如下所示：

$$K=\frac{1.216\left(T_{\mathrm{B}}\right)^{1/3}}{d_{15.6}^{15.6}}$$

式中：T_{B}——立方平均沸点，K；

$d_{15.6}^{15.6}$——相对密度。

$$T_{\mathrm{B}}=\left(\sum_{i=1}^{n}\varphi_i T_i^{1/3}\right)$$

式中：φ_i——i 组分的体积分数；

T_i——i 组分的沸点，K。

K 值以烷烃最高，环烷烃次之，芳烃最低，它反映了烃的氢饱和程度。乙烯和丙烯总体收率大体上随裂解原料特性因数的增大而增加。

4. 关联指数（BMCI 值） 馏分油的关联指数是表示油品芳烃含量的指数。关联指数越高，则表示油品的芳烃含量越高，其定义如下：

$$\mathrm{BMCI}=\frac{48640}{T_V}\times 473\times d_{15.6}^{15.6}-456.8$$

式中：T_V——体积平均沸点，K。

烃类化合物的芳香性按下列顺序递增：正构链烷烃<带支链烷烃<烷基单环烷烃<无烷基单环烷烃<双环烷烃<烷基单环芳烃<无烷基单环芳烃（苯）<双环芳烃<三环芳烃<多环芳烃。烃类化合物的芳香性越强，则 BMCI 值越大。

总之，裂解原料的各项指标大体有如下规律：原料含碳原子数越多，平均分子量越高，相对密度就越大，流程沸点就越高。而烃原料中烷烃含量高，则芳烃含量就低，含氢量也高，BMCI 值小，特性因数高。

烃类裂解制乙烯的原料来源很广。主要来自天然气、炼油装置和开采的原油。目前，世界上的乙烯约有 50% 是由石脑油馏分制取，而气体原料约占 40%（其中乙烷 30%，丙烷 10%），其余由丁烷、粗柴油和其他原料制取。

世界不同地区和国家乙烯原料的选择不仅受本国资源的限制，更主要还受世界能源消费结构、油品市场、技术经济等复杂因素的影响。

二、裂解温度

从自由基反应机理分析，温度对一次产物分布的影响，是通过影响各种链式反应相对量实现的。在一定温度范围内，提高裂解温度有利于提高一次反应所得的乙烯和丙烯的收率。理论计算 600℃和 1000℃下正戊烷和异戊烷一次反应的产品收率如表 5-2 所示。

表5-2　600℃和1000℃下正戊烷和异戊烷一次反应的产品收率

裂解产物	正戊烷裂解产品收率（质量分数）/%		异戊烷裂解产品收率（质量分数）/%	
	600℃	1000℃	600℃	1000℃
H_2	1.2	1.1	0.7	1.0
CH_4	12.3	13.1	16.4	14.5
C_2H_4	43.2	46.0	10.1	12.6
C_3H_6	26.0	23.9	15.2	20.3
其他	17.3	15.9	57.6	50.6
总计	100.0	100.0	100.0	100.0

从裂解反应的化学平衡可以看出，提高裂解温度有利于生成乙烯的反应，并相对减少乙烯消失的反应，因而有利于提高裂解的选择性。

从热力学分析，裂解是吸热反应，需要在高温下才能进行。温度越高对生成乙烯、丙烯越有利，但对烃类分解成碳和氢的副反应也越有利，即二次反应在热力学上占优势。因此，裂解生成烯烃的反应必须控制在一定的裂解深度范围内，换言之，裂解反应主要由反应动力学控制。

从动力学角度分析，升高温度，石油烃裂解生成乙烯的反应速率的提高大于烃分解为碳和氢的反应速率，即提高反应温度，有利于提高一次反应对二次反应的相对速率，有利于乙烯收率的提高，所以一次反应在动力学上占优势。因此应选择一个最适宜的裂解温度，发挥一次反应在动力学上的优势，而克服二次反应在热力学上的优势，既可提高转化率又可得到较高的乙烯收率。

一般当温度低于750℃时，生成乙烯的可能性较小，或者说乙烯收率较低；在750℃以上生成乙烯的可能性增大，温度越高，反应的可能性越大，乙烯的收率越高。但当反应温度太高，特别是超过900℃时，甚至达到1100℃时，对结焦和生炭反应极为有利，同时生成的乙烯又会经历乙炔中间阶段而生成炭，这样原料的转化率虽有增加，产品的收率却大大降低。

表5-3温度对乙烷转化率及乙烯收率的关系正说明了这一点。

表5-3　温度对乙烷转化率及乙烯收率的关系

温度	832℃	871℃
停留时间/s	0.0278	0.0278
乙烷单程转换率/%	14.8	34.4
按分解乙烷计的乙烯收率/%	89.4	86.0

所以理论上烃类裂解制乙烯的最适宜温度一般在750 ~ 900℃。而实际裂解温度的选择还与裂解原料、产品分布、裂解技术、停留时间等因素有关。

不同的裂解原料具有不同最适宜的裂解温度。较轻的裂解原料，裂解温度较高；较重的裂解原料，裂解温度较低。如某厂乙烷裂解炉的裂解温度是 850 ~ 870℃，石脑油裂解炉的裂解温度是 840 ~ 860℃，轻柴油裂解炉的裂解温度是 830 ~ 860℃。若改变反应温度，裂解反应进行的程度就不同，一次产物的分布也会改变，所以可以选择不同的裂解温度，达到调整一次产物分布的目的，如裂解目的产物是乙烯，则裂解温度可适当提高，如果要多产丙烯，裂解温度可适当降低。提高裂解温度还受炉管合金的最高耐热温度的限制，也正是管材合金和加热炉设计方面的进展，使裂解温度可从最初的 750℃提高到 900℃以上，目前某些裂解炉管已允许壁温达到 1115 ~ 1150℃，但这不意味着裂解温度可选择 1100℃以上。裂解温度同时还受到停留时间的限制。

三、停留时间

管式裂解炉中物料的停留时间是裂解原料经过辐射盘管的时间。由于辐射盘管中裂解反应是在非等温变容的条件下进行，很难计算其真实的停留时间。工程上常用如下几种方式计算裂解反应的停留时间。

1. 表观停留时间（t_B）

$$t_B = \frac{V_R}{V} = \frac{SL}{V}$$

式中：S、L——裂解管截面面积、管长；

V_R—— 反应器容积；

V——单位时间通过裂解炉的气体体积。

表观停留时间表述了裂解管内所有物料（包括稀释蒸汽）在管中的停留时间。

2. 平均停留时间（t_A）

$$t_A = \int_0^{V_R} \frac{dV}{a_V V}$$

式中：a_V——体积增大率，是转化率、温度、压力的函数；

V——原料气的体积流量。

近似计算：

$$t_A = \frac{V_R}{a'_V V'}$$

式中：V'——原料气在平均反应温度和平均反应压力下的体积注量；

a'_V——最终体积增大率。

如果裂解原料在反应区停留时间太短，大部分原料还来不及反应就离开了反应区，原料的转化率很低，这样就增加了未反应原料的分离、回收的能量消耗；原料在反应区停留时间过长，对促进一次反应是有利的，故转化率较高，但二次反应也有时间充分进行，一次反应生成的乙烯大部分都发生二次反应而消失，乙烯收率反而下降。同时二次反应的进行，生成更多焦和炭，缩短了裂解炉管的运转周期，既浪费了原料，又影响正常生产的进行。表 5-4 列出了某原料于 832℃下裂解时，停留时间对乙烷转化率和乙烯收率的影响正可以说明这一问题。

表5-4 停留时间对乙烷转化率和乙烯收率的影响

温度/℃	832	
停留时间/s	0.0278	0.0805
乙烷单程转化率/%	14.8	60.2
按分解乙烷计的乙烯收率/%	89.4	76.5

由表中数据可以看出，选择合适的停留时间，既可使一次反应充分进行，又能有效地抑制并减少二次反应。

3. *影响停留时间的因素* 停留时间的选择主要取决于裂解温度，当停留时间在适宜的范围内，乙烯的生成量较大，而乙烯的损失较小，即有一个最高的乙烯收率称为峰值收率，如图 5-2 所示。不同的裂解温度，所对应的峰值收率不同，温度越高，乙烯的峰值收率越高，相对应的最适宜的停留时间越短，这是因为二次反应主要发生在转化率较高的裂解后期，如控制很短的停留时间，一次反应产物还没来得及发生二次反应就迅速离开了反应区，从而提高了乙烯的收率。

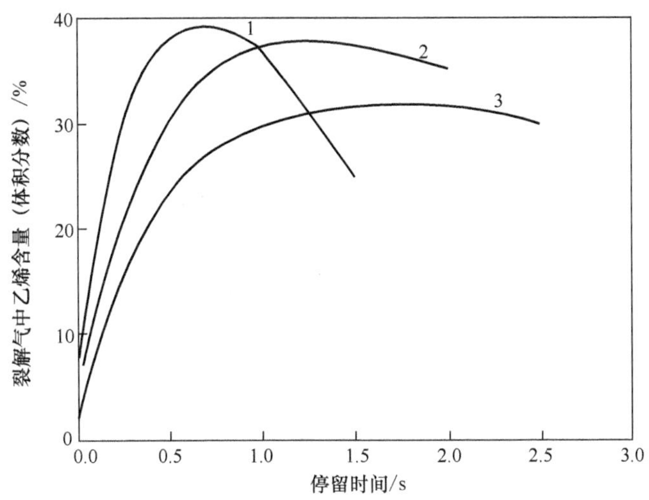

图 5-2 温度和停留时间对乙烷裂解反应的影响

1—843℃ 2—816℃ 3—782℃

停留时间的选择除与裂解温度有关外，还与裂解原料和裂解工艺技术等有关，在一定的反应温度下，每种裂解原料，都有最适宜的停留时间。如裂解原料较重，则停留时间应短一些；原料较轻则可选择稍长一些。20 世纪 50 年代由于受裂解技术的限制，停留时间为 1.8 ~ 2.5s，目前一般为 0.15 ~ 0.25s（两程炉管），单程炉管可达 0.1s 以下，即以 ms 计。

从化学平衡的观点看，如使裂解反应进行到平衡，所得烯烃很少，最后生成大量的氢和碳。

为获得尽可能多的烯烃，必须采用尽可能短的停留时间进行裂解反应。从动力学来看，由于有二次反应，对每种原料都有一个最大乙烯收率的适宜停留时间。因此可以得出，短停留时间对生成烯烃有利。

四、烃分压与稀释剂

1. *压力对平衡转化率的影响* 烃类裂解的一次反应是分子数增加的反应，降低压力对反应平衡向正反应方向移动是有利的，但是高温条件下，断链反应的平衡常数很大，几乎接近全部转化，反应是不可逆的，因此改变压力对断链反应的平衡转化率影响不大。对于脱氢反应，是可逆过程。降低压力有利于提高转化率。二次反应中的聚合、脱氢缩合、结焦等二次反应，都是分子数减少的反应，因此降低压力不利于平衡向产物方向移动，可抑制此类反应的发生。

2. *压力对反应速率的影响* 烃类裂解的一次反应，是单分子反应，烃类聚合或缩合反应为多分子反应，压力不能改变速率常数的大小，但能通过改变浓度的大小来改变反应速率的大小。降低压力会使气相反应分子的浓度降低，也就降低了反应速率。浓度的改变虽然对三个反应速率都有影响，但降低的程度不一样，浓度的降低使双分子和多分子反应速率的降低比单分子反应速率要大得多。

所以从动力学分析得出：压力不能改变反应速率常数，但降低压力能降低反应物浓度，降低压力可增大一次反应对于二次反应的相对速率，提高一次反应选择性。

因此，无论从热力学还是动力学分析，降低裂解压力对增产乙烯的一次反应有利，可抑制二次反应，从而减轻结焦的程度。表 5–5 说明了压力对裂解反应的影响。

表5–5 压力对一次反应和二次反应的影响

反应		一次反应	二次反应
热力学因素	反应后体积的变化	增大	减少
	降低压力对平衡的影响	有利于提高平衡转化率	不利于提高平衡转化率
动力学因素	反应分子数	单分子反应	双分子或多分子反应
	降低压力对反应速率的影响	不利于提高	更不利于提高
	降低压力对反应速率的相对变化的影响	有利	不利

3. *稀释剂的降压作用* 如果在生产中直接采用减压操作，因为裂解是在高温下进行的，当某些管件连接不严密时，有可能漏入空气，不仅会使裂解原料和产物部分氧化而造成损失，更严重的是空气与裂解气能形成爆炸性混合物而导致爆炸。另外，如果采用减压操作，而对后续分离部分的裂解气压缩操作就会增加负荷，即增加了能耗。工业上常用的办法是在裂解原料气中添加稀释剂以降低烃分压，而不是降低系统总压。

稀释剂可以是惰性气体（例如氮）或水蒸气。工业上都是用水蒸气作为稀释剂，其优点是：

（1）水蒸气在急冷时可以冷凝，很容易就实现了稀释剂与裂解气的分离。

（2）可以抑制原料中的硫对合金钢管的腐蚀。

（3）水蒸气在高温下能与裂解管中沉淀的焦炭发生如下反应：

$$C+H_2O \longrightarrow CO+H_2$$

使固体焦炭生成气体随裂解气离开，延长了炉管运转周期。

（4）水蒸气对金属表面起一定的氧化作用，使金属表面的铁、镍形成氧化物薄膜，可抑制这些金属对烃类气体分解生炭反应的催化作用。

（5）水蒸气的热容大，水蒸气升温时耗热较多，稀释水蒸气的加入，可以起到稳定炉管裂解温度，防止过热，保护炉管的作用。

（6）稀释蒸汽可降低炉管内的烃分压，水的摩尔质量小，同样质量的水蒸气其分压较大，在总压相同时，烃分压可降低较多。

加入水蒸气的量，不是越多越好，增加稀释水蒸气量，将增大裂解炉的热负荷，增加燃料的消耗量、水蒸气的冷凝量，从而增加能量消耗，同时会降低裂解炉和后部系统设备的生产能力。水蒸气的加入量随裂解原料不同而异，一般来说，轻质原料裂解时，所需稀释蒸汽量可以降低，随着裂解原料变重，为减少结焦，所需稀释水蒸气量将增大。

五、裂解深度

裂解深度是衡量裂解深度的参数，是指裂解反应的进行程度，由于裂解反应的复杂性，很难以一个参数准确地对其进行定量的描述。在工程中，根据不同的情况，常采用如下一些参数衡量裂解深度，表 5–6 列出了表征裂解深度的常用指标。

表5–6　裂解深度的常用指标

裂解深度指标	适用范围	特点	局限
原料转化率	轻烃	容易分析测定	对于重馏分油原料由于反应复杂，不易确定代表成分
甲烷收率	各种原料	容易分析测定	反应初期甲烷收率低
乙烯对丙烯的收率比	各种原料	容易分析测定	不宜用于裂解深度极高时
甲烷对丙烯的收率比	各种原料	容易分析测定，在裂解深度高时特别灵敏	裂解深度较浅时不敏感
液体产物的氢碳原子比	较重烃	可作为液相脱氢程度和引起结焦倾向的度量	轻烃裂解，液体产物不多时，用此指标无优点
裂解炉出口温度T_{out}	各种原料	测量容易	不能用于不同炉型和不同操作条件的比较
裂解深度函数（S）	各种原料	计算简单	不能用于停留时间过长的情况
动力学裂解深度函数（*KSF*）	各种原料	结合原料特性、温度和停留时间三个因素	不能用于停留时间过长的情况

在裂解深度的各项指标中，科研和设计最常用的有动力学裂解深度函数（KSF）和转化率 X，在生产中最常用的有出口温度 T_{out}。为避开裂解原料性质的影响，将正戊烷裂解所得的 $\int k\mathrm{d}\theta$ 定义为动力学裂解深度函数：

$$KSF=\int k_5 d\theta=\int A_5 \exp\left(\frac{-E_5}{RT}\right) d\theta$$

式中：k_5——正戊烷的反应速度常数，S^{-1}；

θ—— 反应时间，S；

A_5—— 正戊烷的反应指前因子，也称频率因子，$kmol^{1-n}/[(m^3)^{1-n}\cdot h]$；

E_5—— 正戊烷的反应活化能，kJ/kmol；

K—— 气体通用常数，R=8.314KJ/（kmol・k）；

T—— 反应温度，K。

一般，当 KSF=0 ~ 1 时，为浅度裂解区，原料饱和烃含量迅速下降，低级烯烃含量接近直线上升；当 KSF=1 ~ 2.3 时，为中度裂解区，乙烯含量继续上升，KSF 为 1.7 时，丙烯、丁烯含量出现峰值；当 KSF ＞ 2.3 时，为深度裂解区，一次反应已停止。

综合本节讨论，石油烃热裂解的操作条件适宜采用高温、短停留时间、低烃分压，产生的裂解气要迅速离开反应区，因为裂解炉出口的高温裂解气在出口温度条件下将继续进行裂解反应，使二次反应增加，乙烯损失随之增加，故需将裂解炉出口的高温裂解气加以急冷，当温度降到 650℃以下时，裂解反应基本终止。

【任务三】解读裂解工艺流程

1. 能力目标

能够认识管式炉的结构和特点；能够解读裂解工艺过程及工艺特点，为工艺操作打下基础。

2. 知识目标

掌握管式炉的基本结构和炉型；掌握裂解气的急冷方式；掌握裂解工艺流程。

3. 教、学、做说明

学生通过图书馆和网络资源的查找，并结合本任务的【相关知识】，分组讨论分析石油裂解工艺流程，然后由教师引领，组别代表发言，并在教师指导下解读轻柴油裂解工艺流程。

4. 工作准备

布置工作任务：如图 5-6 所示，解读轻柴油裂解工艺流程；学生分组：按照班级人数分组，并指派组长；资料查阅：学生可通过图书馆或互联网等途径查阅相关资料。

5. 工作过程

从原料油供给和预热系统、裂解和高压蒸汽系统、急冷油和燃料油系统、急冷水和稀释水蒸气系统及裂解中不正常现象产生的原因与处理方法等几方面展开讨论，加深对轻柴油裂解工艺流程的解读；组长指派代表发言；教师引领，解读工艺流程。

【相关知识】

一、管式炉的要求、基本结构和炉型

由上节可知，裂解条件需要高温、短停留时间，所以必须有一种能够获得相当高温度的裂解反应设备，这种设备通常采用管式裂解炉，裂解原料在裂解管内迅速升温并在高温下进行裂解，产生裂解气。管式炉裂解工艺是目前较成熟的生产乙烯的工艺技术，我国近年来引进的裂解装置都是管式裂解炉。管式炉炉型结构简单、操作容易，便于控制，能连续生产，乙烯、丙烯收率较高，动力消耗少，热效率高、裂解气和烟道气的余热大部分可以回收。

因此，作为裂解技术的反应设备管式炉，它既是乙烯装置的核心，又是挖掘节能潜力的关键设备。

（一）管式炉要求

对一个性能良好的管式炉来说，主要有以下几方面的要求：

1. 适应多种原料的灵活性　所谓灵活性是指同一台裂解炉可以裂解多种石油烃原料。

2. 炉管热强度和热效率高　由于原料升温，转化率增长快，需要大量吸热。所以要求热强度大，管径小可使比表面积增大，可满足要求；燃料燃烧除提供裂解反应所需的有效总热负荷外，还有散热损失、化学不完全燃烧损失、排烟损失等，损失越少，则炉子热效率越高。

3. 炉膛温度分布均匀　其目的是消除炉管局部过热所导致的局部结焦，达到操作可靠、运转连续、延长炉管寿命。

4. 生产能力大　裂解炉的生产能力一般以每台裂解炉每年生产的乙烯量来表示。为了适应乙烯装置向大型化发展的趋势，各乙烯技术专利商纷纷推出大型裂解炉。裂解炉大型化减少了各裂解装置所需的炉子数量，一方面降低了单位乙烯投资费用，减少了占地面积；另一方面，裂解炉台数减少，使散热损失下降，节约了能量，方便了设备操作、管理，降低了乙烯的生产成本、维修等费用。目前运行的单台气体裂解炉最大生产能力已达到 21×10^4t，单台液体裂解炉最大生产能力达到 18×10^4 ~ 20×10^4t。

5. 运转周期长　裂解反应不可避免地总有一定数量的焦炭沉积在炉管管壁和急冷设备管壁上。当炉内管壁温度和压力降达到允许的极限范围值时，必须停炉进行清焦。裂解炉投料后，其连续运转操作时间称为运转周期，一般以天数表示。所以，减缓结焦速度，延长炉子运转周期，同样是考核一台裂解炉性能的主要指标。

不同的乙烯生产技术对裂解炉要求不同，因而有各种不同炉型的裂解炉以适应并满足其要求。

（二）管式炉的基本结构

为了提高乙烯收率和降低原料的能量消耗，多年来管式炉技术取得了较大进展，并不断开发出各种新炉型。尽管管式炉有不同型式，但从结构上看，总是包括对流段（或称对流室）和辐射段（或称辐射室）组成的炉体、炉体内适当布置的由耐高温合金钢制成的炉管及燃料燃烧器三个主要部分。

1. 炉体　由两部分组成，即对流段和辐射段。对流段内设有数组水平放置的换热管用来预热原料、工艺稀释水蒸气、急冷锅炉进水和过热的高压蒸汽等；辐射段由耐火砖（里层）

和隔热砖（外层）砌成，在辐射段炉墙或底部的一定部位安装有一定数量的燃烧器，所以辐射段又称为燃烧室或炉膛，裂解炉管垂直放置在辐射室中央。为放置炉管，还有一些附件如管架、吊钩等。

2. *炉管* 炉管前一部分安置在对流段的称为对流管，对流管内物料被管外的高温烟道气以对流方式进行加热并汽化，达到裂解反应温度后进入辐射管，故对流管又称为预热管。炉管后一部分安置在辐射段的称为辐射管，通过燃料燃烧的高温火焰、产生的烟道气、炉墙辐射加热将热量经辐射管管壁传给物料，裂解反应在该管内进行，故辐射管又称为反应管。

在管式炉运行时，裂解原料的流向是先进入对流管，再进入辐射管，反应后的裂解产物离开裂解炉经急冷段给予急冷。燃料在燃烧器燃烧后，则先在辐射段生成高温烟道气并向辐射管提供大部分反应所需热量。然后，烟道气再进入对流段，把余热提供给刚进入对流管内的物料，然后经烟道从烟囱排放。烟道气和物料是逆向流动的，这样热量利用更为合理。

3. *燃烧器* 燃烧器又称为烧嘴，是管式炉的重要部件之一。管式炉所需的热量是通过燃料在燃烧器中燃烧得到的。性能优良的烧嘴不仅对炉子的热效率、炉管热强度和加热均匀性起着十分重要的作用，而且使炉体外形尺寸缩小、结构紧凑、燃料消耗低、烟气中 NO_x 等有害气体含量低。烧嘴因其所安装的位置不同分为底部烧嘴和侧壁烧嘴。管式裂解炉的烧嘴设置方式可分为三种：一是全部由底部烧嘴供热，二是全部由侧壁烧嘴供热，三是由底部和侧壁烧嘴联合供热。按所用燃料不同，又分为气体燃烧器、液体（油）燃烧器和气油联合燃烧器。

（三）管式裂解炉的炉型

由于裂解炉管构型及布置方式和烧嘴安装位置及燃烧方式的不同，管式裂解炉的炉型有很多种，目前国际上应用较广的管式裂解炉有短停留时间炉、超选择性炉、林德—西拉斯炉、超短停留时间炉。

1. *短停留时间炉* SRT（Short Residence Time）型裂解炉即短停留时间炉，是美国鲁姆斯公司于 1963 年开发、1965 年工业化的，是为了进一步缩短停留时间，改善裂解选择性，提高乙烯的收率。其对不同的裂解原料有较大的灵活性，以后又不断地改进了炉管的炉型及炉子的结构，先后推出了 SRT–I 型 ~ SRT–VI 型裂解炉，其中 SRT– Ⅱ又可分为高选择性（HS）和高生产能力（HC）两种。SRT–I 型由等径管组成；SRT– Ⅱ型和 SRT– Ⅲ型则为前细后粗的变径管，四股平行进料以强化前期加热，缩短停留时间和后期降低烃分压，从而提高选择性，增加乙烯产率。由于三种反应管采用不同的管径及排列方式，其工艺特性差异较大。

SRT 型炉是目前世界上大型乙烯装置中应用最多的炉型。燕山石化公司、扬子石化公司和齐鲁石化公司的乙烯生产装置均采用此种裂解炉。图 5–3 为 SRT–I 型竖管裂解炉示意图。

（1）炉型结构。SRT 裂解炉为单排双辐射立管裂解炉，以从 SRT–I 型发展为近期采用的 SRT–VI 型。SRT 型裂解炉的对流段设置在辐射室上部的一侧，对流段顶部设置烟道和引风机。对流段内设置进料、稀释蒸汽和锅炉给水的预热。从 SRT– Ⅲ型裂解炉开始，对流段还设置高压蒸汽过热，取消了高压蒸汽过热炉。在对流段预热原料和稀释蒸汽过程中，一般采用一次注入的方式将稀释的蒸汽注入裂解原料。当裂解炉需要裂解重质原料时，也采用二次注入稀释蒸汽的方案。

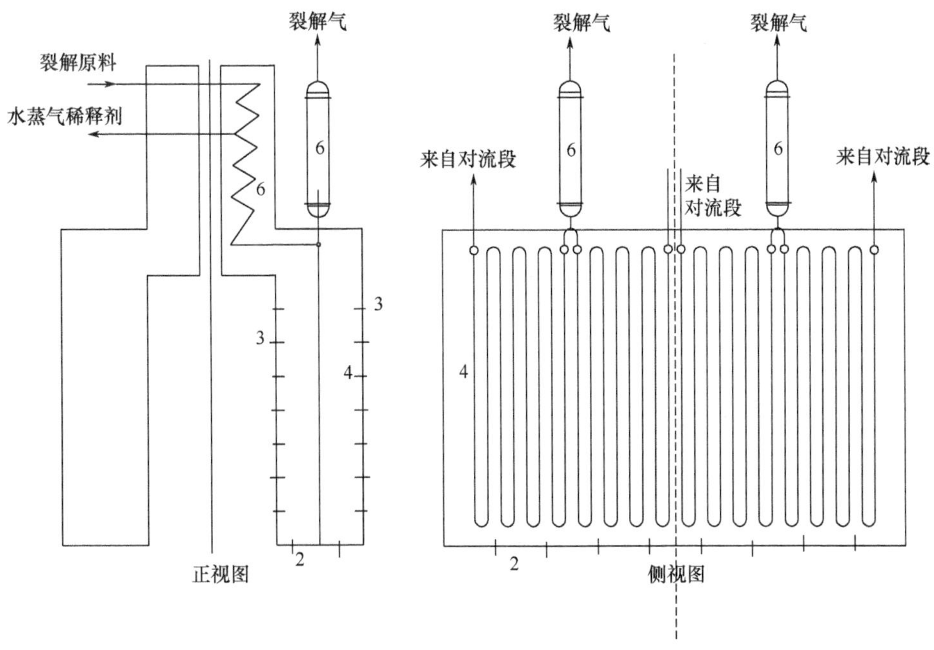

图 5-3　SRT-I 型竖管裂解炉示意图

1—炉体　2—油气联合烧嘴　3—气体无焰烧嘴　4—辐射段炉管　5—对流段炉管　6—急冷锅炉

早期 SRT 型裂解炉多采用侧壁无焰烧嘴，为适应裂解炉烧油的需要，目前多采用侧壁烧嘴和底部烧嘴联合的烧嘴布置方案。通常，底部烧嘴最大供热量可占总热负荷的 70%。

（2）盘管结构。SRT- Ⅰ型炉采用多程等径辐射盘管，从 SRT- Ⅱ型裂解炉开始，SRT 型裂解炉均采用分支变径管辐射盘管，分支变径管是在入口段采用多根并联的小口径炉管，而出口段采用大口径炉管，沿管长流通截面积大体保持不变。由于小管径炉管单位体积的表面积大，相应可以提高入口段单位体积的热强度，并将热量更多地转移到入口段，降低了高温出口段的热负荷，这就使沿管长的热负荷分配更趋合理，沿管长的物料温度和管壁温度趋于平缓。相应可以保证缩短停留时间并提高裂解温度。随着炉型的改进，辐射盘管的程数逐渐减少。SRT 型炉盘管结构见图 5-4。

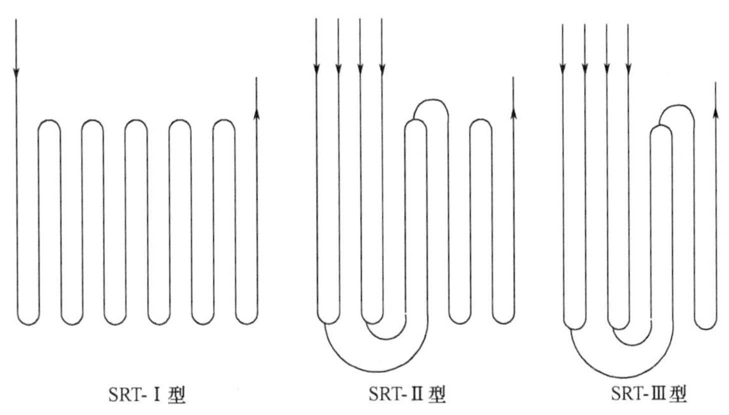

图 5-4　SRT 型炉盘管结构

随着辐射盘管的改进，其裂解工艺性能随之改变，裂解的烯烃收率随之提高，以某全沸程石脑油为例，在不同炉型中裂解，在相同裂解深度下得到的产品收率如表 5-7 所示。

表5-7　不同SRT炉型所得裂解产品收率（质量分数）

裂解产物组分	SRT-Ⅲ	SRT-Ⅴ	SRT-Ⅵ
甲烷/%	18.3	17.4	17.35
乙烷/%	4.8	4.2	4.15
乙烯/%	27.95	30.0	30.3
丙烯/%	14.0	15.1	15.25
C_4组分/%	8.95	9.20	9.23
裂解汽油/%	19.16	17.56	17.29
燃料油/%	4.25	3.63	3.56
裂解气相对分子质量	28.30	28.08	28.02

（3）SRT 裂解炉开停车操作主要步骤：

①开车操作（以单台炉为例）。

a．对炉膛和对流段盘管进行全面检查和清理，确认合格后封闭人孔。

b．按要求加拆盲板。检查确认流程正确，所有的阀门处于正确的开关位置。

c．将各紧急停车开关打至“正常”状态。

d．汽包充水、连锁复位，炉膛置换 15min。

e．燃料气系统准备，裂解炉点火。

f．裂解炉通蒸汽：当炉膛温度升至 180℃时，向裂解炉内各点通入蒸汽。

g．急冷系统调整：当裂解炉出口的温度升到 204℃时，喷急冷水，控制裂解炉出口温度在 204℃。

h．高压蒸汽切入，进行汽包排污，向汽包注入磷酸盐。

i．温度升到指标后，全面检查确认正常，待初馏及压缩岗位运转正常后按要求投油。

②正常停车操作。当裂解炉烧焦完毕后，根据裂解炉降温曲线的要求进行降温。

a．燃料气系统调整：逐渐降低燃料气量，当压力接近报警值时，逐对熄灭两相对的燃料气烧嘴。

b．点火器系统调整：燃料气烧嘴全部熄灭后，逐对熄灭点火器。

c．裂解炉蒸汽量调整：当炉膛温度降至 180℃时，裂解炉停蒸汽。

d．急冷系统调整：当裂解炉出门温度低于 204℃时，停急冷水。

e．蒸汽系统调整：当炉管出口温度低于 540℃时，将高压蒸汽切出系统。

（4）SRT 型裂解炉的优化及改进措施：裂解炉设计开发的根本思想是提高过程选择性和设备的生产能力，根据烃类热裂解的热力学和动力学分析，降低烃分压是提高过程选择性的主要途径。

在众多改进措施中辐射盘管的设计是决定裂解选择性、提高烯烃收率、提高对裂解原料适应性的关键。改进辐射盘管的结构，成为管式裂解炉技术发展中最核心的部分。改进辐射盘管金属材质是适应高温、短停留时间的有效措施之一。20 多年来，相继出现了单排分支变径管、混排分支变径管、不分支变径管、单程等不同结构的辐射盘管。

我国在 20 世纪 90 年代，北京化工研究院、中国石化工程建设公司、兰州化工机械研究院等单位对裂解炉技术进行深入研究和消化吸收，相继开发了多种具有同期世界先进水平的高选择性 GBL 裂解炉，并在辽阳石化、齐鲁石化、吉林石化、抚顺石化、燕山石化、天津乙烯和中原乙烯建成投产了 9GBL-I、GBL- Ⅱ、GBL- Ⅲ和 GBL- Ⅳ型裂解炉，主要技术经济指标与同期国际水平相当。

近年来，中国石化集团公司与 Lummus 公司合作开发了 SL-I 和 SL- Ⅱ型两种大型裂解炉技术，并已投产使用，目前正在合作开发 SL- Ⅲ型裂解炉技术。

2. *超选择性裂解炉*　超选择性裂解炉简称 USC 炉，它是美国斯通－韦伯斯特公司在 20 世纪 70 年代开发的一种炉型，炉子的基本结构与 SRT 炉大体相同，但反应管由多组 W 型变径管组成，每组四根管，前两根材质为 HK-40，后两根为 HP-40，全部离心浇铸和内部机械加工平整，管径由小到大，一般为 50 ~ 83mm，长为 10 ~ 20m。按照生产能力的要求，每台炉可装 16 个、24 个或 32 个管组，裂解产物离开反应管后迅速进入一种专用急冷锅炉（USX），每两组反应管配备一个急冷锅炉。

USC 炉的主要技术特性为：

（1）采用多组小口径管并双面辐射加热，炉管比表面较大，加热均匀且热强度高，从而实现了 0.3s 以下的短停留时间。

（2）采用变径管以降低过程的烃分压。短的停留时间和低的烃分压使裂解反应具有良好的选择性。

USC 炉单台炉子乙烯年生产能力可达 40kt。中国大庆石油化工总厂以及世界上很多石油化工厂都采用它来生产乙烯及其联产品。

3. *林德—西拉斯裂解炉*　林德—西拉斯裂解炉简称 LSCC 炉，是林德公司和西拉斯公司在 20 世纪 70 年代初合作研制而成的一种炉型。炉子的基本结构与 SRT 炉相似。炉膛中央吊装构形特殊的反应管，每组反应管是由 12 根小口径管（前 8 根组成 4 对平列管，后 4 根组成两对平列管）以及 4 根中口径管（由 4 根管组成两对平列管）和一根大口径管组成，管径为 6 ~ 15cm，管总长 45 ~ 60m。裂解产物离开反应管后立即进入急冷锅炉骤冷。

LSCC 炉反应器的特点是原料入口处为小口径管双排双面辐射加热，物料能迅速升温，缩短停留时间，后续的反应管则为单排双面辐射，管径采取逐管增大方式以达到降低烃分压的目的。物料在反应管中的停留时间为 0.2 ~ 0.4s。短停留时间和低烃分压使裂解反应具有较高的选择性，乙烯产率高。

LSCC 裂解炉在工业上得到一定的应用，单台炉的乙烯年产量可达 70kt。

4. *超短停留时间裂解炉*　超短停留时间裂解炉简称 USRT 炉，或称毫秒裂解炉，是美国凯洛格公司和日本出光石油化学公司在 20 世纪 70 年代末共同开发成功的新型管式裂解炉。

炉子由十多根直径约为2.54cm，长约10m的单根直管并联组成。反应管吊在辐射室中央，由底部烧嘴进行双面辐射加热。物料由下部进入，上部离开并迅速进入专用的USX型急冷锅炉，每两根反应管合用一个USX，多个USX合接一个二次急冷锅炉。裂解过程停留时间可低于100ms，从而显著提高了反应的选择性。同传统的管式裂解炉相比，乙烯相对收率约可提高10%，甲烷和燃料油则有所减少。

USRT炉单台炉的乙烯年产量为50k ~ 60kt。此种炉首次应用于日本出光石油化学公司所属千叶化工厂的年产300kt乙烯的生产装置上。中国兰州石油化学公司也将采用这种裂解炉生产乙烯。

除了上述几种主要炉型外，工业上曾得到应用的还有日本三菱倒梯台炉（采用椭圆形裂解反应管）、法国石油研究院（IFP）的梯台炉、美国福斯特—惠勒梯台炉、多区炉等，但这些炉子现已很少为生产厂采用。

二、裂解气急冷

（一）急冷方式

从裂解炉出来的裂解气是富含烯烃的气体和大量的水蒸气，温度为727 ~ 927℃，烯烃反应性很强，若它们在高温下长时间停留，将继续发生二次反应，引起结焦、烯烃收率下降及生成经济价值不高的副产物，因此需要将裂解炉出口高温裂解气尽快冷却，通过急冷以终止其裂解反应。当裂解气温度降至650℃以下时，裂解反应基本终止。

急冷的方法有两种：一种是直接急冷，另一种是间接急冷。

1. 直接急冷　用急冷剂与裂解气直接接触，急冷剂用油或水。急冷下来的油水密度相差不大，分离困难，污水量大，不能回收高品位的热量。

2. 间接急冷　裂解炉出来的高温裂解气温度在800 ~ 900℃，在急冷的降温过程中要释放大量热，是一个可以利用的热源，为此可用换热器进行间接急冷，回收这部分热量发生蒸汽，以提高裂解炉的热效率，降低产品成本。用于此目的的换热器称为急冷换热器。急冷换热器与汽包所构成的发生蒸汽的系统称为急冷锅炉。也有将急冷换热器称为急冷锅炉或废热锅炉的。采用间接急冷的目的是回收高品位的热量，产生高压水蒸气作动力能源以驱动裂解气、乙烯、丙烯的压缩机、汽轮机发电及高压水泵等机械，同时终止二次反应。

直接急冷设备价格低，操作简单，系统阻力小，由于是冷却介质直接与裂解气接触，传热效果较好。但形成大量含油污水，油水分离困难，且难以利用回收的热量。而间接急冷对能量利用合理，可回收裂解气被急冷时所释放的热量，经济性较好，且无污水产生，故工业上多用间接急冷。

生产中一般都先采用间接急冷，即裂解产物先进急冷换热器，取走热量，然后再用直接急冷，即油洗和水洗来降温。

裂解原料不同，采用急冷方式也有所不同。如裂解原料为气体，则适合方式为“水急冷”，而裂解原料为液体时，适合的急冷方式为“先油后水”。

（二）急冷设备

间接急冷的关键设备是急冷换热器（常以TLE或TLX表示）。急冷换热器与汽包所构成的水蒸气发生系统构称为急冷废热锅炉。急冷废热锅炉的配置合理与否，直接影响到裂解技术性能的先进性、经济性和可靠性。比如，裂解反应的停留时间、烃分压、目的产品（烯烃）收率、炉子运行周期、蒸汽发生量、系统的压力降分配、温度分配以及炉子的操作控制及结构设计无不与 TLE 的配量有着密切的关系。

一般急冷换热器管内走高温裂解气，裂解气的压力低于 0.1MPa，温度高达 800 ~ 900℃，进入急冷换热器后要在极短的时间内（一般在 0.1s 以下）下降到 350 ~ 600℃，传热强度约达 418.7MJ/（m^2·h）。管外走高压热水，压力为 11 ~ 12MPa，在此产生高压水蒸气，出口温度为 320 ~ 326℃。因此急冷换热器具有热强度高、操作条件极为苛刻、管内外必须同时承受较高的温度差和压力差的特点。同时在运行过程中还有结焦问题，所以生产中使用的不同类型急冷锅炉都是考虑这些特点来研究和开发的，而与普通的换热器不同。

裂解气经过急冷换热器后，进入油洗和水洗。油洗的作用一是将裂解气继续冷却，并回收其热量；二是使裂解气中的重质油和轻质油冷凝洗涤下来回收，然后送去水洗。水洗的作用一是将裂解气继续降温到 40℃左右；二是将裂解气中所含的稀释蒸汽冷凝下来，并将油洗时没有冷凝下来的一部分轻质油也冷凝下来，同时也可回收部分热量。

以往采用美国 Lummus 技术的国内乙烯装置，大多配置 SHG 公司传统的双套管施密特式 TLE。20 世纪 90 年代中期 Lummus 公司与 SHG 公司推出"浴缸"式和"快速淬冷"式 TLE，首先被用于欧美乙烯装置，直到最近两年，在中国石化集团公司与 Lummus 公司合作开发并在国内几家乙烯改扩建项目中使用的 10×10^4t/a 乙烯大型裂解炉装置上开始应用这两项 TLE 新技术。

由 Lummus 与 SHG 合作开发的"快速淬冷"式 TLE 已被用于短停留时间（停留时间在 200ms 以下）、中等处理能力炉管的裂解炉。该设计被特别用于 Lummus 最新型裂解炉 SRT- Ⅵ型炉，同时，它也适用于其他炉管结构。新型 TLE 结合了传统 TLE 高比表面积和迅速冷却功能，即在传统 TLE 中具有低的进口停留时间和在线性 TLE 中可以消除返混的功能。新型 TLE 的设计如图 5-5 所示，为讨论方便，可以将设备分为三个部分：第一部分：进口部分，包括用空气动力学原理特别设计的可以有效分配和分布气体进入冷却管的通道；第二部分：主冷却部分，利用在传统 TLC 和近年来在线性单元 TLE 中已经使用多年的双套管 / 椭圆连接管冷却系统；第三部分：出口部分，TLE 的出口封头形式和与传统 TLE 功能相同的气体收集部分然后输送到下游。

三、裂解炉和急冷锅炉的结焦与清焦

（一）裂解炉和急冷锅炉的结焦

在裂解和急冷过程中不可避免地会发生二次反应，最终导致结焦，积附在裂解炉管内壁上和急冷锅炉换热管的内壁上。

随着裂解炉运行时间的延长，焦的积累量不断地增加，有时结成坚硬的环状焦层，使炉管内径变小，使进料阻力增大，压力增加；另外由于焦层导热系数比合金钢低，有焦层的地方局部热阻大，导致反应管外壁温度升高，一是增加了燃料消耗，二是影响反应管的寿命，

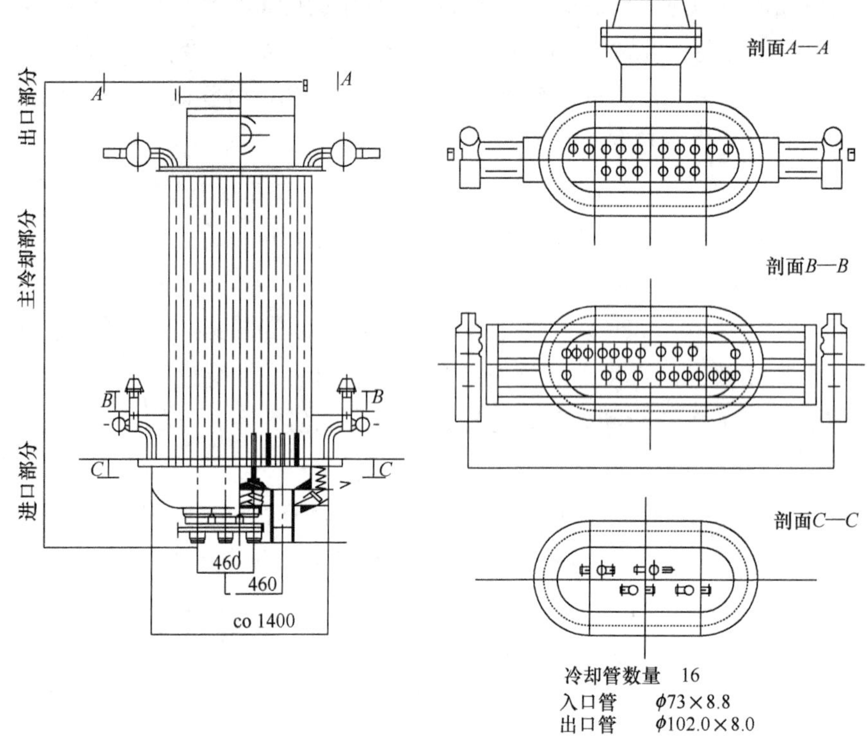

图 5-5 快速淬冷式 TLE

同时破坏了裂解的最佳工况，故在炉管结焦到一定程度时即应及时清焦。

为减少裂解炉结焦，国内外采用的结焦抑制技术主要有以下几种：

1. *采用结焦抑制剂* 在裂解原料或稀释蒸汽中加入防焦添加剂，主要是含硫的化合物，以钝化炉管表面，减少自由基结焦的有效表面积，在炉管表面形成氧化层，延长炉管结焦周期。

2. *炉管表面涂层* 国外许多公司在辐射段炉管的内表面喷涂特定的涂层来抑制和减少结焦，延长运转周期，并取得了显著的效果。

3. *新型炉管材料* Stone&Webster 公司和 Linde 公司正在开发一种防结焦的“陶瓷裂解炉管”，可以从根本上避免炉管结焦。

当急冷锅炉出现结焦时，除阻力较大外，还会引起急冷锅炉出口裂解气温度上升，以致减少副产物高压蒸汽的回收，并加大急冷油系统的负荷。

减少急冷换热器结焦的措施有两种：控制裂解气在急冷换热器中的停留时间和控制裂解气冷却温度不低于其露点。

（二）裂解炉和急冷锅炉的清焦

当出现下列任一种情况时，应进行清焦：

（1）裂解炉管管壁温度超过设计规定位。

（2）裂解炉辐射段入口压力增加值超过设计值。

（3）废热锅炉出口温度超过设计允许值，或废热锅炉进出口压差超过设计允许值。

清焦方法行停炉清焦和不停炉清焦法（也称在线清焦法）。

停炉清焦法是将进料及出口裂解气切断（离线）后，将裂解炉和急冷锅炉停车拆开，分别进行除焦，用惰性气体和水蒸气清扫管线，逐渐降低炉温，然后通入空气和水蒸气清焦。其化学反应为：

$$C+O_2 \longrightarrow CO_2$$

$$C+H_2O \longrightarrow CO+H_2$$

$$CO+H_2O \longrightarrow CO_2+H_2$$

由于氧化（燃烧）反应为强放热反应，故需加入水蒸气以稀释空气中氧的浓度，以减慢燃烧速度。烧焦期间，应不断检查出口尾气的二氧化碳含量，当二氧化碳浓度降至0.2%以下时，可以认为在此温度下烧焦结束。在烧焦过程中裂解管出口温度必须严格控制，不能超过750℃，以免烧坏炉管。停炉清焦需3～4天时间，这样会减少全年的运转天数，设备生产能力不能充分发挥。

不停炉清焦是一种改进方法，有交替裂解法、水蒸气法、氢气清焦法等。交替裂解法是使用重质原料（如轻柴油等）裂解一段时间后有较多的焦生成，需要清焦时切换轻质原料（如乙烷）去裂解，并加入大量的水蒸气，这样可以起到裂解和清焦的作用。当压降减少后（焦已大部分被清除），再切换为原来的裂解原料。水蒸气、氢气清焦是定期将原料切换成水蒸气、氢气，方法同上，也能达到不停炉清焦的目的。对整个裂解炉系统，可以将炉管组轮流进行清焦操作。不停炉清焦时间一般在24h之内，这样裂解炉运转周期将大大增加。

在裂解炉进行清焦操作时，废热锅炉均在一定程度上可以清理部分焦垢，但管内焦炭不能完全用燃烧方法清除，所以一般需要在裂解炉1～2次清焦周期内对废热锅炉进行水力清焦或机械清焦。

四、裂解工艺流程

裂解工艺流程包括原料供给和预热系统、裂解和高压水蒸气系统、急冷油和燃料油系统、急冷水和稀释水蒸气系统。图5–6所示是轻柴油裂解工艺流程。

（一）原料油供给和预热系统

原料油从储罐1经换热器3和4与过热的急冷水和急冷油热交换后进入裂解炉的预热段。原料油供给必须保持连续、稳定，否则将影响裂解操作的稳定性，甚至有损毁炉管的危险。因此原料油泵须有备用泵及自动切换装置。

（二）裂解和高压蒸汽系统

预热过的原料油经对流段初步预热后与稀释蒸汽混合，再进入裂解炉第二预热段预热到一定温度，然后进入裂解炉5的辐射段进行裂解。炉管出口的高温裂解气迅速进入急冷换热器6中，使裂解反应很快终止。

急冷换热器的给水先在对流段预热并局部汽化后送入高压汽包7，靠自然对流流入急冷换热器6中，产生11MPa的高压水蒸气，从汽包送出的高压水蒸气进入裂解炉预热段过热，

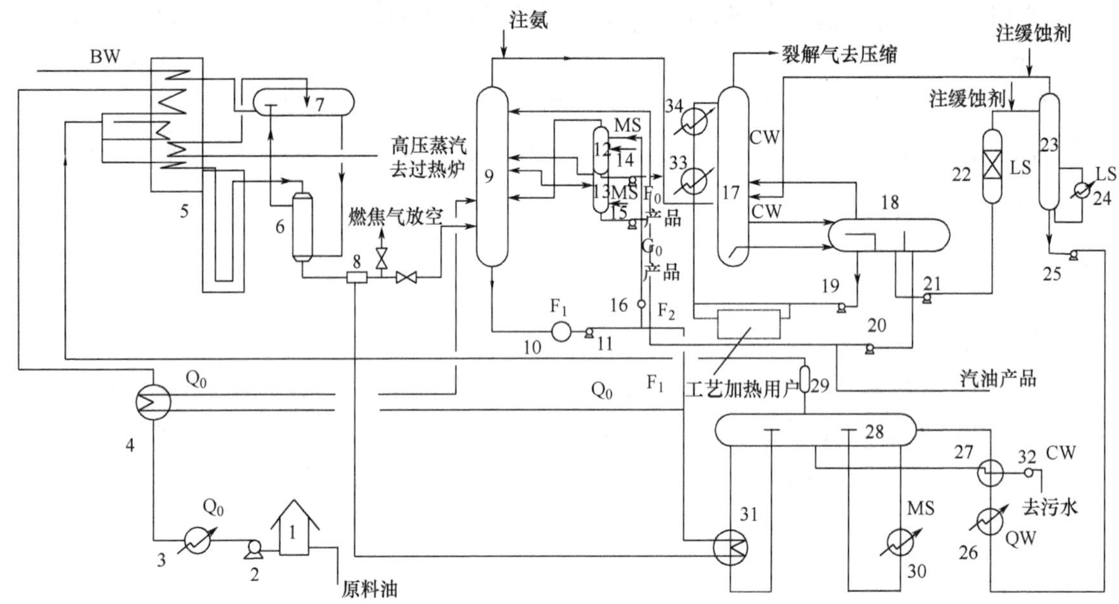

图 5-6 轻柴油裂解工艺流程

1—原料油储罐 2—原料油泵 3，4—原料油预热器 5—裂解炉 6—急冷换热器 7—汽包 8—急冷器 9—油洗塔 10—急冷油过滤器 11—急冷油循环泵 12—燃料油汽提塔 13—裂解轻柴油汽提塔 14—燃料油输送泵 15—裂解轻柴油输送泵 16—燃料油过滤器 17—水洗塔 18—油水分离器 19—急冷水循环泵 20—汽油回流泵 21—工艺水泵 22—工艺水过滤器 23—工艺水汽提塔 24—再沸器 25—稀释蒸汽发生器给水泵 26，27—预热器 28—稀释蒸汽发生器汽包 29—分离器 30—中压蒸汽加热器 31—急冷换热器 32—排污水冷却器 33，34—急冷水冷却器 QW—急冷水 CW—冷却水 MS—中压水蒸气 LS—低压水蒸气 Q_0—急冷油 BW—锅炉给水 G_0—轻柴油 F_0—燃料油

过热至470℃后供压缩机的蒸汽透平使用。

（三）急冷油和燃料油系统

从急冷换热器6出来的裂解气再去油急冷器8中用急冷油直接喷淋冷却，然后与急冷油一起进入油洗塔9，塔顶出来的气体为氢、气态烃和裂解汽油以及稀释水蒸气和酸性气体。

裂解轻柴油从油洗塔9的侧线采出，经汽提塔13汽提其中的轻组分后，作为裂解轻柴油产品。裂解轻柴油含有大量的烷基萘，是制萘的好原料，常称为制萘馏分。塔釜采出重质燃料油。自油洗塔塔釜采出的重质燃料油，一部分经汽提塔12汽提出其中的轻组分后，作为重质燃料油产品送出，大部分则作为循环急冷油使用。循环急冷油分两股进行冷却，一股用来预热原料轻柴油之后，返回油洗塔作为塔的中段回流；另一股用来发生低压稀释蒸汽，急冷油本身被冷却后循环送至急冷器作为急冷介质，对裂解气进行冷却。

急冷油系统常会出现结焦堵塞而危及装置的稳定运转，结焦产生原因有两个：一是急冷油与裂解气接触后超过300℃时性质不稳定，会逐步缩聚成易于结焦的聚合物；二是不可避免地由裂解管、急冷换热器带来的焦粒。因此在急冷油系统内设置6mm滤网的过滤器10，并在急冷器油喷嘴前设较大孔径的滤网和燃料油过滤器16。

（四）急冷水和稀释水蒸气系统

裂解气在油洗塔9中脱除重质燃料油和裂解轻柴油后，由塔顶采出进入水洗塔17，此塔的塔顶和中段用急冷水喷淋，使裂解气冷却，其中一部分的稀释水蒸气和裂解汽油就冷凝下来。冷凝下来的油水混合物由塔釜引至油水分离器 18，分离出的水一部分供工艺加热用，冷却后的水再经急冷水换热器 33 和 34 冷却后，分别作为水洗塔 17 的塔顶和中段回流，此部分的水称为急冷循环水；另一部分相当于稀释水蒸气的水量，由工艺水泵 21 经过滤器 22 送入汽提塔 23，将工艺水中的轻烃汽提回水洗塔 17，保证塔釜中含油少于 100μg/g。此工艺水由稀释水蒸气发生器给水泵 25 送入稀释水蒸气发生器汽包 28，再分别由中压水蒸气加热器 30 和急冷油换热器 31 加热汽化产生稀释水蒸气，经气液分离器 29 分离后再送入裂解炉。这种稀释水蒸气循环使用系统，节约了新鲜的锅炉给水，也减少了污水的排放量。

油水分离器 18 分离出的汽油，一部分由泵 20 送至油洗塔 9 作为塔顶回流而循环使用，另一部分从裂解气中分离出的裂解汽油作为产品送出。

经脱除绝大部分水蒸气和裂解汽油的裂解气，温度约为 40℃，送至裂解气压缩系统。

（五）裂解中不正常现象产生的原因与处理方法

在烃类热裂解实际操作中常出现许多异常现象，需要对其产生原因加以分析并及时处理，现归纳总结如表 5-8 所示。

表5-8　裂解中不正常现象产生的原因及处理方法

异常现象	产生原因	处理方法
裂解气出口温度升高	（1）指示仪表失灵	（1）检查仪表指标是否正确
	（2）燃料油量太高	（2）调节燃料油量
炉管局部超温	管内壁结焦	清焦
汽油精馏塔塔釜温度升高	急冷油循环泵及附属过滤器堵塞	检查急冷器循环泵及附属过滤器是否堵塞
	急冷器的循环量不足	检查调节阀是否开足，启动备用泵
工艺水解吸塔塔釜温度偏低	仪表失灵或误动作	检查仪表
	工艺水解吸塔进水泵发生故障	检查进水泵，必要时启动备用泵
	釜温高	调节再沸器及中间回流量，降低釜温
急冷废热锅炉液面波动	指示仪表失灵	检查仪表是否正常，必要时切断遥控，改用现场手动控制
	锅炉给水不正常	检查锅炉给水系统

【任务四】认识裂解气酸性气体脱除工艺流程

1. 能力目标

能够运用所学知识分析裂解气酸性气体脱除工艺流程；能够认识裂解气酸性气体脱除工艺要点。

2. 知识目标

掌握裂解气酸性气体的来源与危害；掌握裂解气酸性气体的脱除原理；掌握裂解气的压

缩和制冷方法；了解裂解气脱水、脱炔原理和方法；了解乙烯工业发展趋势。

3. 教、学、做说明

学生通过图书馆和网络资源的查找，并结合本任务的【相关知识】，分组讨论分析石油裂解气酸性气体脱除工艺流程，然后由教师引领，组别代表发言，并在教师指导下解读两段碱洗工艺流程和乙醇胺脱酸性气体工艺流程。

4. 工作准备

布置工作任务：解读两段碱洗工艺流程和乙醇胺脱酸性气体工艺流程；学生分组：按照班级人数分组，并指派组长；资料查阅：学生可通过图书馆或互联网等途径查阅相关资料。

5. 工作过程

小组讨论；组长指派代表发言；教师引领，解读两段碱洗工艺流程和乙醇胺脱酸性气体工艺流程。

【相关知识】

裂解气中含有H_2S、CO、H_2O、C_2H_2、CO等气体杂质，来源主要有三个方面：一是原料中带来，二是裂解反应过程中产生，三是裂解气处理过程中引入。裂解气中的杂质含量见表5-9。

表5-9 管式裂解炉裂解气中杂质的含量

杂质	质量分数	杂质	质量分数
CO_2+H_2S	0.02%～0.04%	C_2H_2	0.2%～0.5%
H_2O	0.04%～0.07%	C_3H_6	0.01%～0.15%

这些杂质含量虽然不多，但对深冷分离过程是有害的，而且这些杂质不脱除，进入乙烯、丙烯产品，使产品达不到规定的标准。尤其是生产聚合级的乙烯、丙烯，其杂质含量的控制非常严格，为了达到产品所要求的规格，必须脱除杂质，对裂解气进行净化。

此外，裂解气分离过程中需加压、降温，所以必须进行压缩与制冷来保证生产的要求。

一、酸性气体的脱除

裂解气中的酸性气体主要是指CO_2、H_2S和其他气态硫化物。此外尚含有少量有机硫化物，如氧硫化碳（COS）、二硫化碳（CS_2）、硫醚（RSR′）、硫醇（RSH）、噻吩等，也可以在脱酸性气体操作过程中除去。

（一）酸性气体的来源

裂解气中的酸性气体，主要由裂解原料引入和高温裂解反应生成。例如：

$$RSH+H_2 \longrightarrow RH+H_2S$$

$$CS_2+2H_2O \longrightarrow CO_2+2H_2S$$

$$COS+H_2O \longrightarrow CO_2+H_2S$$

$$C+2H_2O \longrightarrow CO_2+2H_2$$

$$CH_4+2H_2O \longrightarrow CO_2+4H_2$$

（二）酸性气体的危害

这些酸性气体含量过多时，会给分离过程带来危害：H_2S 能腐蚀设备管道，使干燥用的分子筛寿命缩短，还能使加氢脱炔用的催化剂中毒；CO_2 在深冷操作中会结成干冰，堵塞设备和管道，影响正常生产。对于下游加工装置而言，酸性气体杂质对乙烯或丙烯的进一步利用也有危害。例如生产低压聚乙烯时，二氧化碳和硫化物会破坏聚合催化剂的活性；生产高压聚乙烯时，二氧化碳在循环乙烯中积累，降低乙烯的有效压力，从而影响聚合速度和聚乙烯的相对分子质量。所以必须将这些酸性气体脱除。

（三）酸性气体脱除的方法

工业生产中，一般采用吸收法脱除酸性气体，即在吸收塔内让吸收剂和裂解气进行逆流接触，裂解气中的酸性气体则有选择性地进入吸收剂中或与吸收剂发生化学反应。工业生产中常采用的吸收剂有 NaOH 或乙醇胺法，用 NaOH 脱酸性气体的方法称为碱洗法，用乙醇胺脱酸性气体的方法称为乙醇胺法。两种方法具体情况比较如表 5-10 所示。

表5-10 碱洗法与乙醇胺法脱除酸性气体的比较

方法	碱洗法	乙醇胺法
吸收剂	氢氧化钠（NaOH）	乙醇胺（$HOCH_2CH_2NH_2$）
原理	$CO_2+2NaOH \longrightarrow Na_2CO_3+H_2O$	$2HOCH_2CH_2NH_2+H_2S \rightleftharpoons (HOCH_2CH_2NH_3)_2S$
	$H_2S+2NaOH \longrightarrow Na_2S+2H_2O$	$2HOCH_2CH_2NH_2+CO_2+H_2O \rightleftharpoons (HOCH_2CH_2NH_3)_2CO_3$
优点	对酸性气体吸收彻底	吸收剂可再生循环使用，吸收液消耗少
缺点	碱液不能回收，消耗量较大	（1）乙醇胺法吸收不如碱洗法彻底
		（2）乙醇胺法对设备材质要求高，投资相应增大（乙醇胺水溶液呈碱性，但当有酸性气体存在时，溶液pH急剧下降，从而对碳钢设备产生腐蚀）
		（3）乙醇胺溶液可吸收丁二烯和其他双烯烃（吸收双烯烃的吸收剂在高温下再生成时易生成聚合物，由此既造成系统结垢，又损失了丁二烯）
适用情况	裂解气中酸性气体含量少时	裂解气中酸性气体含量多时

（四）酸性气体脱除工艺流程

1. 碱洗法工艺流程　碱洗可以采用一段碱洗，也可以采用多段碱洗。为了提高碱液利用率，目前乙烯装置大多采用多段（两段或三段）碱洗。

图 5-7 为两段碱洗。裂解气压缩机三段出口的裂解气经冷却并分离凝液后，再由 37℃预热至 42℃，进入碱洗塔，该塔分三段，Ⅰ段为水洗段（泡罩塔板），Ⅱ段和Ⅲ段为碱洗段（填料层）。裂解气经两段碱洗后，再经水洗段水洗进入压缩机四段吸入罐。补充新鲜碱液含量为 18% ~ 20%，保证Ⅱ段循环碱液 NaOH 含量为 5% ~ 7%；部分Ⅱ段循环碱液补充到Ⅲ段

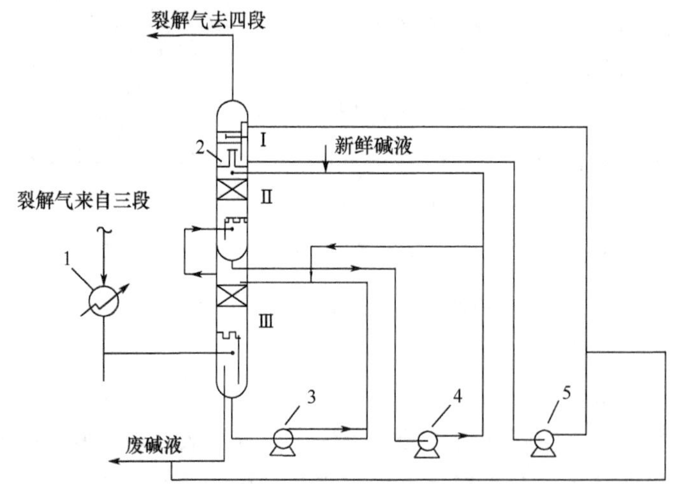

图 5-7　两段碱洗工艺流程

1—加热器　2—碱洗塔　3，4—碱液循环泵　5—水洗循环泵

循环碱液中，以平衡塔釜排出的废碱。Ⅲ段循环碱液 NaOH 含量为 2% ~ 3%。

2. 乙醇胺法工艺流程　用乙醇胺做吸收剂除去裂解气中的 CO_2 和 H_2S，是一种物理吸收和化学吸收相结合的方法，所用的吸收剂主要是单乙醇胺（MEA）和二乙醇胺（DEA）。

图 5-8 是 Lummus 公司采用的乙醇胺法脱酸性气的工艺流程。乙醇胺加热至 45℃后送入吸收塔的塔顶部，裂解气中的酸性气体大部分被乙醇胺溶液吸收后，送入碱洗塔进一步净

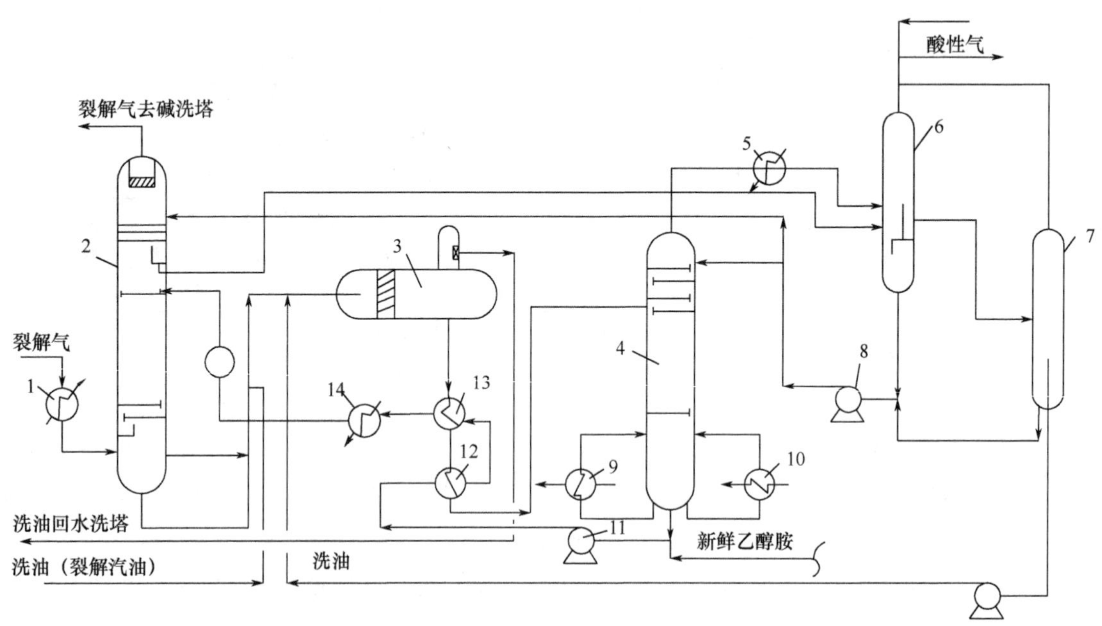

图 5-8　乙醇胺脱酸性气体工艺流程

1—加热器　2—吸收塔　3—汽油—胺分离器　4—汽提塔　5—冷却器　6，7—分离器　8—回流泵　9，10—再沸器　11—胺液泵　12，13—换热器　14—冷却器

化。吸收了 CO_2 和 H_2S 的富液由吸收塔釜采出，在富液中注入少量洗油（裂解汽油）以溶解富液中重质烃及聚合物。富液和洗油经分离器分离洗油后，送到汽提塔进行解吸。汽提塔中解吸出的酸性气体经塔顶冷却并回收冷凝液后放空。解吸后的贫液再返回吸收塔进行吸收。

二、脱水

（一）裂解气中水分的来源

由于裂解原料在裂解时加入一定量的稀释蒸汽，所得裂解气经急冷水洗和脱酸性气体的碱洗等处理，裂解气中不可避免地带一定量的水（400 ~ 700 μg/g）。

（二）水分的危害

在低温分离时，水会凝结成冰。另外在一定压力和温度下，水还能与烃类生成白色的晶体水合物，水合物在高压低温下是稳定的。

冰和水合物结在管壁上，轻则增大功力消耗，重则使管道堵塞，影响正常生产。

（三）脱水的方法

工业上对裂解气进行深度干燥的方法有很多，主要采用固体吸附方法。吸附剂有硅胶、活性氧化铝、分子筛等。目前广泛采用的效果较好的是分子筛吸附剂。

三、脱炔

（一）炔烃的来源

在裂解反应中，由于烯烃进一步脱氢反应，使裂解气中含有一定量的乙炔，还有少量的丙炔、丙二烯。裂解气中炔烃的含量与裂解原料和裂解条件有关，对一定裂解原料而言，炔烃的含量随裂解深度的提高而增加。在相同裂解深度下，高温短停留时间的操作条件将生成更多的炔烃。

（二）炔烃的危害

少量乙炔、丙炔和丙二烯的存在严重影响乙烯、丙烯的质量。乙炔的存在还将影响合成性催化剂的寿命，恶化乙烯聚合物性能，若积累过多还具有爆炸的危险。丙炔和丙二烯的存在将影响丙烯聚合反应的顺利进行。

（三）脱除的方法

在裂解气分离过程中，裂解气中的乙炔将富集于 C_2 馏分，丙炔和丙二烯将富集于 C_3 馏分。乙炔的脱除方法主要有溶剂吸收法和催化加氢法，溶剂吸收法是采用特定的溶剂选择性地将裂解气，少量的乙炔或丙炔和丙二烯吸收到溶剂中，达到净化的目的，同时也相应地回收一定量的乙炔。催化加氢法是将裂解气中的乙炔加氢成为乙烯，两种方法各有优缺点。一般在不需要回收乙炔时，都采用催化加氢法脱除乙炔。丙炔和丙二烯的脱除方法主要是催化加氢法，此外一些装置也曾采用精馏法脱除丙烯产品中的炔烃。

1. 催化加氢除炔的反应原理　选择性催化加氢法，是在催化剂存在下，炔烃加氢转化成烯烃。它的优点是：不会给裂解气和烯烃馏分带入任何新杂质，工艺操作简单，又能将有害的炔烃变成产品烯烃。

（1）C_2 馏分加氢可能发生的反应如下。

主反应：

$$CH\equiv CH+H_2 \longrightarrow CH_2=CH_2$$

副反应：

$$CH\equiv CH+2H_2 \longrightarrow CH_3-CH_3$$

$$CH_2=CH_2+2H_2 \longrightarrow CH_3-CH_3$$

乙炔也可能聚合生成二聚、三聚等俗称绿油的物质。

（2）C_3 馏分加氢可能发生的反应如下。

主反应：

$$CH\equiv C-CH_3+H_2 \longrightarrow CH_2=CH-CH_3$$

$$CH_2=C=CH_2+H_2 \longrightarrow CH_2=CH-CH_3$$

副反应：

$$CH_2=CH-CH_3+H_2 \longrightarrow CH_3-CH_2-CH_3$$

$$nC_5H_4 \longrightarrow (C_5H_4)_n \text{（低聚物）}$$

$$C_4H_6 \longrightarrow \text{高聚物}$$

生产中希望主反应发生，这样既脱除炔烃，又增加烯烃的收率；希望不发生或少发生副反应，因为副反应虽除去了炔烃，但乙烯或丙烯却受到损失，远不及主反应那样对生产有利。要实现这样的目的，最关键的是催化剂的选择，工业上脱炔用钯系催化剂较多，它是一种加氢选择性很强的催化剂，其加氢反应难易顺序为：丁二烯＞乙炔＞丙炔＞丙烯＞乙烯。

2. *前加氢与后加氢*　用催化加氢法脱除裂解气中的炔烃有前加氢和后加氢两种不同的工艺技术。在脱甲烷塔之前进行加氢脱炔称为前加氯，即氢气和甲烷尚没有分离之前进行加氢除炔，前加氢因氢气未分出就进行加氢，加氢用氢气是由裂解气中带入的，不需外加氢气，因此，前加氢又叫自给加氢；在脱甲烷塔之后进行加氢脱炔称为后加氢，即裂解气中所含氢气、甲烷等轻质馏分分出后，再对分离所得到的 C_2 馏分和 C_3 馏分分别进行加氢的过程，后加氢所需氢气由外部供给。

前加氢由于氢气自给，故流程简单，能量消耗低，但前加氢也有以下不足之处：

（1）加氢过程中，乙炔浓度很低，氢分压较高，因此，加氢选择性较差，乙烯损失量多。同时副反应的剧烈发生，不仅造成乙烯、丙烯加氢遭受损失，而且可能导致反应温度的失控，乃至出现催化剂床层飞温。

（2）当原料中乙炔、丙炔、丙二烯共存时，当乙炔脱除到合格指标时，丙炔、丙二烯却达不到要求的脱除指标。

（3）在顺序分离流程中，裂解气的所有组分均进入加氢除炔反应器，丁二烯未分出，导致丁二烯损失量较高，此外裂解气中较重组分的存在，对加氯催化剂性能有较大的影响，使催化剂寿命缩短。

后加氢是对裂解气分离得到的 C_2 馏分和 C_3 馏分，分别进行催化选择加氢，将 C_2 馏分中的乙炔，C_3 馏分中的丙炔和丙二烯脱除，其优点如下：

（1）因为是在脱甲烷塔之后进行，氢气已分出，加氢所用氢气按比例加入，加氢选择性高，乙烯几乎没有损失。

（2）加氢产品质量稳定，加氢原料中所含乙炔、丙炔和丙二烯的脱除均能达到指标要求。

（3）加氢原料气体中杂质少，催化剂使用周期长，产品纯度也高。

但后加氢属外加氢操作，通入的本装置所产氢气中常含有甲烷。为了保证乙烯的纯度，加氢后还需要将氢气带入的甲烷和剩余的氢脱除，因此，需设第二脱甲烷塔，导致流程复杂，设备费用高。前加氢与后加氢的总体情况见表 5–11。

表5–11　前加氢与后加氢技术的比较

项目	前加氢	后加氢
工艺流程	比较简单	比较复杂（多第二脱甲烷塔）
反应器体积	较大	较小
能量消耗	较少	较多
操作难易	操作较易	操作较难
催化剂用量	较多，但不需经常再生	较少，但需经常再生
乙烯损失量	较多	较少

所以前加氢与后加氢各有其优缺点，目前更多厂家采用后加氢方案，但前脱乙烷和前脱丙烷分离流程搭配前加氢脱炔工艺技术，经济指标也较好。

3. *后加氢工艺流程*　目前工业中脱乙炔过程仍以采用后加氢为主，使用钯系催化剂。

进料中乙炔的含量高于 0.7%，一般采用多段绝热床或等温反应器。图 5–9 为 Lummus 公司采用的双段绝热床加氢的工艺流程。如图 5–9 所示，脱乙烷塔塔顶回流罐中未冷凝 C_2 馏分经预热并配注氨之后进入第一段加氢反应器，反应后的气体经段间冷却后进入第二段加氢反

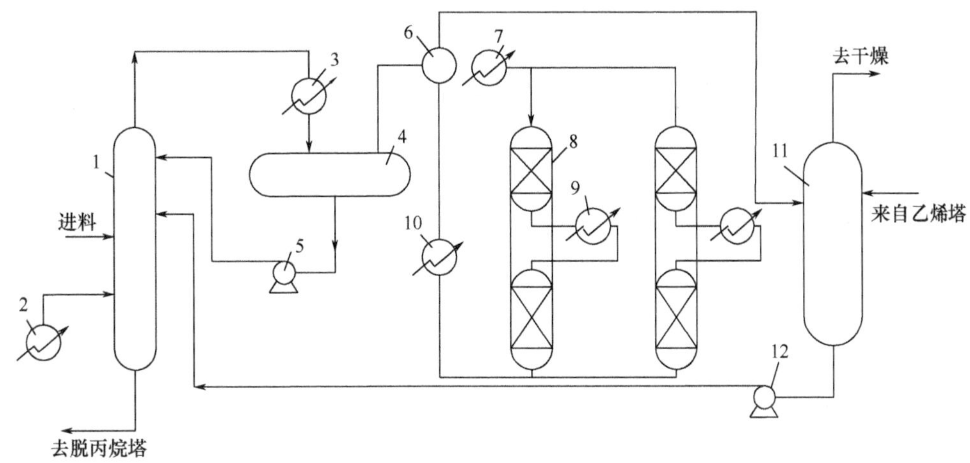

图 5–9　双段绝热床加氢工艺流程

1—脱乙烷塔　2—再沸器　3—冷凝器　4—回流罐　5—回流泵　6—换热器　7—加热器　8—加氢反应器
9—段间冷却器　10—冷却器　11—滤油吸收塔　12—滤油泵

应路。反应后的气体经冷却后送入绿油塔。在此用乙烯塔抽出的 C_2 馏分吸收绿油。脱除绿油后的 C_2 馏分经干燥后送入乙烯精馏塔。

两段绝热反应器设计时，通常使运转初期在第一段转化乙炔 80%，其余 20% 在第二段转化。而在运转后期，随着第一段加氢反应器内催化剂活性的降低，逐步过渡到第一段转化 20%，第二段转化 80%。

四、裂解气的压缩和制冷

（一）裂解气的压缩

在保冷分离装置中用低温精馏方法分离裂解气时，温度最低的部位是在甲烷和氢气的分离段，而且所需的温度随操作压力的降低而降低。例如，脱甲烷塔操作压力为 3.0MPa 时，为分离甲烷所需塔顶温度为 –100 ~ –90℃；当脱甲烷塔压力为 0.5MPa 时，为分离甲烷所需塔顶温度则需下降到 –140 ~ –130℃。而为获得一定纯度的氢气，则所需温度更低。不仅需要大量的冷量，而且要用很多耐低温钢材制造的设备，这无疑增大了投资和能耗，在经济上不够合理。所以生产中根据物质的冷凝温度随压力增加而升高的规律，可对裂解气加压，从而使各组分的冷凝点升高，即提高深冷分离的操作温度，这既有利于分离，又可节约冷冻量和低温材料。不同压力下某些组分的沸点如表 5–12 所示。从表中可以看出，乙烯在常压下沸点是 –140℃，即乙烯气体需冷却到 –140℃才能冷凝为液体，但当加压到 10.13×10^5Pa 时，只需冷却到 –55℃即可。

表5–12　不同压力下某些组分的沸点　　单位：℃

组分	压力（MPa）					
	0.1103	1.013	1.519	2.026	2.523	3.039
H_2	–263	–244	–239	–238	–237	–235
CH_4	–162	–129	–114	–107	–101	–95
C_2H_4	–104	–55	–39	–29	–20	–13
C_2H_6	–86	–33	–18	–7	3	11
C_3H_6	–47.7	9	29	37	44	47

对裂解气压缩冷却，能除掉相当量的水分和重质烃，以减少后续干燥及低温分离的负担。提高裂解气压力还有利于裂解气的干燥过程，提高干燥过程的操作压力，可以提高干燥剂的吸湿量，减小干燥器直径和干燥剂用量，提高干燥度。所以裂解气的分离首先需进行压缩。

裂解气经压缩后，不仅会使压力升高，而且气体温度也会升高，为避免压缩过程温升过快造成裂解气小双烯烃尤其是丁二烯之类的二烯烃在较高的温度下发生大量的聚合，以致形成聚合物堵塞叶轮流道和密封件，裂解气压缩后的气体温度必须要限制，压缩机出口温度一般不能超 100℃，在生产上主要是通过裂解气的多段压缩和段间冷却相结合的方法来实现。

裂解气段间冷却通常采用水冷，相应各段入口温度一般为 38 ~ 40℃。采用多段压缩可以节省压缩做功的能量，效率也可提高，根据深冷分离法对裂解气的压力要求及裂解气压缩过程中的特点，目前工业上对裂解气大多采用三段至五段压缩。

同时，压缩机采用多段压缩可减小压缩比，也便于在压缩段之间进行净化与分离，例如脱酸性气体、干燥和脱重组分可以安排在段间进行。

（二）裂解气的制冷

深冷分离裂解气需要把温度降到 -100℃以下。为此，需向裂解气提供低于环境温度的冷剂。获得冷量的过程称为制冷。深冷分离中常用的制冷方法有两种：冷冻循环制冷和节流膨胀制冷。

1. 冷冻循环制冷　冷冻循环制冷的原理是利用制冷剂自液态汽化时，要从物料或中间物料吸收热量而使物料温度降低的过程。所吸收的热量，在热值上等于它的汽化潜热。液体的汽化温度（沸点）是随压力的变化而改变的，压力越低，相应的汽化温度也越低。

（1）氨蒸气压缩制冷。氨蒸气压缩制冷系统可由四个基本过程组成。

①蒸发：在低压下液氨的沸点很低，如压力为 0.12MPa 时沸点为 -30℃。液氨在此条件下，在蒸发器中蒸发变成氨蒸气，则必须从通入液氨蒸发器的被冷物料中吸取热量，产生制冷效果，使被冷物料冷却到接近 -30℃。

②压缩：蒸发器中所得的是低温、低压的氮蒸气。为了使其液化，首先通过氨压缩机压缩，使氨蒸气压力升高。

③冷凝：高压下的氨蒸气的冷凝点是比较高的。例如把氨蒸气加压到 1.55MPa 时，其冷凝点是 40℃，此时可由普通冷水做冷却剂，使氨蒸气在冷凝器中变为液氨。

④膨胀：若液氨在 1.55MPa 的压力下汽化，由于沸点为 40℃，不能得到低温，因此，必须把高压下的液氨，通过节流阀降压到 0.12MPa，若在此压力下汽化，温度可降到 -30℃。节流膨胀后形成低压，低温的气液混合物进入蒸发器。在此液氨又重新开始下一次低温蒸发，形成一个闭合循环操作过程。

氨通过上述四个过程，构成了一个循环，称为冷冻循环。这一循环，必须由外界向循环系统输入压缩功才能进行，因此，这一循环过程是消耗了机械功，换得了冷量。

氨是上述冷冻循环中完成转移热量的一种介质，工业上称为制冷剂或冷冻剂，冷冻剂本身物理化学性质决定了制冷温度的范围。如液氨降压到 0.098MPa 时进行蒸发，其蒸发温度为 -33.4℃；如果降压到 0.011MPa，其蒸发温度为 -40℃，但是在负压下操作是不安全的。因此，用氨作制冷剂，不能获得 -100℃的低温。要获得 -100℃的低温，必须用沸点更低的气体作为制冷剂。

原则上，沸点低的物质都可以用作制冷剂，而实际选用时，则需选用可以降低制冷装置投资、运转效率高、来源容易、毒性小的制冷剂。对乙烯装置而言，乙烯和丙烯为本装置产品，已有储存设施，且乙烯和丙烯已具有良好的热力学特性，因而均选用乙烯和丙烯作为制冷剂。在装置开工初期尚无乙烯产品时，可用混合 C_2 馏分代替乙烯作为制冷剂，待生产出合格乙烯后再逐步置换为乙烯。

（2）丙烯制冷系统。在裂解气分离装置中，丙烯制冷系统为装置提供 -40℃以上温度级的冷量。其主要冷量用户为裂解气的预冷、乙烯制冷剂冷凝、乙烯精馏塔、脱乙烷塔、脱丙烷塔塔顶冷凝等。最大用户是乙烯精馏塔塔顶冷凝器，占丙烯制冷系统总功率的 60% ~ 70%；其次是乙烯制冷剂的冷凝和冷却，占 17% ~ 20%。在需要提供几个温度级冷量时。可采用多级节流、多级压缩、多级蒸发，以一个压缩机组同时提供几种不同温度级冷量，如丙烯冷剂从冷凝压力逐级节流到 0.9MPa、0.5MPa、0.26MPa、0.14MPa，并相应制取 16℃、-5℃、-24℃、-40℃四个不同温度级的冷量。

（3）乙烯制冷系统。乙烯制冷系统用于提供裂解气低温分离装置所需 -102 ~ -40℃各温度级的冷量。其主要冷量用户为裂解气在冷箱中的预冷以及脱甲烷塔塔顶冷凝。如对高压脱甲烷的顺序分离流程、乙烯制冷系统冷量的 30% ~ 40% 用于脱甲烷塔塔顶冷凝，其余 60% ~ 70% 用于裂解气脱甲烷塔进料的预冷。大多数乙烯制冷系统均采用三级节流的制冷循环，相应提供三个温度级的冷量。通常提供 -50℃、-70℃、-100℃左右三个温度级的冷量。

（4）乙烯—丙烯复叠制冷。用丙烯作制冷剂构成的冷冻循环制冷过程，把丙烯压缩到 1.864MPa 的条件下，丙烯的冷凝点为 45℃，很容易用冷水冷却使之液化，但是在维持压力不低于常压的条件下，其蒸发温度受丙烯沸点的限制。只能达到 -45℃左右的低温条件，即在正压操作下，用丙烯作制冷剂，不能获得 -100℃的低温条件，用乙烯作制冷剂构成冷冻循环制冷中，维持压力不低于常压的条件下，其蒸发温度可降到 -103℃左右，即乙烯作制冷剂可以获得 -100℃的低温条件，但是乙烯的临界温度为 9.9℃，临界压力为 5.15MPa，在此温度之上，不论压力多大，也不能使其液化，即乙烯冷凝温度必须低于其临界温度 9.9℃，所以不能用普通冷却水使之液化。为此，乙烯冷冻循环制冷中的冷凝器需要使用制冷剂冷却。工业生产中常采用丙烯作制冷剂来冷却乙烯，这样丙烯的冷冻循环和乙烯冷冻循环制冷组合在一起，构成乙烯—丙烯复叠制冷，见图 5-10。

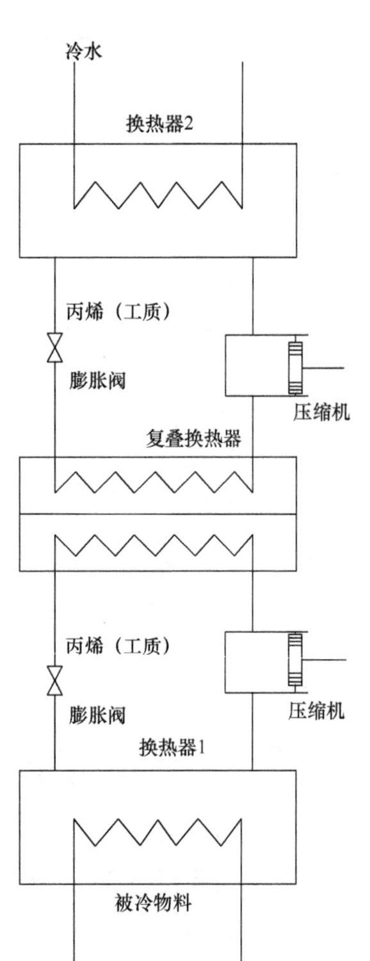

图 5-10　乙烯—丙烯复叠制冷

用乙烯作制冷剂在正压下操作，不能获得 -103℃以下的制冷温度。生产中需要 -103℃以下的低温时，可采用沸点更低的制冷剂，如甲烷在常压下沸点是 -161.5℃，因而可制取 -160℃温度级的冷量。但是由于甲烷的临界温度是 -82.5℃，若要构成冷冻循环制冷，需用乙烯作制冷剂为其冷凝器提供冷量，这样就构成了甲烷—乙烯—丙烯二元复叠制冷。在这个系统中，冷水向丙烯供冷，丙烯向乙烯供冷，乙烯向甲烷供冷，甲烷向低于 -100℃冷量用户供冷。

2. 节流膨胀制冷　所谓节流膨胀制冷，就是气体由较高的压力通过一个节流阀迅速膨胀到较低的压力，由于过程进行得非常快，来不及与外界发生热交换，膨胀所需的热量，必须由自身供给，从而引起温度降低。

工业生产中脱甲烷分离流程中，利用脱甲烷塔顶尾气的自身节流膨胀可降温获得 -160 ~ -130℃的低温。

3. 热泵 常规的精馏塔都是从塔顶冷凝器取走热量，由塔釜再沸器供给热量。通常塔顶冷凝器取走的热量是塔釜再沸器加入热量的 90% 左右，能量利用很不合理。如果能将塔顶冷凝器取走的热量传递给塔釜再沸器，就可以大幅度地降低能耗。但同一塔的塔顶温度总是低于塔釜温度，根据热力学第二定律："热量不能自动地从低温流向高温"，所以需从外界输入功。这种通过做功将热量从低温热源传递给高温热源的供热系统称为热泵系统。该热泵系统是既向塔顶供冷又向塔釜供热的制冷循环系统。

常用的热泵系统有闭式热泵系统、开式 A 型热泵系统和开式 B 型热泵系统等几种，如图 5-11 所示。

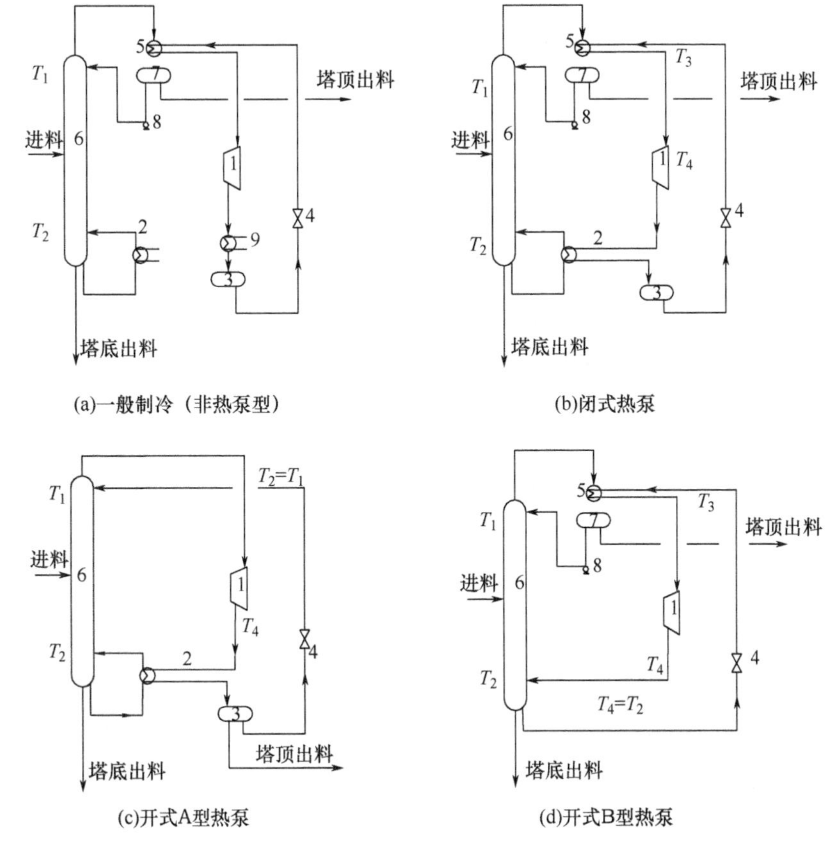

图 5-11 三种热泵系统与一般制冷的比较

1—压缩机 2—再沸器 3—制冷剂储罐 4—节流阀 5—塔顶冷凝器 6—精馏塔 7—回流罐 8—回流泵 9—冷剂冷凝器 T_1—塔顶温度 T_2—塔底温度 T_3—塔顶物料循环温度 T_4—塔底物料循环温度

（1）闭式热泵流程：塔内物料与制冷系统介质之间是封闭的，而用外界的工作介质为制冷剂。液态制冷剂在塔顶冷凝器中蒸发，使塔顶物料冷凝，蒸发的制冷剂气体再进入压缩机升高压力，然后在塔釜再沸器中冷凝为液体，放出的热量传递给塔釜物料，液体制冷剂通过节流阀降低压力后再去塔顶换热，完成一个循环，这样塔顶低温处的热量，通过制冷剂而传到塔釜高温处。在此流程中，制冷循环中的制冷剂冷凝器与塔釜再沸器合成一个设备，在此设备中，制冷剂冷凝放热，而釜液吸热蒸发。闭式热泵特点是操作简便、稳定，物料不会污染，出料质量容易保证。但流程复杂，设备费用较高。

（2）开式 A 型热泵流程：不用外来制冷剂，直接以塔顶蒸出低温烃蒸气作为制冷剂，经压缩提高压力和温度后，送去塔釜换热，放出热量而冷凝成液体。凝液部分出料，部分经节流降温后流入塔内。此流程省去了塔顶换热器。

（3）开式 B 型热泵流程：直接以塔釜出料为制冷剂，经节流后送至塔顶换热，吸收热量蒸发为气体，再经压缩升压升温后，返回塔釜。塔顶烃蒸气则在换热过程中放出热量凝成液体。此流程省去了塔釜再沸器。

开式热泵特点是流程简单、设备费用较闭式热泵少，但制冷剂与物料合并，在塔操作不稳定时，物料容易被污染，因此自动化程度要求较高。

在裂解气分离中，可将乙烯制冷系统与乙烯精馏塔组成乙烯热泵，也可将丙烯制冷系统与丙烯精馏塔组成丙烯热泵，两者均可提高精馏的热效率，但必须相应增加乙烯制冷压缩机或丙烯制冷压缩机的功耗。对于丙烯精馏来说，丙烯塔采用低压操作时，多用热泵系统。当采用高压操作时，由于操作温度提高，冷凝器可以用冷却水作制冷剂，故不需用热泵。对于乙烯精馏来说，乙烯精馏塔塔顶冷凝器是丙烯制冷系统的最大用户，其用量占丙烯制冷总功率的 60% ~ 70%，采用乙烯热泵不仅可以节约大量的冷量，有显著的节能作用，而且可以省去低温下操作的换热器、回流关和回流泵等设备，因此乙烯热泵得到了更多的利用。

【任务五】解读裂解气深冷分离流程

1. 能力目标

能够运用所学知识分析裂解气深冷分离流程；能够认识裂解气深冷分离流程装置组成。

2. 知识目标

掌握裂解气的组成及分离方法；掌握裂解气分离装置组成；掌握分离流程的主要评价指标；认识甲烷塔、乙烯塔和丙烯塔；了解裂解气分离操作中的异常现象；了解乙烯工业的发展趋势。

3. 教、学、做说明

学生通过图书馆和网络资源的查找，并结合本任务的【相关知识】，分组讨论分析石油裂解气深冷分离流程，然后由教师引领，组别代表发言，并在教师指导下解读顺序分离流程、前脱乙烷分离流程和前脱丙烷分离流程。

4. 工作准备

布置工作任务：解读顺序分离流程、前脱乙烷分离流程和前脱丙烷分离流程；学生分组：按照班级人数分组，并指派组长；资料查阅：学生可通过图书馆或互联网等途径查阅相关资料。

5. 工作过程

小组讨论：从压缩和制冷系统、净化系统、精馏分离系统这三个部分展开对裂解气深冷分离工艺流程的解读；组长指派代表发言；教师引领，解读工艺流程。

【相关知识】

一、分离流程的选择

（一）裂解气组成及分离方法概述

1. 裂解气的组成及分离要求　石油烃裂解的气态产品——裂解气是一个多组分的气体混合物，其中含有许多低级烃类，主要是甲烷、乙烯、乙烷、丙烯、丙烷及 C_4、C_5、C_6 等烃类，此外还有氢气和少量杂质如硫化氢、二氧化碳、水分、炔烃、一氧化碳等，其具体组成随裂解原料、裂解方法和裂解条件不同而异。表 5-13 列出了用不同裂解原料所得裂解气的组成。

表5-13　不同裂解原料得到的几种裂解气组成

组分	原料来源		
	乙烷裂解	石脑油裂解	轻柴油裂解
H_2的质量分数/%	33.98	14.09	13.18
$CO+CO_2+H_2S$的质量分数/%	0.19	0.32	0.27
CH_4的质量分数/%	4.39	26.78	21.24
C_2H_2的质量分数/%	0.19	0.41	0.37
C_2H_4的质量分数/%	31.51	26.10	29.34
C_2H_6的质量分数/%	24.35	5.78	7.58
C_3H_4的质量分数/%		0.48	0.54
C_3H_6的质量分数/%	0.76	10.30	11.42
C_3H_8的质量分数/%		0.34	0.36
C_4的质量分数/%	0.18	4.85	5.21
C_5的质量分数/%	0.09	10.4	0.51
$\geqslant C_6$的质量分数/%		4.53	4.58
H_2O的质量分数/%	4.36	4.98	5.40

要得到高纯度的单一的烃，如重要的基本有机原料乙烯、丙烯等，就需要将它们与其他烃类和杂质分离开来，并根据工业上的需要，使之达到一定的纯度，这一操作过程，称为裂解气的分离。裂解、分离、合成是有机化工生产中的三大加工过程。分离是裂解气提纯的必然过程，为有机合成提供原料，所以起到举足轻重的作用。

各种有机产品的合成，对于原料纯度的要求是不同的。有的产品对原料纯度要求不高，例如用乙烯与苯烷基化生产乙苯时，对于原料纯度要求不太高。对于聚合用的乙烯和丙烯的质量则要求很严，生产聚乙烯、聚丙烯要求乙烯、丙烯纯度在 99.9% 以上，其中有机杂质不允许超过 5 μg/g。这就要求对裂解气进行精细的分离和提纯，所以分离的程度可根据后续产品合成的要求来确定。

2. 裂解气分离方法简介　裂解气的分离和提纯工艺，是以精馏分离的方法完成的。精馏分离要求将组分冷凝为液态。甲烷和氢气不容易液化，C_2 以上的馏分相对容易液化。因此，裂解气在除去甲烷、氢气后，其他组分的分离就比较容易。所以分离过程的主要矛盾是如何将裂解气中的甲烷和氢气先行分离。解决这对矛盾的不同措施，便构成了不同的分离方法。

工业生产上采用的裂解气分离方法，主要有深冷分离和油吸收精馏分离两种。

油吸收法是利用裂解气中各组分在某种吸收剂中的溶解度不同，用吸收剂吸收除甲烷和氢气以外的其他组分，然后用精馏的方法，把各组分从吸收剂中逐一分离。此方法流程简单，动力设备少，投资少，但技术经济指标和产品纯度差，现已被淘汰。

工业上一般把冷冻温度高于 -50℃称为浅度冷冻（简称浅冷），在 -100 ~ -50℃称为中度冷冻，把等于或低于 -100℃的称为深度冷冻（简称深冷）。

深度冷冻分离是在 -100℃左右的低温下，将裂解气中除了氢和甲烷以外的其他烃类全部冷凝下来。然后利用裂解气中各种烃类的相对挥发度不同，在合适的温度和压力下，以精馏的方法将各组分分离开来，达到分离的目的。因为这种分离方法采用了 -100℃以下的冷冻系统，故称为深度冷冻分离，简称深冷分离。

深冷分离法是目前工业生产中广泛采用的分离方法。它的经济技术指标先进，产品纯度高，分离效果好，但投资较大，流程复杂，动力设备较多，需要大量的耐低温合金钢。因此，适于加工精度高的大工业生产。本章重点介绍裂解气精馏分离的深冷分离方法。

（二）分离流程

经预分馏系统处理后的裂解气是含氢和各种烃的混合物，可利用各组分沸点的不同，在加压低温条件下经多次精馏分离。并在精馏分离的过程中采用吸收、吸附或化学反应的方法脱除裂解气中残余的水分、酸性气体（CO_2、H_2S）、一氧化碳、炔烃等杂质，得到合格的分离产品。

裂解气分离装置由以下三部分组成：

1. 压缩和制冷系统　该系统的任务是加压、降温，以保证分离过程顺利进行。

2. 净化系统　为了排除对后续操作的干扰，提高产品的纯度，通常设置有脱酸性气体、脱水、脱炔和脱一氧化碳等操作过程。

3. 精馏分离系统　这是深冷分离的核心，其任务是将各组分进行分离外将乙烯、丙烯产品精制提纯。它由一系列塔器构成，如脱甲烷塔、乙烯精馏塔和丙烯精馏塔等。

由不同精馏分离方案和净化方案可以组成不同的裂解气分离流程，见表 5-14。

不同分离工艺流程的主要差别在于精馏分离烃类的顺序和脱炔烃的安排，共同点是先分离不同碳原子数的烃，再分离同碳原子数的烷烃和烯烃。

表5-14　裂解气分离流程组织方案

精馏分离方案	净化方案	分离流程组织方案
（1）顺序分离流程：先脱甲烷再脱乙烷最后脱丙烷 （2）前脱乙烷流程：先脱乙烷再脱甲烷最后脱丙烷 （3）前脱丙烷流程：先脱丙烷再脱甲烷最后脱乙烷	（1）前加氢：脱乙炔塔在脱甲烷塔之前 （2）后加氢：脱乙炔塔在脱甲烷塔后	（1）顺序分离流程（后加氢） （2）前脱乙烷前加氢流程 （3）前脱乙烷后加氢流程 （4）前脱丙烷前加氢流程 （5）前脱丙烷后加氢流程

（三）深冷分离流程概述

裂解气经压缩和制冷、净化过程为深冷分离创造了条件——高压、低温、净化。深冷分离的任务就是根据裂解气中各低碳烃相对挥发度的不同，用精馏的方法逐一进行分离，最后获得纯度符合要求的乙烯和丙烯产品。

深冷分离工艺流程比较复杂，设备较多，能量消耗大，并耗用大量钢材，故在组织流程时需全面考虑，因为这直接关系到建设投资、能量消耗、操作费用、运转周期、产品的产量和质量、生产安全等多方面的问题。裂解气深冷分离工艺流程，包括裂解气深冷分离中的每个操作单元。每个单元所处的位置不同，可以构成不同的流程。目前具有代表性的三种分离流程是：顺序分离流程、前脱乙烷分离流程和前脱丙烷分离流程。

1. *顺序分离流程*　顺序分离流程是按裂解气中各组分碳原子数由小到大的顺序进行分离，即先分离出甲烷、氢，其次是脱乙烷及乙烯的精馏，接着是脱丙烷和丙烯的精确，最后是脱丁烷，塔底得 C_5 馏分。

顺序深冷分离流程如图 5-12 所示。裂解气经过压缩机Ⅰ、Ⅱ、Ⅲ段压缩，压力达到 1.0MPa，送入碱洗塔 2，脱除酸性气体。碱洗后的裂解气再经压缩机的Ⅳ、Ⅴ段压缩，压力达到 3.7MPa，送入干燥器 4 分子筛脱水。干燥后的裂解气进入冷箱 5 逐级冷凝，分出的凝液分为四股按其温度高低分别进入脱甲烷塔 6 的不同塔板，分出的富氢经过甲烷化脱除 CO 及干燥器脱水后，作为 C_2 馏分和 C_3 馏分加氢脱炔用氢气。在脱甲烷塔塔顶脱除甲烷馏分，塔釜是 C_3 及以上馏分，

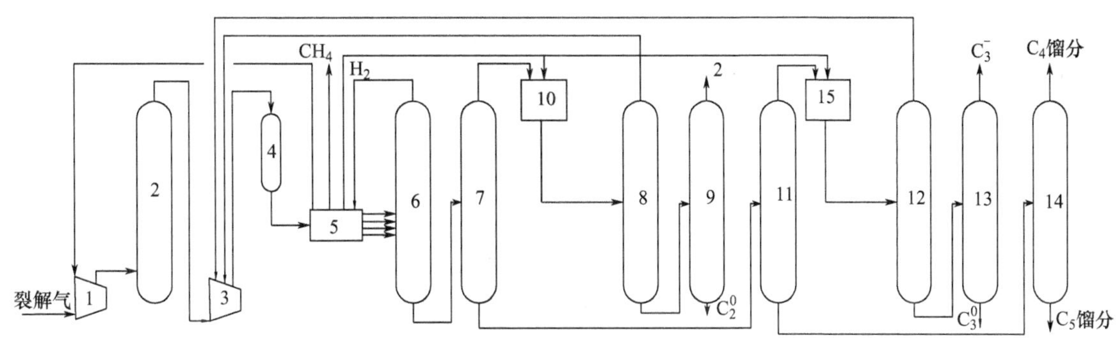

图 5-12　顺序深冷分离工艺流程图

1—压缩Ⅰ、Ⅱ、Ⅲ段　2—碱洗塔　3—压缩Ⅳ、Ⅴ段　4—干燥器　5—冷箱　6—脱甲烷塔　7—第一脱乙烷塔　8—第二脱乙烷塔　9—乙烯塔　10,15—加氢反应器　11—脱丙烷塔　12—第二脱乙烷塔　13—丙烯塔　14—脱丁烷塔

送入第一脱乙烷塔 7。在脱乙烷塔顶分出的 C_2 馏分，经加氢反应器 10 脱除乙炔再经干燥器脱水后送入第二脱甲烷塔 8，在塔顶脱除加氢时带入的甲烷和氢，循环回压缩机，塔釜主要是乙烷和乙烯，送入乙烯精馏塔 9，通过精馏操作塔顶得乙烯产品，塔釜的乙烷循环回裂解炉；脱乙烷塔塔釜的 C_3 及以上馏分，进入脱丙烷塔 11，塔顶分出 C_3 馏分经加氢反应器 15 脱除丙炔、丙二烯和经干燥器脱水后送入第二脱乙烷塔 12，在塔顶脱除加氢时带入的 C_2 及以下馏分，循环回压缩机，塔釜主要是丙烷和丙烯，送入丙烯精馏塔 13，通过精馏操作塔顶得丙烯产品，塔釜的丙烷循环回裂解炉；脱丙烷塔釜的 C_4 及以上馏分进入脱丁烷塔 14，塔顶分出 C_4 馏分，塔底得 C_5 馏分。

2. *前脱乙烷分离流程* 前脱乙烷分离流程是以脱乙烷塔为界限，将物料分成两部分：一部分是轻组分，即甲烷、氢、乙烷和乙烯等组分；另一部分是重组分，即丙烯、丙烷、丁烯、丁烷以及 C_5 以上的烃类。然后再将这两部分各自进行分离，分别获得所需的烃类。

前脱乙烷分离流程如图 5-13 所示。该流程的压缩、碱洗及干燥等部分与顺序分离流程相同。不同的是干燥后的裂解气首先进入脱乙烷塔 5，塔顶分出 C_2 及以下馏分，即甲烷、氢、C_2 馏分，然后送入（前）加氢反应器 6 脱除乙炔，脱除乙炔后的裂解气进入脱甲烷塔 7（顶部设置有冷箱 8，冷箱作用与顺序分离流程相同），塔顶分出甲烷、氯，塔釜的乙烷和乙烯送入乙烯精馏塔 9，经精馏塔顶得到乙烯产品；脱乙烷塔釜的 C_3 及以上馏分，送入脱丙烷塔 11，后续流程与顺序分离流程相同。

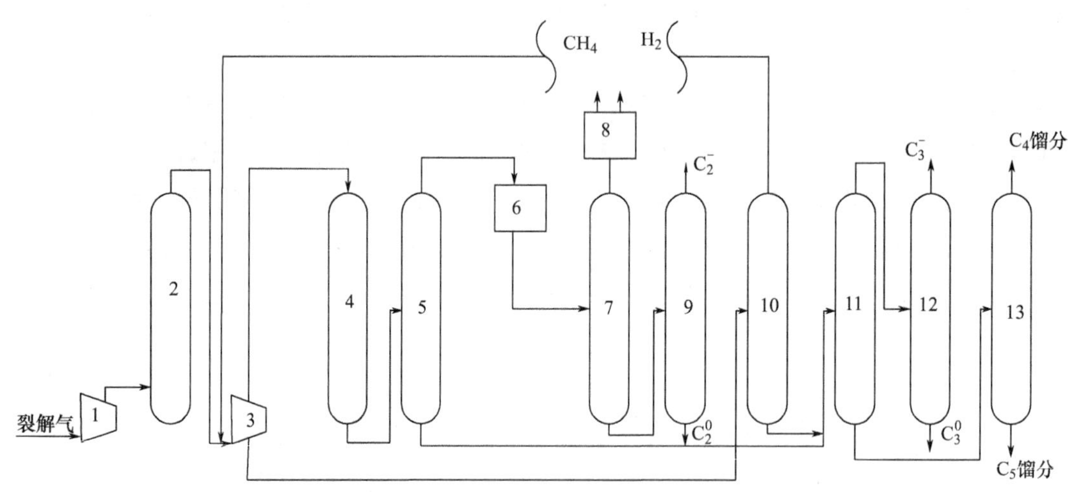

图 5-13 前脱乙烷深冷分离工艺流程图（Linde 公司）

1—压缩 Ⅰ、Ⅱ、Ⅲ段 2—碱洗塔 3—压缩Ⅳ、Ⅴ段 4—干燥器 5—脱乙烷塔 6—加氢反应器 7—脱甲烷塔 8—冷箱 9—乙烯塔 10—甲烷化塔 11—脱丙烷塔 12—丙烯塔 13—脱丁烷塔

3. *前脱丙烷分离流程* 前脱丙烷分离流程是以脱丙烷塔为界限，将物料分为两部分：一部分是丙烷及比丙烷更轻的组分；另一部分是 C_4 及以上的烃类。然后再将这两部分各自进行分离，分别获得所需的烃类。

前脱丙烷分离流程如图 5-14 所示。裂解气经过压缩机Ⅰ、Ⅱ、Ⅲ段压缩后，经碱洗塔 2 和干燥器 3 首先进入脱丙烷塔 4，塔顶分出 C_3 及以下馏分，即甲烷、氢、C_2 馏分和 C_3 馏分，再进入Ⅳ、Ⅴ段 6 压缩，之后经加氢反应器 7 脱炔和冷箱 11 进入脱甲烷塔，后续操作与顺序分离流程相同；脱丙烷塔塔釜得到的 C_4 及以上馏分送入脱丁烷塔 5，塔顶分出 C_4 馏分，塔釜得 C_5 馏分。

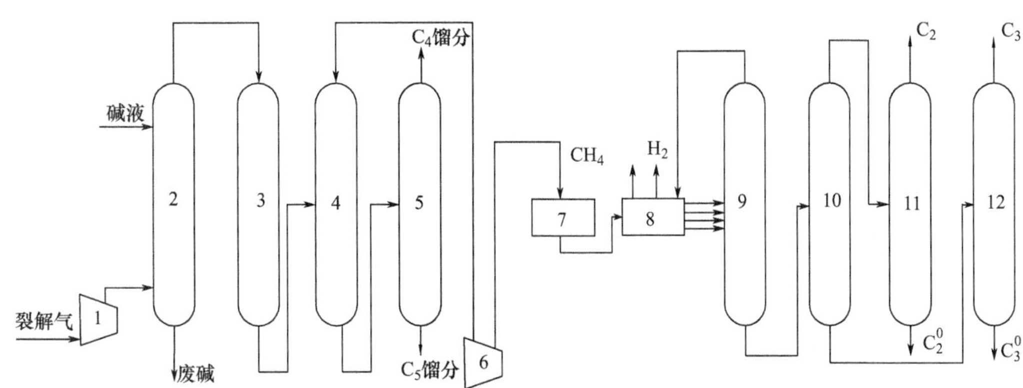

图 5-14　前脱丙烷深冷分离工艺流程图（三菱油化公司）

1—压缩Ⅰ、Ⅱ、Ⅲ段　2—碱洗塔　3—干燥器　4—脱丙烷塔　5—脱丁烷塔　6—压缩Ⅳ、Ⅴ段　7—加氢反应器　8—冷箱　9—脱甲烷塔　10—脱乙烷塔　11—乙烯塔　12—丙烯塔

4. **三种流程的比较**　三种工艺流程的比较如表 5-15 所示。

表5-15　三种工艺流程的比较

项目	顺序分离流程	前脱乙烷分离流程	前脱丙烷分离流程
操作问题	脱甲烷塔在最前，釜温低，再沸器中不易发生聚合而堵塞	脱乙烷塔在最前，压力高，釜温高，若C_4以上烃含量多，二烯烃在再沸器聚合，影响操作且损失丁二烯	脱丙烷在最前，且放置在压缩机段间，低压时就除去了丁二烯，再沸器中不宜发生聚合而堵塞。
冷量消耗	全馏分都进入了脱甲烷塔，加重了脱甲烷塔的冷冻负荷，消耗高能级位的冷量多，冷量利用不够合理	C_3、C_4烃不在脱甲烷塔而是在脱乙烷塔冷凝，消耗低能级位的冷量，冷量利用合理	C_4烃在脱丙烷塔冷凝，冷量利用比较合理
加氢脱炔方案	多采用后加氢	可用后加氢，但最有利于采用前加氢	可用后加氢，但前加氢效果更好
对原料的适应性	对原料适应性强，无论裂解气轻、重均可	最适合C_3、C_4含量较多而丁二烯含量少的气体	可处理较重的裂解气，对含C_4烃较多的裂解气，本流程更能体现其优点
采用该流程的公司	美国Lummus公司和Kellogg公司	德国Linde公司和美国Brown&Root公司	美国Stone&Webster公司

分离流程的主要评价指标有两种：

（1）乙烯回收率　乙烯回收率高低对于工厂的经济性有很大影响，它是评价分离装置是否先进的一项重要技术经济指标。影响乙烯回收率高低的关键是冷箱尾气中乙烯的损失（占乙烯总量的 2.25%）和乙烯塔釜液 C_2 馏分中带出乙烯的损失（占乙烯总量的 0.40%）。

（2）能量的综合利用水平　它决定了单位产品（乙烯、丙烯等）所需的能耗。主要能耗设备的分析表明，冷量主要消耗在脱甲烷塔（52%）和脱乙烯塔（36%）上。

由上可知，脱甲烷塔和脱乙烯塔既是保证乙烯回收率和乙烯产品质量（纯度）的关键设备，又是冷量的主要消耗设备。因此，对脱甲烷塔和脱乙烯塔作重点讨论。

二、脱甲烷塔

脱甲烷塔的中心任务是将裂解气中甲烷、氢和乙烯及比乙烯更重的组分进行分离。分离过程是利用低温，将裂解气中除甲烷和氢外的各组分全部液化，然后将不凝气体甲烷和氢分离出来。分离的轻关键组分为甲烷，重关键组分为乙烯。对于脱甲烷塔，希望塔釜中甲烷的含量尽可能低，以利于提高乙烯的纯度；塔顶尾气中乙烯的含量尽量能少，以利于提高乙烯的回收率。所以脱甲烷塔对保证乙烯的回收率和纯度起着决定性的作用，同时脱甲烷塔是分离过程中温度最低的塔，能量消耗也最多，所以脱甲烷塔是精馏过程中关键的塔之一。对整个深冷分离系统来说，设计上的考虑、工艺上的安排、设备和材料的选择，都是围绕脱甲烷塔进行的。影响脱甲烷的操作条件有进料中 CH_4/H_2 分子比、温度和压力。

（一）进料中 CH_4/H_2 分子比

CH_4/H_2 分子比增大，则尾气中乙烯含量降低，即提高乙烯的回收率。这是由于裂解气中所含的氢和甲烷都进入了脱甲烷塔塔顶，在塔顶为了满足分离要求，则有一部分甲烷的液体回流。但如有大量氢气存在，降低了甲烷的分压，甲烷气体的冷凝温度会降低，即不容易冷凝，减少甲烷的回流量。所以在满足塔顶露点的要求条件下，同一温度和压力水平下，CH_4/H_2 分子比越大，乙烯损失率越小。

（二）温度和压力

图 5-15 反映了脱甲烷塔操作温度和操作压力的关系。降低温度和提高压力都有利于提高乙烯的回收率，但温度的降低，压力的提高都受到一定条件的制约，温度的降低受温度级位的限制，压力升高主要影响分离组分的相对挥发度。所以工业有高压法、中压法和低压法三种不同的压力操作方法。

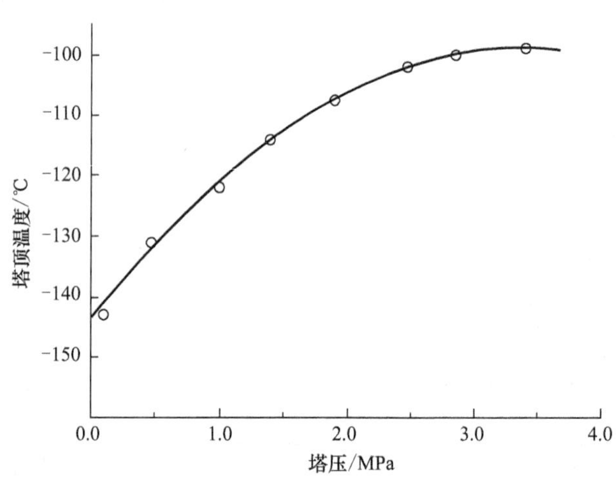

图 5-15　脱甲烷塔操作温度和操作压力

1. 低压法　低压法的操作条件为 0.6 ~ 0.7MPa，顶温 -140℃左右，釜温 -50℃左右。由于压力低，相对挥发度较大，所以分离效果好。又由于温度低，所以乙烯回收率高。虽然需要低温级冷剂，但因易分离、回流比较小，折算到每吨乙烯的能量消耗，低压法仅为高压法的70%多一些。低压法也有不利之处，如需要耐低温钢材、多一套甲烷制冷系统、流程比较复杂，同时低压法并不适合所有的裂解气分离，只适用于裂解气中的 CH_4/C_2H_4 比值较大的情况，但该法是脱甲烷技术发展方向。

2. *中压法*　中压法的操作条件为 1.05 ~ 125MPa，脱甲烷塔塔顶温度 -113℃。采用低压脱甲烷，为了满足脱甲烷塔塔顶温度的要求，低压脱甲烷工艺增加了独立的闭环甲烷制冷系统，因此低压脱甲烷只适用于以石脑油和轻柴油等重质原料裂解的气体分离，以保证有足够的甲烷进入系统，提供一定量的回流。而对乙烷、丙烷等轻质原料进行裂解，则由于裂解气中甲烷量太少，不适宜采用低压脱甲烷工艺。为此 TPL 公司采用了中压脱甲烷的工艺流程。

3. *高压法*　高压法的操作条件为 3.1 ~ 4.1MPa，高压法的脱甲烷塔塔顶温度为 -96℃左右，不必采用甲烷制冷系统，只需用液态乙烯制冷剂即可。由于脱甲烷塔塔顶尾气压力高，可借助高压尾气的自身节流膨胀获得额外的降温，比甲烷冷冻系统简单。此外提高压力可缩小精馏塔的容积，所以从投资和材质要求看，高压法是有利的，但分离效果不如低压法。该法具有技术成熟的特点。

（三）前冷和后冷

在生产中，脱甲烷塔系统为了防止低温设备散冷，减少其与环境接触的表面积，常把节流膨胀阀、高效板式换热器、气液分离器等低温设备，封闭在一个用绝热材料做成的箱子中，此箱称为冷箱。冷箱可用于气体和气体、气体和液体、液体和液体之间的热交换，在同一个冷箱中允许多种物质间的换热，冷量利用合理，从而省掉了一个庞大的列管式换热系统，起到了节能的作用。

按冷箱在流程中所处的位置，可分为前冷（又称前脱氢）和后冷（又称后脱氢）两种。冷箱在脱甲烷塔之前的称为前冷流程，前冷是用塔顶馏分的冷量将裂解气预冷，通过分凝裂解气中大部分氢和部分甲烷分离，这样使 H_2/CH_4 比下降，提高了乙烯回收率，同时减少了甲烷塔的进料量，节约能耗。该过程又称前脱氢工艺。冷箱在脱甲烷塔之后的称为后冷流程，后冷仅将塔顶的甲烷氢馏分冷凝分离而获富甲烷馏分和富氢馏分。此时裂解气是经脱甲烷塔精馏后才脱氢故又称后脱氢工艺。前冷流程适用于规模较大、自动化程度较高、原料较稳定、需要获得纯度较高的副产氢的场合。目前工业生产中应用前冷流程的较多。

三、乙烯塔和丙烯塔

（一）乙烯塔

C_2 馏分经加氢脱炔后，主要含有乙烷和乙烯。乙烷—乙烯馏分在乙烯塔中进行精馏，塔顶得到聚合级乙烯，塔釜液为乙烷，乙烷可返回裂解炉进行裂解。乙烯精馏塔是出成品的塔，消耗冷量较大，为总制冷量的 38% ~ 44%，仅次于脱甲烷塔。因此乙烯精馏塔的操作好坏，直接影响着产品的纯度、收率及成本，所以乙烯精馏塔也是深冷分离中的一个关键塔，见图5-16。

1. *乙烯精馏的方法*　压力对乙烷—乙烯的相对挥发度有较大的影响，压力增大，相对挥发度降低，要想达到相同的分离效果则需使塔板数增多或回流比加大，因而对乙烷—乙烯的

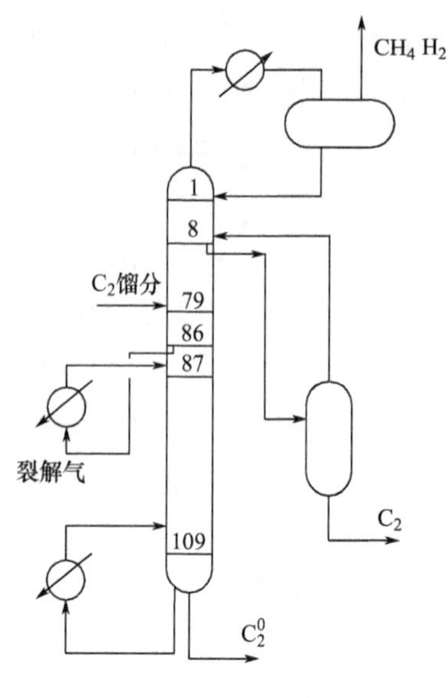

图 5-16　乙烯塔示意图

分离不利。当压力一定时，塔顶温度就决定了出料组成。如果操作温度升高，塔顶重组分含量就会增加，产品纯度就下降；如果温度太低，则浪费冷量。同时，塔釜温度控制低了，塔釜轻组分含量升高，乙烯收率下降；釜温太高，会引起重组分结焦，对操作不利。

生产中有低压乙烯精馏工艺流程和高压乙烯精馏工艺流程。

（1）低压乙烯精馏塔的操作压力一般为 0.5 ~ 0.8MPa，此时塔顶冷凝温度为 -60 ~ -50℃，塔顶冷凝器需要乙烯作为制冷剂。生产中常采用开式热泵。

（2）高压乙烯精馏塔的操作压力一般为 1.9 ~ 2.3MPa，相应塔顶温度为 -35 ~ -23℃，塔顶冷凝器使用丙烯冷剂即可。顶冷凝器使用丙烯冷剂即可。

2. 乙烯塔的操作条件　表 5-16 是乙烯塔的操作条件，可见低压法塔的温度低、高压法塔的温度较高。

表5-16　乙烯塔的操作条件

工厂	塔压/MPa	塔顶温度/℃	塔底温度/℃	回流率/%	乙烯纯度/%	实际塔板数/块		
						精馏段	提馏段	总板数
X	2.1 ~ 2.2	−27.5	10 ~ 20	7.4	≥98	41	50	91
H	2.2 ~ 2.4	−18 ± 2	0 ± 5	9	≥95	41	32	73
G	0.6	−70	−43	5.13	≥99.5	—	—	70
L	0.57	−69	−49	2.01	≥99.9	41	29	70
C	2.0	−32	−8	3.73	>99.9	—	—	119

乙烯塔进料中乙烷和乙烯占 99.5%以上，所以乙烯塔可看作是二元精馏系统。根据相律，乙烯—乙烷二元气液系统的自由度为 2。塔顶乙烯纯度是根据产品质量要求来规定的。所以温度与压力两个因素只能规定一个，例如规定了塔压，相应温度也就定了。关于压力、温度以及乙烯相对浓度与相对挥发度的关系见图 5-17。

从图 5-17 可以看出，在保持乙烯相对浓度不变的条件下，随着操作压力的增加，乙烯和乙烷的相对挥发度将减小；随着操作温度的增加，乙烯和乙烷的相对挥发度也减小。

操作压力对相对挥发度有较大的影响，一般可以采取降低操作压力的办法来增大相对挥发度，从而使精馏塔的塔板数和回流比降低。见图 5-18，操作压力降低以后，精馏塔的操作温度也降低，因而需要制冷剂的温度级位低，对精馏塔的材质有比较高的要求，从这些方面来看，操作压力低是不利的。

操作压力的选择还要考虑乙烯的输送压力。此外，压力的确定还要与整个流程相适应。

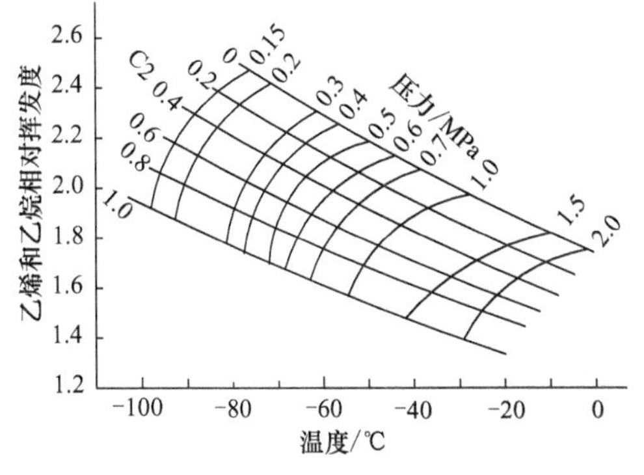

图 5-17　乙烯和乙烷的相对挥发度

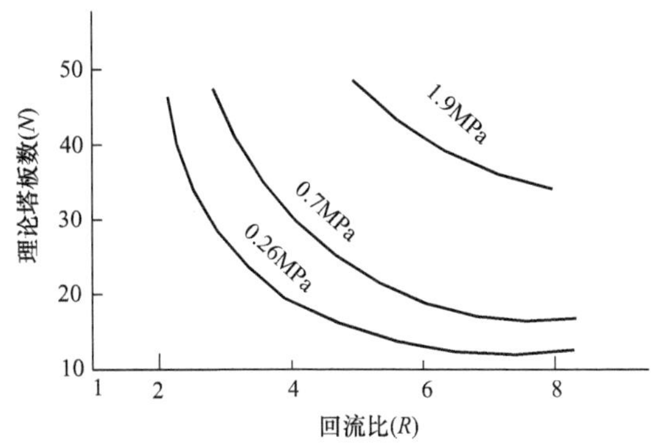

图 5-18　压力对回流比和理论塔板数的影响

综上所述，乙烯塔操作压力的确定可由下列因素来决定：制冷的能量消耗、设备投资、产品乙烯的输送压力以及脱甲烷塔的操作压力等。

此外，乙烯塔沿塔板的温度和组成分布不是呈线性关系的。图 5-19 是乙烯塔温度分布的实际生产数据。加料板为第 29 块塔板。由图可见精馏段靠近塔顶的各板的温度变化较小。在提馏段温度变化很大，即乙烯在提馏段中沿塔板向下，乙烯的浓度下降很快，而在精馏段沿塔板向上温度下降很少，即乙烯浓度增大较慢。因此乙烯塔与脱甲烷塔不同，乙烯塔精馏段塔板数较多，回流比大。

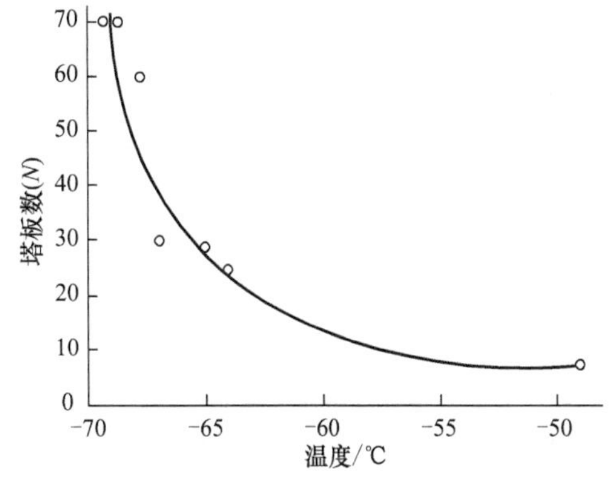

图 5-19　乙烯塔温度分布

3. 乙烯精馏塔的节能　对于顶温低于环境温度，而且顶底温差较大的精塔，如在精馏段设置中间冷凝器，可用温度比塔顶回流冷凝器稍高的较廉价的冷剂作为冷源，以代替一部分塔顶原来用的低温级冷剂提供的冷量，可节省能量消耗。

在提馏段设置中间再沸器，可用温度比塔釜再沸器稍低的较廉价的热剂作热源，同样也可节约能量消耗。

乙烯精馏塔与脱甲烷塔相比，前者精馏段的塔板数较多，回流比大。大回流比对精馏段操作有利，可提高乙烯产品的纯度，对提馏段则不起作用。为了回收冷量，在提馏段采用中间再沸器装置，这是对乙烯塔的一个改进。

在后加氢工艺中乙烯精馏塔的进料还含有少量甲烷，它会带入塔顶馏分中，影响产品乙烯的纯度。因此，在乙烯精馏塔之前可设置第二脱甲烷塔，将甲烷脱去后再作乙烯精馏塔的进料。但目前工业上多不设第二脱甲烷塔，而采用侧线出料法，即在乙烯塔顶附近的几块塔板（第 7、第 8 块），侧线引出高纯度乙烯，而塔顶引出含少量甲烷的粗乙烯回压缩系统，这是对乙烯精馏塔的第二个改进。这一改进就相当于一塔起到二塔的作用。由于拔顶段（侧线出料口至塔顶）采用了乙烯的大量回流，因而这对脱甲烷作用要比设置第二脱甲烷塔还有利，既简化了流程，又节省了能量。由于将两个塔的负荷集中于一个塔进行，所以对塔的自动化控制程度要求较高，另外，因为塔顶气相引入冷凝器的不是纯乙烯，故此时乙烯塔就不能采用热泵精馏。

4. *脱甲烷塔和乙烯塔比较* 脱甲烷塔和乙烯塔由于两塔的关键组分不同，所以有很多不同，其比较见表5-17。

表5-17 脱甲烷塔和乙烯塔的对比

塔	对乙烯产量的作用	关键组分		关键组分相对挥发度	回流比	塔板数	精馏段与提馏段之比
		轻	重				
脱甲烷塔	控制乙烯损失率	CH_4	C_2H_4	较大	较小	较少	较小
乙烯塔	决定乙烯纯度	C_2H_4	C_2H_6	较小	较大	较多	较大

（二）丙烯塔

丙烯塔就是分离丙烯和丙烷的塔，塔顶得到丙烯，塔底得到丙烷。由于丙烯—丙烷的相对挥发度很小，彼此不易分离，要达到分离目的，就得增加塔板数、加大回流比，所以，丙烯塔是分离系统中塔板数最多、回流比最大的一个塔，也是运转费和投资费较多的一个塔。丙烯塔是石油气分离中一个超精馏的典型例子。

目前，丙烯塔操作有高压法与低压法两种。压力在1.7MPa以上的称高压法，高压法的塔顶蒸汽冷凝温度高于环境温度，因此，可以用工业水进行冷凝，产生凝液回流。塔釜用急冷水（目前较多的是利用水洗塔出来的约85℃以上温度的急冷水作加热介质）或低压蒸气进行加热，这样设备简单，易于操作。缺点是回流比大，塔板数多。压力在1.2MPa以下的称低压法，低压法的操作压力低，有利于提高物料的相对挥发度，从而塔板数和回流比就可减少。由于此时塔顶温度低于环境温度，故塔顶蒸气不能用工业水来冷凝，必须采用制冷剂才能达到凝液回流的目的。工业上往往采用热泵系统。

由于操作压力不同，塔的操作条件和动力的相对消耗也有较大的差异。低压法（热泵流程）消耗丙烯压缩动力多，而消耗水和蒸汽少；高压法则消耗丙烯压缩动力少，消耗冷却水多。由于丙烯塔的操作压力不同，精馏塔的操作条件也有较大的不同。丙烯塔的操作条件见表5-18，L厂是低压法，B厂是高压法。

表5-18 丙烯塔的操作条件

厂别	塔径/mm	实际塔板数/块			塔压/MPa	温度/℃		回流比
		精馏段	提馏段	合计		塔顶	塔釜	
L	1000	62	38	100	1.15	23	25	15
B	4500	93	72	165	1.75	41	50	14.5

丙烯塔可由一个塔身或两个塔身串联而成。当两个塔身串联时中间需要一台接力泵进行连接。

四、裂解气分离操作中的异常现象

在裂解气分离实际操作中，常遇到许多异常现象，将其归纳总结如表5-19所示。

表5-19　裂解气分离操作中的异常现象

序号	生产工序	异常现象	产生原因
1	碱洗法脱硫	碱洗塔H_2S分析不合格	碱洗液浓度过低，碱洗液循环量过少，泵停车
		碱洗塔CO_2分析不合格	碱洗液浓度过高
2	脱水	干燥后水含量不合格	干燥剂再生不好，使用周期过长，物料含水量过高，干燥剂结炭，装填量不够或干燥剂质量不合格
3	脱炔及一氧化碳	加氢反应器反应温度过高	氢气加入量过高，进口温度过高，催化剂活性太高而选择性太差，导致乙烯浓度加氢
		加氢反应器温差低	氢气与甲烷之比过小，催化剂中毒
		甲烷化反应器温度过低	预热温度不高，氢气流量过高或过低
4	制冷	制冷剂喘振	流量低于波动点，吸入的物料温度过高，制冷剂中含不凝气过高
		冷剂用后温度高	制冷剂蒸发压力高，冷剂量少，冷剂中重组分含量高
5	深冷分离	塔液泛	加热太激烈，釜温过高，负荷过大
		冻塔	物料干燥不好，水分积累太多

五、乙烯建设规模继续向大型化发展

自20世纪90年代以来，世界乙烯装置的大型化呈现加速之态势。从乙烯装置的规模看，目前世界上以石脑油为原料的裂解装置的世界级规模已达到110×10^4t/a，比90年代提高了近一倍。以乙烷为原料的裂解装置的世界级规模已达到135×10^4t/a，中东正在规划建设150×10^4t/a以上规模的超大型乙烯生产装置，一些公司还在研究180×10^4t/a乙烯装置的可能性。随着世界新建大型乙烯装置的投产和对原有装置的改造，乙烯装置的平均规模不断提高。

我国已经获批建设的大型乙烯项目主要有：浙江镇海石化100×10^4t/a乙烯工程，总投资215亿元，2009年建成；福建泉州80×10^4t/a乙烯工程，总投资266亿元，2008年建成；天津石化100×10^4t/a乙烯工程，总投资201亿元，2008年建成；四川成都80×10^4t/a乙烯工程，总投资210亿元，2010年建成；新疆独山子石化$100\times\times10^4$t/a乙烯工程，总投资262亿元，2008年建成。

随着裂解技术趋向成熟，裂解炉和乙烯装置的规模沿着大型化方向迈进。乙烯装置规模趋于大型化，单套装置能力将以80×10^4 ~ 100×10^4t/a规模为主，裂解炉趋向大型化，单台炉能力为10×10^4 ~ 15×10^4t/a。

大型裂解装置具有极好的规模效益，降低了每吨乙烯投资费用与操作费用。将20世纪

80 年代 60×10^4t/a 裂解装置与 2003 年 100×10^4t/a 以上装置相比较：生产 1t 乙烯消耗的能源从 8000kW/h 降至 5300kW/h，产品损失率由不到 1% 降至低于 0.25%；CO_2 排放由 1550kg 降至 790kg。规模效益结合炉子、分馏塔、控制系统等技术改进，使大型裂解装置成本明显下降。有数据统计，乙烯成本随着装置规模的增大而有较大幅度的降低。100×10^4t/a 与 50×10^4t/a 乙烯装置相比较，成本大约降低 25%，150×10^4t/a 与 50×10^4t/a 乙烯装置相比较，成本大约降低 40%。

六、生产新技术的研究开发

（一）Kellogg Brown&Root（KBR）公司和 Exxon 公司联合乙烯新技术

KBR 计划将其结合几种乙烯技术特点的选择性裂解优化回收（Score）乙烯工艺工业化。该工艺将 Exxon 化学公司目前尚未发放商业许可证的短停留（LRT）裂解炉技术与 KBR 公司的裂解技术相结合，可提高收率、提高选择性和降低投资费用，并能灵活地在同一个裂解炉选择裂解乙烷和石脑油。将 Exxon 公司的 LRT 工艺和 KBR 公司的裂解炉设计相结合，可以使年产 100×10^4t 乙烯生产的裂解炉数量从 9 ~ 10 个减少到 5 ~ 6 个。

（二）新的工艺技术

1. *ALCET 技术*　1995 年 Brown&Root 推出了先进的低投资乙烯技术（ALCET），采用溶剂吸收分离甲烷工艺，是对原有的油吸收进行改进，与目前加氢与前脱丙烷结合起来，除去 C_4 及以上馏分之后，再进入油吸收脱甲烷系统，从甲烷和较轻质组分中分离 C_2 以上组分，它无须脱甲烷塔和低温甲烷、乙烯制冷系统，对乙烯分离工艺做出了较大的改进，无论对新建乙烯装置和老装置的改扩建都有一定的意义。

2. *膜分离技术*　我国专家于 20 世纪 80 年代，Kellogg 公司于 1994 年提出将膜分离技术用于乙烯装置中，用中空纤维膜从裂解气中顶分离出部分氢，从而使被分离气体中乙烯及较重组分的浓度明显提高，因而减少了乙烯制冷的负荷，并使原乙烯装置明显提高其生产能力。

3. *催化精馏加氢技术*　Lummus 公司提出的催化精馏加氢是将加氢反应和反应产物的分离合并在一个精馏塔内进行，在该塔的精馏段内，部分和全部被含有催化剂的填料所取代，该催化剂的填料既能达到选择性催化加氢的目的，又能同时起到分离的作用。催化精馏加氢技术在乙烯装置中主要用于 C_3 馏分中丙炔与丙二烯的选择加氢，C_4 馏分选择性或全部加氢，C_4 与 C_5 混合馏分全加氢以及裂解汽油的选择性或全加氢。

（三）抑制裂解炉结焦技术

裂解炉结焦会降低产物产率，增加能耗和缩短炉管寿命，为了抑制结焦，近 20 年来，在裂解炉设计和操作方面做了很大的改进。

使用涂覆技术降低炉管结焦：Westaim 表面工程产品公司的 Cotalloy 技术采用等离子体和气相沉积工艺使合金和陶瓷相结合，并经过表面热处理后形成涂层。

使用结焦抑制剂的方法：使用结焦抑制剂所获得的经验表明加抑制剂的方法及设施，是成功和安全抑制结焦的关键因素。FSI（Forest Star International）设计了一种新装置并在俄罗斯的 6 套乙烯装置中进行实际应用，它们能消除影响结焦抑制剂技术成功应用的一些因素。

操作经验已经表明，通过采取 FSI 装置后，两次清焦操作间的运行期延长了 3 倍，由原来每 45 天清焦一次费时 100h 到现在的每 135 天费时 2 ~ 4h，并且安装了 FSI 装置的裂解炉运行比较稳定。

综上所述，由于烃类热裂解生产烯烃的技术在整个化学工业中占举足轻重的地位，因此国内外化学工作者对于其新工艺、新设备的研究，新材料的应用，过程的优化配置等方面仍给予极大关注，并不断有新的技术出现，这应引起人们的重视。

【能力测评与提升】

1. 烃类裂解的原料主要有哪些？选样原料应考虑哪些方面？
2. 停留时间的长短对裂解有什么影响？
3. 分析裂解温度对裂解反应的影响。
4. 裂解过程中为何加入水蒸气？水蒸气的加入原则是什么？
5. 管式裂解炉裂解的生产技术要点是什么？目前代表性的技术有哪些？
6. Lummus 公司的 SRT 型裂解炉由Ⅰ型发展到Ⅵ型，主要有哪些改进？采取的措施是什么？
7. 裂解炉和急冷锅炉的清焦条件是什么？
8. “间接急冷”与“直接急冷”各有什么优缺点？
9. 深冷分离主要由哪几个系统组成？各系统的作用分别是什么？
10. 裂解气为什么要进行压缩？
11. 简述复叠制冷的原理，它与一般的制冷有什么区别？
12. 裂解气分离的目的是什么？工业上采用哪些分离方法？
13. 酸性气体的主要组成是什么？有什么危害？脱除酸性气体主要用什么方法，其原理分别是什么？
14. 说明裂解气中水的来源及危害，常用的脱水的方法有哪些？
15. 为什么要脱除裂解气中的炔烃？脱炔的工业方法有哪几种？
16. 比较三种深冷分离流程的特点。
17. 热裂解过程中能耗的主要部位有哪些？生产中各采用哪些节能途径？
18. 画出轻柴油裂解工艺流程图，并说明四个系统的作用。
19. 画出顺序深冷分离流程图，并说明分离的顺序是什么？
20. 画出前脱丙烷分离流程图，并说明关键组分是什么？
21. 画出前脱乙烷分离流程图，并说明该流程主要适合什么原料？

学习情境六　催化重整

【任务一】认识催化重整

1. 能力目标

能够认识催化重整的地位；能够理解催化重整的基本原理流程。

2. 知识目标

了解催化重整基本概况；掌握催化重整基本工艺流程。

3. 教、学、做说明

学生通过图书馆和网络资源的查找，并结合本任务的【相关知识】，分组讨论总结催化重整基本概况、地位、反应基本工艺流程，然后由教师引领，组别代表发言，并在教师指导下完成相关知识的汇总。

4. 工作准备

学生分组：按照班级人数分组，并指派组长；资料查阅：布置工作任务，学生可通过图书馆或互联网等途径查阅相关资料。

5. 工作过程

小组讨论；组长指派代表发言；教师引领，完成催化重整相关知识的总结。

【相关知识】

一、催化重整在石油加工中的地位

催化重整是以石脑油为原料，在催化剂的作用下，烃类分子重新排列成新分子结构的工艺过程。其主要目的：一是生产高辛烷值（RON）汽油组分；二是为化纤、橡胶、塑料和精细化工提供原料（苯、甲苯、二甲苯，简称BTX等芳烃）。除此之外，催化重整过程还生产化工过程所需的溶剂、油品加氢所需高纯度廉价氮气（75% ~ 95%）和民用燃料液化气等副产品。

由于环保和节能要求，世界范围内对汽油总的要求趋势是高辛烷值和清洁。在发达国家的车用汽油组分中，催化重整汽油占25% ~ 30%。我国已在2000年实现了汽油无铅化，汽油辛烷值在90以上。汽油中有害物质的控制指标为：烯烃含量不高于35%，芳烃含量不高于40%，苯含量不高于2.5%，硫含量不高于0.08%。而目前我国汽油以催化裂化汽油组分为主，烯烃和硫含量较高。降低烯烃和硫含量并保持较高的辛烷值是我国炼油厂生产清洁汽油所面临的主要问题，而催化重整在解决这个矛盾中将发挥重要作用。

石油是不可再生资源，其最佳应用是达到效益最大化和再循环利用。石油化工是目前最重要的发展方向，BTX 是一级基本化工原料，全世界所需的 BTX 有一半以上是来自催化重整。

催化重整是石油加工和石油化工的重要工艺之一，受到了广泛重视。据统计，2004 年世界主要国家和地区原油总加工能力为 40.90 亿吨 / 年，其中催化重整处理能力 4.88 亿吨 / 年，约占原油加工能力的 13.7%。

二、催化重整发展简介

1940 年工业上第一次出现了催化重整，使用的是氧化钼—氧化铝（MoO_3—Al_2O_3）催化剂，以重汽油为原料，在 480 ~ 530℃、1 ~ 2MPa（氢压）的条件下，通过环烷烃脱氢和烷烃环化脱氢生成芳烃，通过加氢裂化反应生成小分子烷烃等，所得汽油的辛烷值可高达 80 左右，这一过程也称为临氢重整。但是这个过程有较大的缺点：催化剂的活性不高，汽油收率和辛烷值都不理想，在第二次世界大战以后临氢重整停止发展。

1949 年以后，出现了贵金属铂催化剂，催化重整更新得到迅速发展，并成为石油工业中的一个重要过程。铂催化剂比铬、钼催化剂的活性高得多，在比较缓和的条件下就可以得到辛烷值较高的汽油，同时催化剂上的积碳速率较慢，在氢压下操作一般可连续生产半年至一年不需要再生。铂重整一般是以 80 ~ 200℃馏分为原料，在 450 ~ 520℃，1.5 ~ 3.0 MPa（氢压）及铂 / 氧化钼催化剂作用下进行，汽油收率为 90%左右，辛烷值达 90 以上。铂重整生成油中含芳烃 30% ~ 70%，因而是芳烃的重要来源。1952 年发展了二乙二醇醚为溶剂的重整生成油抽提芳烃的工艺，可得到硝化级苯类产品。因此，铂重整—芳烃抽提联合装置迅速发展成生产芳烃的重要过程。

1968 年开始出现铂—铼双金属催化剂，催化重整的工艺又有新的突破。与铂催化剂比较，铂镍催化剂和随后陆续出现的各种双金属（铂—铱、铂—锡）或多金属催化剂的突出优点是具有较高的稳定性。例如，铂—镍催化剂在积碳达 20%时仍有较高的活性，而铂催化剂在积碳达 6%时就需要再生。双金属或多金属催化剂有利于烷烃环化的反应，增加芳烃的产率，汽油辛烷值可高达 105（RON），芳烃转化率可超过 100%，能够在较高温度，较低压力（0.7 ~ 1.5MPa）的条件下进行操作。

目前，应用较多的是双金属或多金属催化剂，在工艺上也相应做了许多改革。如再生和连续再生，为减小系统压力降而采用径向反应器、大型立式换热器等。

三、催化重整原理流程

催化重整过程可生产高辛烷值汽油，也可生产芳烃。生产目的不同，装置构成也不同。

1. 生产高辛烷值汽油方案　以生产高辛烷值汽油为目的的重整过程主要由原料预处理、重整反应和反应产物分离三部分构成，见图 6–1。

2. 生产芳烃方案　以生产芳烃为目的的重整过程主要由原料预处理、重整反应、芳烃抽提和芳烃精馏四部分构成，见图 6–2。

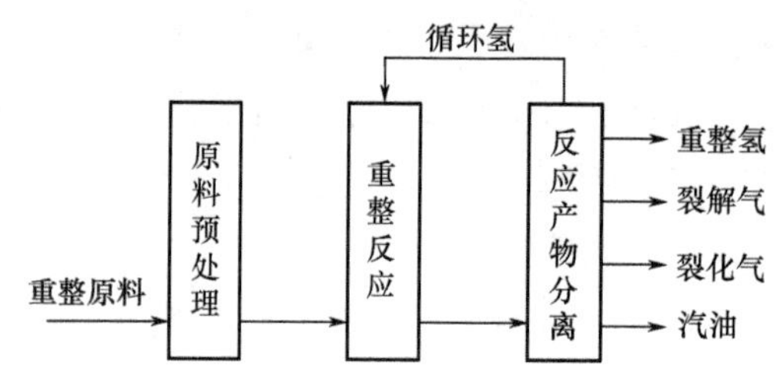

图 6-1　生产高辛烷值汽油方案

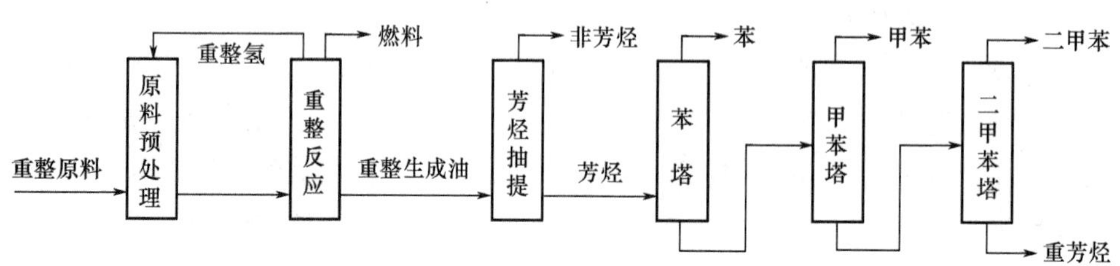

图 6-2　生产芳烃方案

【任务二】认识催化重整化学反应

1. 能力目标

能够理解催化重整的化学反应的基本原理；能够了解催化重整反应的热力学和动力学反应特点。

2. 知识目标

掌握催化重整反应类型和反应原理；了解不同重整反应的热力学和动力学特点。

3. 教、学、做说明

学生通过图书馆和网络资源的查找，并结合本任务的【相关知识】，分组讨论总结催化重整反应原理和催化剂组成、特点及使用操作，然后由教师引领，组别代表发言，并在教师指导下完成相关知识的汇总。

4. 工作准备

学生分组：按照班级人数分组，并指派组长；资料查阅：布置工作任务，学生可通过图书馆或互联网等途径查阅相关资料。

5. 工作过程

小组讨论；组长指派代表发言；教师引领，完成催化重整化学反应相关知识的总结。

【相关知识】

催化重整无论是生产高辛烷值汽油还是芳烃，都是通过化学过程来实现的。因此，必须对重整条件下所进行的反应类型和反应特点有足够的了解和研究。

一、重整化学反应

在催化重整中发生一系列芳构化、异构化、裂化和生焦等复杂的平行和顺序反应

（一）芳构化反应

凡是生成芳烃的反应都可以称为芳构化反应。在重整条件下芳构化反应主要包括：

1. 六元环脱氢反应

$$+3H_2$$

$$CH_3 \rightleftharpoons CH_3 \quad +3H_2$$

$$CH_3,\ CH_3 \rightleftharpoons CH_3,\ CH_3 \quad +3H_2$$

2. 五元环烷烃异构脱氢反应

$$-CH_3 \rightleftharpoons \rightleftharpoons +3H_2$$

$$CH_3,\ CH_3 \rightleftharpoons CH_3 \rightleftharpoons CH_3 \quad +3H_2$$

3. 烷烃环化脱氢反应　芳构化反应的特点是：

$$n\text{-}C_6H_{14} \xrightleftharpoons{-H_2} \rightleftharpoons + 3H_2$$

$$n\text{-}C_7H_{16} \xrightleftharpoons{-H_2} CH_3 \rightleftharpoons CH_3 + 3H_2$$

$$H_3C-\quad-CH_3 + 4H_2$$

$$i\text{-}C_8H_{18} \rightleftharpoons \quad -CH_3,\ -CH_3 + 4H_2$$

$$H_3C-\quad-CH_3 + 4H_2$$

（1）强吸热，其中相同碳原子烷烃环化脱氢吸热量最大，五元环烷烃异构脱氢吸热量最小，因此，实际生产过程中必须不断补充反应过程中所需的热量。

（2）体积增大，因为都是脱氢反应，这样重整过程可生产高纯度的富产氢气。

（3）可逆，实际过程中可控制操作条件，提高芳烃产率。

对于芳构化反应，无论生产目的是芳烃还是高辛烷值汽油，这些反应都是有利的。尤其是正构烷烃的环化脱氢反应会使辛烷值大幅度提高。这三类反应的反应速率是不同的：六元环烷的脱氢反应进行得很快，在工业条件下能达到化学平衡，是生产芳烃的最重要的反应；五元环烷的异构脱氢反应比六元环烷的脱氢反应慢很多，但大部分也能转化为芳烃；烷烃环化脱氢反应的速率较慢，在一般铂重整过程中，烷烃转化为芳烃的转化率很小。铂、铼等双金属和多金属催化剂重整的芳烃转化率有很大的提高，主要原因是提高了烷烃转化为芳烃的反应速率。

（二）异构化反应

$$n\text{-}C_7H_{16} \rightleftharpoons i\text{-}C_7H_{16}$$

$$\text{(甲基环戊烷)}\ \text{—}CH_3 \rightleftharpoons \text{(环己烷)}$$

$$H_3C\text{—(苯环)—}CH_3 \rightleftharpoons \text{(苯环)}(\text{—}CH_3)_2$$

在催化重整条件下，各种烃类都能发生异构化反应且是轻度的放热反应。异构化反应有利于五元环烷异构脱氢生成芳烃，提高芳烃产率。对于烷烃的异构化反应，虽然不能直接生成芳烃，但却能提高汽油辛烷值，并且由于异构烷烃较正构烷烃容易进行脱氢环化反应。因此，异构化反应对生产汽油和芳烃都有重要意义。

（三）加氢裂化反应

$$n\text{-}C_7H_{16}+H_2 \longrightarrow n\text{-}C_3H_8+i\text{-}C_4H_{10}$$

$$\text{(环戊烷)—}CH_3+H_2 \longrightarrow CH_3\text{—}CH_2\text{—}CH_2\text{—}\underset{\displaystyle CH_3}{\underset{|}{CH}}\text{—}CH_3$$

$$\text{(苯环)—}\overset{\displaystyle CH_3}{\overset{|}{\underset{\displaystyle CH_3}{\underset{|}{C}H}}}+H_2 \longrightarrow \text{(苯环)}\ +C_3H_8$$

加氢裂化反应实际上是裂化、加氢、异构化综合进行的反应，也是中等程度的放热反应。由于是按碳正离子反应机理进行反应，因此，产品中小于 C_3 的小分子很少。反应结果生成较小的烃分子，而且在催化重整条件下的加氢裂化还包含异构化反应，这些都有利于提高汽油辛烷值，但同时由于生成小于 C_5 的气体烃，汽油产率下降，并且芳烃收率也下降，因此，加氢裂化反应要适当控制。

（四）缩合生焦反应

在重整条件下，烃类还可以发生叠合和缩合等分子增大的反应，最终缩合成焦炭，覆盖在催化剂表面，使其失活。因此，这类反应必须加以控制，工业上采用循环氢保护，一方面使容易缩合的烯烃饱和，另一方面抑制芳烃深度脱氢。

二、重整反应的热力学和动力学特征及影响因素

研究某一化学过程，主要是弄清其反应的热力学和动力学特征。热力学主要涉及三个方面：第一，判断反应在某一条件下能否进行，用吉布斯函数（ΔG^0）表示，ΔG^0 值越小，反应进行的可能性越大，反之则越小，在实际生产过程，可以不考虑它，因为都已实现工业化了，其反应肯定能进行；第二，判断反应在某一条件下最大进行到什么程度，用反应平衡常数（K_P）表示，K_P 值越大，反应进行越彻底；第三，反应热效应，即反应热，用 ΔH 表示，一般情况下，对吸热反应，应考虑向系统供热，对放热反应，应考虑从系统取热。而动力学主要涉及反应速率。实际生产过程，主要分析反应是受动力学控制，还是受热力学控制。如果反应受热力学控制，则提高反应平衡常数，反之，则提高反应速率。反应平衡常数和反应速率都与某些反应条件有关，即可以改变反应条件，使反应过程达到最优化，最大限度地提高目的产物的收率。

重整过程一些反应的热力学数据见表 6–1。

从表 6–1 数据可分析出重整各类反应的特征，而影响催化重整的主要操作因素包括温度、压力、空速和氢油比，表 6–2 总结出各类反应特点和各种因素的影响。

表6–1　700K下一些烃类反应热力学数据

反应	ΔH/kJ·kg^{-1}产物	K_p	ΔG_0/J·mol^{-1}
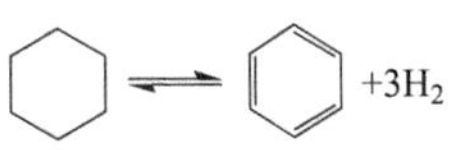 $\rightleftharpoons$ $+3H_2$	2822	1.8×10	-5.69×10^4
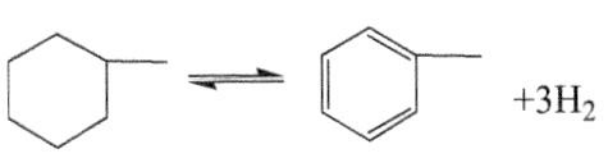 $\rightleftharpoons$ $+3H_2$	2345	$3.3 \times$	-6.07×10^4
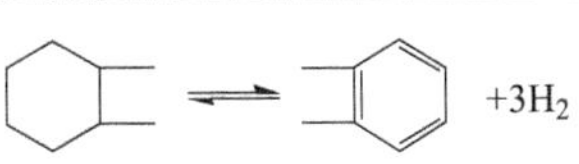 $\rightleftharpoons$ $+3H_2$	2001	1.77×10^5	-7.08×10^4
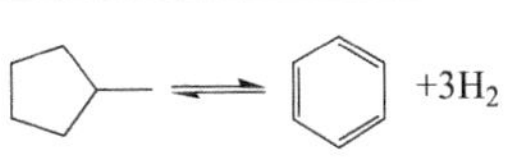 $\rightleftharpoons$ $+3H_2$	≈2000	1.98×10^3	-4.4×10^4
n-C_6H_{14} $\rightleftharpoons$ C—C—C—C(—C)—C	−71	1.38	—

续表

反应	ΔH/kJ·kg^{-1}产物	K_p	ΔG_0/J·mol^{-1}
n-C_7H_{16} ⇌ C—C—C—C(—C)—C—C	–46.5	3.34	—

一般来讲，缩合生焦可以看作不可逆反应，其倾向大小与原料的分子大小及结构有关，分子越大、烯烃含量越高的原料越易缩合生焦。另外，还与操作条件和催化剂性能有关，温度提高、压力降低、氢油比降低、反应时间延长都会导致缩合生焦。

表6–2　催化重整中各类反应的特点和操作因素的影响

反应		六元环烷脱氢	五元环烷异构脱氢	烷烃环化脱氢	异构化	加氢裂化
反应特点	热效应	吸热	吸热	吸热	放热	放热
	反应热/kJ·kg^{-1}	2000 ~ 2300	2000 ~ 2300	~ 2500	很小	~ 840
	反应速度	最快	很快	慢	快	慢
	控制因素	化学平衡	化学平衡或反应速率	反应速率	反应速率	反应速率
对产品差率的影响	芳烃	增加	增加	增加	影响不大	减少
	液体产品	稍减	稍减	稍减	影响不大	减少
	C_2 ~ C_4气体	—		—		增加
	氢气	增加	增加	增加	无关	减少
对重整汽油性质的影响	辛烷值	增加	增加	增加	增加	增加
	密度	增加	增加	增加	稍增	减少
	蒸气压	降低	降低	降低	稍增	增大
操作因素增大时对各类反应产生的影响	温度	促进	促进	促进	促进	促进
	压力	抑制	抑制	抑制	无关	促进
	空速	影响不大	影响不很大	抑制	抑制	抑制
	汽油比	影响不大	影响不大	影响不大	无关	促进

【任务三】认识催化重整催化剂

1. 能力目标

能够理解重整催化剂的特点、使用方法及操作技术要求。

2. 知识目标

掌握重整催化剂的组成、评价方法、使用方法和操作技术要求。

3. 教、学、做说明

学生通过图书馆和网络资源的查找，并结合本任务的【相关知识】，分组讨论总结重整催化剂组成、特点及使用操作，然后由教师引领，组别代表发言，并在教师指导下完成相关知识的汇总。

4. 工作准备

学生分组：按照班级人数分组，并指派组长；资料查阅：布置工作任务，学生可通过图书馆或互联网等途径查阅相关资料。

5. 工作过程

小组讨论；组长指派代表发言；教师引领，完成重整催化剂相关知识的总结。

【相关知识】

一、重整催化剂的组成

工业重整催化剂分为两大类：非贵金属和贵金属催化剂。

（1）非贵金属催化剂，主要有 Cr_2O_3/Al_2O_3、MoO_3/Al_2O_3 等，具主要活性组分多属元素周期表中第Ⅵ族金属元素的氧化物。这类催化剂的性能较贵金属低得多，目前工业上已淘汰。

（2）贵金属催化剂，主要有 Pt—Re/ Al_2O_3、Pt—Sn/ Al_2O_3、Pt—Ir/Al_2O_3 等系列，其活性组分主要是元素周期表中Ⅷ族的金属元素，如铂、钯、铱、铑等。

贵金属催化剂由活性组分、助催化剂和载体构成。

（一）活性组分

由于重整过程有芳构化和异构化两种不同类型的理想反应。因此，要求重整催化剂具备脱氢和裂化、异构化两种活性功能，即重整催化剂的双功能。一般由一些金属元素提供环烷烃脱氢生成芳烃、烷烃脱氢生成烯烃等脱氢反应功能，也叫金属功能；由卤素提供烯烃环化、五元环异构等异构化反应功能，也叫酸性功能。通常情况下，把提供活性功能的组分又称为主催化剂。

重整催化剂的这两种功能在反应中是有机配合的，它们并不是互不相干的，应保持一定平衡。否则会影响催化剂的整体活性及选择性，研究表明：烷烃的脱氢环化反应可按图 6–3 所示过程进行。

由以上可以看出，在正己烷转化为苯的过程中，烃分子交替地在脱氢中心和酸性中心上起作用。正己烷转化为苯的总反应速率取决于过程中各个阶段的反应速率，而反应速率最慢的阶段起着决定作用（控制步骤）。因此，重整催化剂的两种功能必须适当配合才能得到满意的结果。如果脱氢活性很强，则只能加速六元环烷烃的脱氢，而对五元环烷烃和烷烃的芳构化及烷烃的异构化促进不大，达不到提高芳烃产率和提高汽油辛烷值的目的。相反，如果酸性功能很强，则促进了异构化反应，加氢裂化也相对增加，而液体产物收率下降，五元环烷烃和烷烃生成芳烃的选择性下降，也达不到预期的目的。因此，如何保证这两种功能得到适当的配合是制备重整催化剂和实际生产操作的一个重要问题。

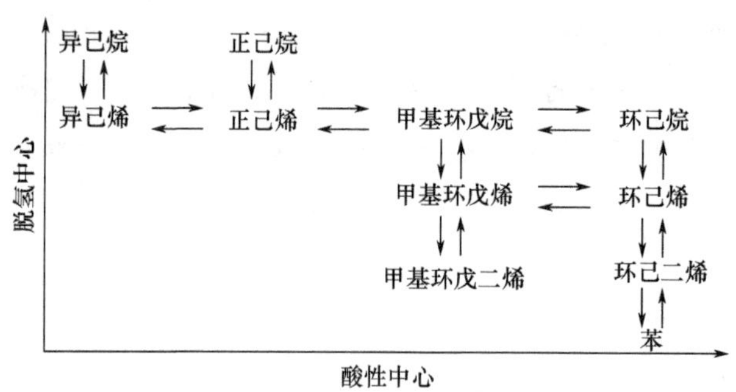

图 6-3　C_6 烃重整反应历程

从下面实验数据可进一步观察两种功能的配合，有两组催化剂：A 组：铂含量保持不变，为 0.3%，氟含量从 0.0 5% 依次增加到 1.25%；B 组：氟含量保持不变，为 0.77%，铂含量从 0.012% 依次增加到 0.3%。

从表 6-3 中可以看出，A 组催化剂，随氟含量的增加，苯产率也增加，当氢含量大于 1% 时，苯产率增加趋缓，接近平衡转化率。由此可见，含氟小于 1% 时，甲基环戊烷脱氢异构生成苯的反应速率是由酸性功能控制的。对 B 组催化剂，催化剂中铂含量增加，苯产率增加。当铂含量大于 0.07%，产率增加不大。可见含铂小于 0.07% 时，反应速率由催化剂的脱氢功能控制。

表6-3　金属组分与酸性组分的相互关系

A组：催化剂含铂0.3%		B组：催化剂含氟0.77%	
氟含量/%	苯产率/%	铂含量/%	苯产率/%
0.05	25.0	0.012	14.5
0.15	31.5	0.030	45.0
0.30	41.0	0.050	56.0
0.50	59.0	0.075	63.0
1.00	71.0	0.100	63.5
1.25	71.5	0.300	63.0

注　以甲基环丙烷为原料，反应条件在500℃，1.8MPa。

1. 铂　活性组分中所提供的脱氢活性功能，目前应用最广的是贵金属铂。一般来说，催化剂的活性、稳定性和抗毒物能力随铂含量的增加而增强。但铂是贵金属，其催化剂的成本主要取决于铂含量，研究表明：当铂含量接近于 1% 时，继续提高铂含量几乎没合裨益。随着载体及催化剂制备技术的改进，使得分布在载体上的金属能够更加均匀地分散，重整催化剂的铂含量趋向于降低，一般为 0.1% ~ 0.7%。

2. 卤素　活性组分中的酸性功能一般由卤素提供，随着卤素含量的增加，催化剂对异构化和加氢裂化等酸性反应的催化活性也增加。在卤素的使用上通常有氟氯型和全氯型两种。

氟在催化剂上比较稳定，在操作时不易被水带走，因此氟氯型催化剂的酸性功能受重整原料含水量的影响较小。一般氟氯型新鲜催化剂含氟和氯约为 1%，但氟的加氢裂化性能较强，使催化剂的选择性变差。氯在催化剂上不稳定，容易被水带走，这也正好通过注氯和注水控制催化剂酸性，从而达到重整催化剂双功能很好的配合。一般新鲜全氯型催化剂的氯含量为 0.6% ~ 1.5%，实际操作中要求氯稳定在 0.4% ~ 1.0%。

（二）助催化剂

近年来重整催化剂的发展主要是引进第二、第三及更多的其他金属作为助催化剂，一方面，减小铂含量以降低催化剂的成本；另一方面，改善铂催化剂的稳定性和选择性，把这种含有多种金属元素的重整催化剂称为双金属或多金属催化剂。目前，双金属和多金属重整催化剂主要有以下三大系列。

1. 铂铼系列　与铂催化剂相比，初活性没有很大改进，但随着活性、稳定性大大提高，且容炭能力增强（铂铼催化剂容炭量可达 20%，铂催化剂仅为 3% ~ 6%），主要用于固定床重整工艺。

2. 铂铱系列　在铂催化剂中引入铱可以大幅度提高催化剂的脱氢环化能力。铱是活性组分，它的环化能力强，其氢解能力也强，因此在铂铱催化剂中常加入第三组分作为抑制剂，改善其选择件和稳定性。

3. 铂锡系列　铂锡催化剂的低压稳定性非常好，环化选择性也好，其较多的应用于连续重整工艺。

（三）载体

目前，作为重整催化剂的常用载体有 η-Al_2O_3 和 γ-Al_2O_3。η-Al_2O_3 的比表面积大，氯保持能力强，但热稳定性和抗水能力较差，因此目前重整催化剂常用 γ-Al_2O_3 作载体。载体应具备适当的孔结构，孔径过小不利于原料和产物的扩散，易于在微孔口结焦，使内表面不能充分利用而使活性迅速降低。采用双金属或多金属催化剂时，操作压力较低，要求催化剂有较大的容焦能力以保证稳定的活性。因此这类催化剂的载体的孔容和孔径要大一些，这一点从催化剂的堆积密度可以看出，铂催化剂的堆积密度为 0.65 ~ 0.8g/cm^3，多金属催化剂则为 0.45 ~ 0.68g/cm^3。

二、重整催化剂评价

重整催化剂评价主要从化学组成、物理性质及使用性能三个方面进行。

（一）化学组成

重整催化剂的化学组成涉及活性组分的类型和含量、助催化剂的种类及含量、载体的组成和结构。主要指标有：金属含量、卤素含量、载体类型及含量等。

（二）物理性质

重整催化剂的物理性质主要由催化剂化学组成、结构和配制方法所决定。主要指标有：堆积密度、比表面积、孔体积、孔半径、颗粒直径等。

（三）使用性能

由催化剂的化学组成和物理性质、原料组成、操作方法及操作条件共同作用，使重整催化剂在使用过程导致结果的差异。主要指标有：活性、选择性、稳定性、再生性能、机械强度、寿命等。

1. 活性　催化剂的活性评价方法一般因生产目的不同而异。以生产芳烃为目的时，可在一定的反应条件下考察芳烃转化率或芳烃产率。如以加氢精制后的大庆直馏（60 ~ 130℃）馏分为原料，在 490℃、总压 2.5MPa、氢油体积比 1200∶1、空速 3 ~ $6h^{-1}$ 的条件下进行重整反应，所得芳烃转化率即为催化剂的活性，铂催化剂一般大于 85%、铂铼可达 110% 左右。

以生产高辛烷值汽油为目的时，可用所生产汽油的辛烷值比较其活性。常用“辛烷值—产率曲线”评价催化剂的活性。在相同的原料和操作条件下催化剂的活性高，所得汽油辛烷值和收率都较高。图中两条曲线，虚线表示活性差的催化剂的辛烷值—产率关系，实线表示活性高的催化剂的辛烷值—产率关系。显然这种活性评价方法也包含了催化剂选择性的因素。

2. 选择性　由于重整反应是一个复杂的平行—顺序反应，因此催化剂的选择性直接影响目的产物的收率和质量。催化剂的选择性可用目的产物的收率或目的产物收率 / 非目的产物收率的值进行评价，如芳烃转化率、汽油收率、芳烃收率 / 液化气收率、汽油收率 / 液化气收率等表示。

3. 稳定性和寿命　重整催化剂在使用过程中由于积碳、中毒、老化等原因造成活性及选择性下降，从而影响重整催化剂长期稳定使用，结果是芳烃转化率或汽油辛烷值降低。保持活性和选择性的能力称为催化剂稳定性。

重整催化剂在使用过程中由于活性、选择性、稳定性、再生性能、机械强度等使用性能不能满足实际生产需求，必须更换新催化剂。

4. 再生性能　重整催化剂由于积碳等原因而造成失活可通过再生来恢复其活性，但催化剂经再生后很难恢复到新鲜催化剂的水平。这是由于有些失活不能恢复（永久性的中毒）；再生过程中由于热等作用造成载体表面积减小和金属分散度下降而使活性降低。因此，每次催化剂再生后其活性只能达到上次再生的 85% ~ 95%，当它的活性不再满足要求就需要更换新鲜催化剂。

5. 机械强度　催化剂在使用过程中，由于装卸或操作条件等原因导致催化剂颗粒粉碎，造成床层压降增大，压缩机能耗增加，同时也对反应不利。因此要求催化剂必须具有一定的机械强度。工业上常以耐压强度（Pa 或 N/ 粒）表示重整催化剂的机械强度。

三、重整催化剂使用方法及操作技术

（一）开工技术

由于催化剂的类型和重整反应工艺不同，采用不同开工技术。对于氧化态铂铼或铂铱催化剂的固定床重整部分开工技术包括催化剂的装填、干燥、还原、硫化和进油等步骤，每个步骤都会影响催化剂的性能和反应过程。

1. 催化剂的装填　装催化剂前必须对装置作彻底清扫和干燥。清除杂物和硫化铁等污染物，装催化剂必须在晴天进行，催化剂要装得均匀结实，各处松密一致，以免进油后油气分布不均，产生短路。

2. 催化剂的干燥　开工前反应区一定要彻底干燥以防催化剂带水。干燥是通过循环压缩机用热氮气循环流动来完成，在各低点排去游离水。干燥用的氮气中通入空气，以维持一定的氧含量，使催化剂在高温下氧化，清洁表面，有利于还原，同时也可将系统中残存的烃类烧去，氧浓度可逐步升到5%左右，温度可逐步升到500℃左右，必要时循环氮气可经分子筛脱水，以加快干燥进程。整个反应部分气体回路均在干燥之列。

3. 催化剂的还原　还原过程是在循环氢气的氛围下，将催化剂上氧化态的金属还原成具有更高活性的金属态。还原前用氮气吹扫系统，一次通过，以除去系统中含氧气体。还原时从低温开始，先用干燥的电解氮或经活性炭吸附过的重整氢一次通过床层，从高压分离器排出，以吹扫系统中的氮气。

然后用氢将系统充压到0.5 ~ 0.7MPa进行循环，并以30 ~ 50℃ /h的速度升温，当温度升到480 ~ 500℃时保持1h，结束还原。在整个还原过程中（包括升温过程），在各部位的低点放空排水。在有分子筛干燥设施的装置上，必要时可投用分子筛干燥设施。

4. 催化剂预硫化　对铂铼或铂铱双金属催化剂需在进油前进行硫化，以降低过高的初活性，防止进油后发生剧烈的氢解反应。硫化温度为370℃左右，硫化剂（硫醇或二硫化碳）从各反应器入口注入，以免炉管吸硫造成硫不足，同时也避免硫的腐蚀，硫化剂在1h内注完，新装置注硫量要多些。注硫量不同，进油催化剂床层温度和氢浓度的变化也不一样。一般注硫量第一、第二反应器以0.06% ~ 0.15%为宜。第三、第四反应器还要稍高一些。硫化时如注硫量过多，则在进油后由于催化剂上的硫释放出来，需要较长时间才能将循环气中硫含量降到2μg/g以下，在此期间不能将反应温度提高到所需温度，只能在480℃较低温条件下运转，否则会加速催化剂失活。

5. 重整进油及调整提作　催化剂预硫化后即可进油。如果使用的重整进料油是储存的预加氮精制油，需再经过汽提塔除去油中水和氧。根据循环气中含水量逐步提高到所需温度，并进行水氯平衡的调节。

如果是还原态或铂锡催化剂，则开工方法稍有不同，因为催化剂为还原态，故不需还原过程。由于催化剂中加入锡，已抑制了催化过程的初活性，不需要预硫化。

（二）反应系统中水氯平衡的控制

在装置运转中催化剂的水氯平衡控制是非常重要的。因为一个优良的催化剂，其金属功能和酸性功能是相互匹配的。但在运转过程中，催化剂上氯含量（酸性功能）受反应系统中水等影响，而逐渐损失，所以在操作时要加以调节，以保持催化剂有适宜的氯含量。调节方法在开工初期和正常运转时有所不同。

1. 开工初期　由于催化剂在还原时和进油后初期系统中的水量较多，氯损失较大，或由于氯化更新时未达到预期效果，所以在开工初期必须集中补氯以期对催化剂上氯进行调整。

集中补氯时的注氯量要根据循环气中水的多少来确定，详见表6-4。一般总的补氯量为催化剂的0.2%（质量分数）左右。集中补氯期间，温度不要超过480℃。当循环气中含水量小于200μg/g，硫化氢含量小于2μg/g，原料油中硫含量小于0.5μg/g，反应器温度即可升到490℃，随着进油时间的增长，系统气中水含量继续下降，当气中含水小于50μg/g后，按正常水氯平衡调节。

表6–4　重整开工补氯量

气中含水量/$\mu g \cdot g^{-1}$	进料油中注氯量/$\mu g \cdot g^{-1}$	气中含水量/$\mu g \cdot g^{-1}$	进料油中注氯量/$\mu g \cdot g^{-1}$
>500	25 ~ 50	100 ~ 200	5 ~ 10
200 ~ 500	10 ~ 25	50 ~ 100	3 ~ 5

2. 正常运转　当重整转入正常运转后，反应系统中水和氯的来源是原料油中的水和氯及注入的水和氯。循环气中水宜在 15 ~ 50μg/g 之间，以 15 ~ 50μg/g 为宜，适量的水能活化氧化铝，并使氯分布均匀。循环气中氯含量在 1 ~ 3μg/g 之间，过高的氯表明催化剂上氯过量。催化剂上的氯含量是反应系统中水和氯物质的量比的函数。例如某催化剂在反应温度为 500℃时，水氯物质的量比与催化剂上氯含量的关系如图 6–4 所示。

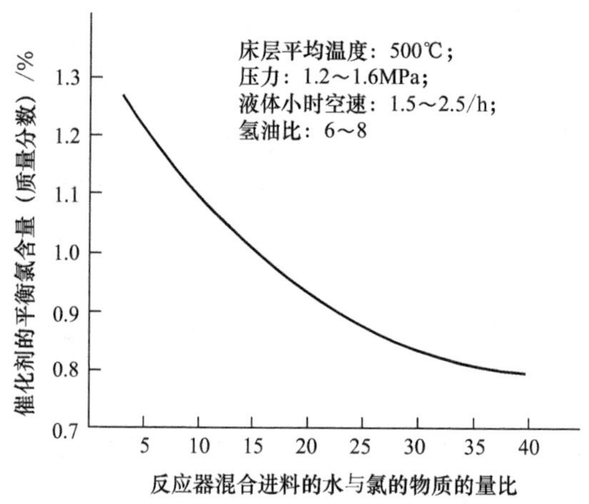

图 6–4　某催化剂平衡氯含量与反应混合进料水氯比的关系

关于水氯平衡的调节，在实践中也积累了丰富经验，可简单地按循环气中水的含量来确定一般注氯量，见表 6–5。

表6–5　重整正常运转中补氯量

气中含水量/$\mu g \cdot g^{-1}$	注氯量/$\mu g \cdot g^{1}$	气中含水量/$\mu g \cdot g^{-1}$	注氯量/$\mu g \cdot g^{-1}$
35 ~ 50	2 ~ 3	15 ~ 25	0.5 ~ 1
25 ~ 35	1.5 ~ 2		

（三）催化剂的失活控制与再生

在运转过程中，催化剂的活性逐渐下降，选择性变差，芳烃产率和生成油辛烷值降低。其原因主要由于积碳、中毒和老化。因此，在运转过程中，必须严格操作，尽量防止或减少这些失活因素的产生，以降低催化剂失活速率，延长开工周期。通常用提高反应温度来补偿催化剂的活性损失，当运转后期，反应温度上升到设计的极限，或液体收率大幅度下降时，催化剂必须停工再生。

1. 催化剂的失活控制

（1）抑制积碳生成。催化剂在高温下容易生成积碳，但如能将积碳前身物及时加氢或加氢裂解变成轻烃，则减少积碳。催化剂制备时在金属铂以外加入第二金属如铼、锡、铱等，可大大提高催化剂的稳定性。因为铼的加氢性能强，容炭能力提高；锡可提高加氢性能；铱可把积碳前身物裂解变成无害的轻烃，从而减少积碳。由于催化剂中加入了第二金属和制备技术的改进，催化剂上铂含量从 0.6%降到 0.3%，甚至更低，而催化剂的稳定性和容炭能力却大为提高。

提高氢油比有利于加氢反应的进行，减少催化剂上积碳前身物的生成。提高反应压力可抑制积碳的生成，但压力加大后，烷烃和环烷烃转化成芳烃的速率减慢。对铂铼及铂铱双金属催化剂在进油前进行预硫化，以抑制催化剂的氢解活性，也可减少积碳。

（2）抑制金属聚集。在优良的新鲜催化剂中，铂金属粒子分散很好，大小在 10nm 左右，而且分布均匀。但在高温下，催化剂载体表面上的金属粒子聚集很快，金属粒子变大，表面积减少，以致催化剂活性减小。所以对提高反应温度必须十分慎重。如催化剂上因氯损失较多，而使活性下降，则必须调整好水氯平衡，控制好催化剂上氯含量，观察催化剂活性是否上升，在此基础上再决定是否提温。

再生时高温烧炭也加速金属粒子的聚集，一定要很好地控制烧炭温度，并且要防止硫酸盐的污染。烧炭时注入一定量的氯化物会使金属稳定，并有助于金属的分散。

另外，要选用热稳定性好的载体，如 γ-Al_2O_3，在高温下不易发生相变，可减少金属聚集。

（3）防止催化剂污染中毒。在运转过程中，如果原料油中含水量过高，会洗下催化剂上的氯，使催化剂酸性功能减弱而失活，并且使催化剂载体结构发生变化，加速催化剂上铂晶粒的聚集。氧及有机氧化物在重整条件下会很快变为水，所以必须避免原料油中过量水、氧及有机氧化物的存在。

原料油中的有机氮化物在重整条件下会生成氨，进而生成氯化铵，使催化剂的酸性功能减弱而失活。此时虽可注入氯以补偿催化剂上氯的损失，但已生成的氯化铵会沉积在冷却器、循环氢压缩机进口，堵塞管线，使压降增大，所以当发现原料油中氮含量增加，首先要降低反应温度，寻找原因，加以排除，不宜补氯和提温。

在重整反应条件下，原料油中的硫及硫化物会与金属铂作用使铂中毒，从而使催化剂的脱氢和脱氢环化活性变差。如发现硫中毒，也是先降低反应温度，再找出硫高的原因，加以排除。催化剂硫中毒的另一种情况是再生时硫酸盐中毒而失活。当催化剂烧炭时，存在炉管和热交换器内的硫化铁与氧作用生成二氧化硫和三氧化硫进入催化剂床层，在催化剂上生成亚硫酸盐及硫酸盐强烈吸附在铂及氧化铝上，促使金属晶粒长大，抑制金属的再分散，活性变差，并难于氯化更新。

砷中毒是原料油中微量的有机砷化物与催化剂接触后，强烈地吸附在金属铂上而使金属失去加氢、脱氢的金属功能。例如，某重整装置首次使用大庆石脑油为原料油时，砷含量在

1μg/g 以上，经 40 天运转后，第一反应器温降为 0，第二反应器为 2℃，第三反应器为 7℃，铂催化剂已完全丧失活性。后分析催化剂上砷含量（质量分数），第一反应器为 0.15%，第二反应器为 0.082%，第三反应器为 0.04%，都已超过催化剂所允许的砷含量 0.02%。将失活催化剂进行再生前后的评价，结果表明，再生前后的活性无差别，说明不能用再生方法恢复其活性。砷中毒为不可逆中毒，中毒后必须更换催化剂。所以，必须严格控制原料油中砷和其他金属（如 Pb、Cu 等）的含量，以防止催化剂发生永久性中毒。

2. 催化剂的再生　催化剂经长期运转后，如因积碳失去活性，经烧炭、氯化更新、还原及硫化等过程，可完全恢复其活性，但如因金属中毒或高温烧结而严重失活，再生不能使其恢复活性，则必须更换催化剂。

例如，某重整装置用铂铼双金属催化剂（Pt 0.3%，Re 0.3%），经运转一周期后，反应器降温，停止进料并用氮气循环置换系统中的氢气，加压烧炭及氯化更新进行再生，效果良好。再生条件见表 6-6，再生前后催化剂分析见表 6-7，再生后催化剂性能见表 6-8。

表6-6　催化剂再生条件

条件	介质	反应器入口温度/℃	分离器压力/MPa	气剂体积比	气中氧的体积分数/%	气中水的体积分数/%	时间/h
烧炭	氮气+空气	410（前期）	1.0～1.5	1200～1400	0.3～1.0	—	—
		430（后期）	1.0～1.5	1200～1400	1.0～5.0	—	—
氯化更新	氮气+空气+氯	420～500	0.5	800	13	1000～1500	4
		500～510	0.5	800	13	1000～1500	4

表6-7　催化剂再生前后分析

反应器	再生前成分的质量分数/%			再生后成分的质量分数/%		
	C	S	Cl	C	S	Cl
第一反应器上部	1.2	0.005	1.04	0.4	0.005	0.6
第二反应器上部	2.3	0.007	1.30	0.04	—	0.76
第三反应器上部	4.4	0.003	1.30	0.03	0.005	0.98
第四反应器上部	4.6	—	1.38	0.02	—	1.12

表6-8　催化剂再生后催化剂性能

反应条件及结果	第一周期（初期）	第二周期（初期）
加权平均入口温度/℃	479.8	480.4
平均反应压力/MPa	1.8	1.8
体积空速/h	2.06	2.0
稳定汽油收率（质量分数）/%	91.5	92.3

续表

反应条件及结果		第一周期（初期）	第二周期（初期）
稳定汽油辛烷值	MONC	78.0	79.7
	RONC	—	88.1
循环气中氢浓度的体积分数/%		94.0	92.0
气体产率/$Nm^3 \cdot m^{-3}$		221	227

催化剂再生包括以下几个环节。

（1）烧炭。烧炭在整个再生过程中所占时间最长，且在高温下进行，而高温对催化剂上微孔结构的破坏、金属的聚集和氯的损失都有很大影响，所以要采取措施尽量缩短烧炭时间并很好地控制烧炭温度。烧炭前将系统中的油气吹扫干净，以节省无谓的高温燃烧时间。烧炭时若采用高压，则可加快烧炭速率。提高再生气的循环量，除了可加快积碳的燃烧外，并可及时将燃烧时所产生的热量带出。烧炭时床层温度不宜超过 460℃，再生气中氧的体积分数宜控制在 0.3% ~ 0.8%。当反应器内燃烧高峰过后，温度会很快下降。如进出口温度相同，表明反应器内积碳已基本烧完。在此基础上将温度升到 480℃，同时提高再生气中氧的体积分数至 1.0% ~ 5.0%，烧去残炭。

（2）氯化更新。氯化更新是再生中很重要的一个步骤。研究和实践证明：烧焦后催化剂再进行氯化和更新，可使催化剂的活性进一步恢复而达到新鲜催化剂的水平，有时甚至可以超过新鲜催化剂的水平。

重整催化剂在使用过程中，特别是在烧焦时，钠晶粒会逐渐长大，分散度降低，同时烧焦过程中产生水，会使催化剂上的氯流失。氯化就是在烧焦之后，用含氯气体（通常为二氯乙烷）在一定温度下处理催化剂，使铂晶粒重新分散，从而提高催化剂的活性，氯化也同时可以对催化剂补充一部分氯。更新是在氯化之后，用于空气在高温下处理催化剂。更新的作用是使铂的表面再氧化以防止铂晶粒的聚结，从而保持催化剂的表面积和活性。

（3）被硫污染后的再生。催化剂及系统被硫污染后，在烧焦前必须先将临氢系统中的硫及硫化铁除去，以免催化剂在再生时受硫酸盐污染。我国通用的脱除临氢系统中硫及硫化铁的方法有高温热氢循环脱硫及氧化脱硫法。

高温热氢循环脱硫，是在装置停止进油后，压缩机继续循环，并将温度逐渐提高到 510℃，循环气中氢在高温下与硫及硫化铁作用生成硫化氢，并通过分子筛吸附除去，当油气分离器出口气中 H_2S 小于 1μg/g 时，热氢循环即可结束。

氧化脱硫是将加热炉和热交换器等有硫化铁的管线与重整反应器隔断，在加热炉炉管中通入含氧的氯气，在高温下一次通过，将硫化铁氧化成二氧化硫而排出。气中氧的体积分数为 0.5% ~ 1.0%，压力为 0.5MPa。当温度升到 420℃时，硫化铁的氧化反应开始剧烈，二氧化硫浓度最高可达每克几千微克，控制最高温度不超过 500℃。当气体中二氧化硫低于 10 μg/g 时，将氧的体积分数提高到 5%，再氧化 2h 即可结束。

【任务四】解读催化重整原料预处理工艺流程

1. 能力目标

能够根据催化重整工艺要求选择合适的重整原料；能够理解重整原料预处理工艺过程。

2. 知识目标

掌握催化重整原料要求和选择；掌握重整原料预处理工艺流程。

3. 教、学、做说明

学生通过图书馆和网络资源的查找，并结合本任务的【相关知识】，分组讨论分析重整原料的选择和预处理工艺流程，然后由教师引领，组别代表发言，并在教师指导下解读重整原料预处理工艺流程。

4. 工作准备

布置工作任务：解读重整原料预处理工艺流程；学生分组：按照班级人数分组，并指派组长；资料查阅：学生可通过图书馆或互联网等途径查阅相关资料。

5. 工作过程

小组讨论：从预分馏、预加氢和预脱砷三个部分展开对重整原料预处理工艺流程的解读；组长指派代表发言；教师引领，解读重整原料预处理工艺流程。

【相关知识】

由于催化重整生产方案、选用催化剂不同及重整催化剂本身又比较昂贵和“娇嫩”，易被多种金属及非金属杂质中毒，而失去催化活性。为了提高重整装置运转周期和目的产品收率，则必须选择适当的重整原料并予以精制处理。

一、原料的选择

对重整原料的选择主要有三方面的要求，即馏分组成、族组成和毒物及杂质含量。

（一）馏分组成

对重整原料馏分组成选择，是根据生产目的来确定。以生产高辛烷值汽油为目的时，一般以直馏汽油为原料，馏分范围选择 90 ~ 180℃，这主要基于以下两点考虑：

（1）$\leqslant C_6$ 的烷烃本身已有较高的辛烷值，而 C_6 环烷转化为苯后其辛烷值反而下降，而且有部分被裂解成 C_3、C_4 或更低的低分子烃，降低液体汽油产品收率，使装置的经济效益降低。因此，重整原料一般应切取大于 C_6 馏分，即初馏点在 90℃左右。

（2）因为烷烃和环烷烃转化为芳烃后其沸点会升高，如果原料的终馏点过高则重整汽油的干点会超过规格要求，通常原料经重整后其终馏点升高 6 ~ 14℃。因此，原料的终馏点则一般取 180℃。而且原料切取太重，则在反应时焦炭和气体产率增加，使液体收率降低，生产周期缩短。

另外，从全厂综合考虑，为保证航空煤油的生产，重整原料油的终馏点不宜高于

145℃。

以生产芳烃为目的时，则根据表 6-9 选择适宜的馏分组成。

表6-9 生产各种芳烃时的适宜馏程

目的产物	适宜馏程/℃	目的产物	适宜馏程/℃
苯	60 ~ 85	二甲苯	110 ~ 145
甲苯	85 ~ 110	苯—甲苯—二甲苯	60 ~ 145

不同的目的产物需要不同馏分的原料，这主要取决于重整的化学反应。在重整过程中，最主要的反应是芳构化反应，它是在相同碳原子序数的烃类上进行的。六碳、七碳、八碳的环烷烃和烷烃，在重整条件下相应地脱氢或异构脱氢和环化脱氢生成苯、甲苯、二甲苯。小于六个碳原子的环烷烃及烷烃，则不能进行芳构化反应。C_6 烃类沸点在 60 ~ 80℃，C_7 烃类沸点在 90 ~ 110℃，C_8 烃类沸点大部分在 120 ~ 144℃。

在同时生产芳烃和高辛烷值汽油时可采用 60 ~ 180℃宽馏分作重整原料。

（二）族组成

从对重整的化学反应讨论可知，芳构化反应速率有差异，其中环烷烃的芳构化反应速率快，对目的产物芳烃收率贡献也大。烷烃的芳构化速率较慢，在重整条件下难以转化为芳烃。因此，环烷烃含量高的原料不仅在重整时可以得到较高的芳烃产率和氢气产率，而且可以采用较大的空速，同时减少催化剂积碳，延长运转周期。一般以芳烃潜含量表示重整原料的族组成。芳烃潜含量越高，重整原料的族组成越理想。

芳烃潜含量是指将重整原料中的环烷烃全部转化为芳烃的芳烃质量与原料中原有芳烃质量之和占原料质量的百分数。其计算方法如下：

芳烃潜含量＝苯潜含量 + 甲苯潜含量 + C_8 芳烃潜含量

苯潜含量＝ C_5 环烷的质量分数 ×78/84 + 苯的质量分数

甲苯潜含量＝ C_7 环烷的质量分数 × 92/98 + 甲苯的质量分数

C_8 芳烃潜含量＝ C_8 环烷的质量分数 ×106/112+C_8 芳烃的质量分数

式中：78、84、92、98、106、112 分别为苯、六碳环烷、甲苯、七碳环烷、八碳芳烃和八碳环烷的相对分子质量。

重整生成油中的实际芳烃含量与原料的芳烃潜含量之比称为“芳烃转化率”或“重整转化率”。

重整芳烃转化率＝芳烃产率 / 芳烃潜含量

实际上，上式的定义不是很准确。因为在芳烃产率中包含了原料中原有的芳烃和由环烷烃及烷烃转化生成的芳烃，其中原有的芳烃并没有经过芳构化反应。此外，在铂重整中，原料中的烷烃极少转化为芳烃，而且环烷烃也不会全部转化成芳烃，故重整转化率一般都小于100%。但铂铼重整及其他双金属或多金属重整，由于促进了烷烃的环化脱氢反应，使得重整转化率经常大于 100%。

重整原料中含有的烯烃会增加催化剂上的积碳，从而缩短生产周期，这是很不希望的。直馏重整原料一般含有的烯烃量极少，虽然我国目前的重整原料主要是直馏轻汽油馏分（生产中也称石脑油），但其来源有限，而国内原油一般重整原料的收率仅有4%～5%，不够重整装置处理。

为了扩大重整原料的来源，可在直馏汽油中混入焦化汽油、催化裂化汽油、加氢裂化汽油或芳烃抽提的抽余油等。裂化汽油和焦化汽油则含有较多的烯烃和二烯烃，可对其进行加氢处理。焦化汽油和加氢汽油的芳烃潜含量较高，但仍然低于直馏汽油。抽余油则因已经过一次重整反应并抽出芳烃，故其芳烃潜含量较低，因此用抽余油只能在重整原料暂时不足时作为应急措施。

（三）杂质含量

前面已经讨论过重整原料中含有少量的砷、铅、铜、铁、硫、氢等杂质会使催化剂中毒失活。水和氯的含量控制不当也会造成催化剂活性下降或失活。为了保证催化剂在长周期运转中具有较高的活性和选择性，必须严格限制重整原料中杂质含量，见表6–10。

表6–10 重整原料杂质的限制

杂质	铂重整/$\mu g \cdot g^{-1}$	双金属及多金属重整/$\mu g \cdot g^{-1}$	杂质	铂重整/$\mu g \cdot g^{-1}$	双金属及多金属重整/$\mu g \cdot g^{-1}$
砷	$<2\times10^{-3}$	$<1\times10^{-3}$	硫	<10	<1
铅	$<20\times10^{-3}$	$<5\times10^{-4}$	水	<20	<5
铜	$<10\times10^{-3}$		氯	<5	
氮	<1	<1			

二、重整原料的预处理

重整原料预处理的目的是切取符合重整要求的馏分和脱除对重整催化剂有害的杂质及水分，满足重整原料的馏分、族组成和杂质含量的要求。重整原料的预处理由预分馏、预加氢、预脱砷和脱水等单元组成，其工艺原理流程如图6–5所示。

（一）预分馏

在预分馏部分，原料油经过精馏以切除其轻组分（拔头油）。生产芳烃时，一般只切低于60℃的馏分。而生产高辛烷值汽油时，切低于90℃的馏分。原料油的干点通常均由上游装置控制，少数装置也通过预分馏切除过重馏分，使其馏分组成符合重整装置的要求。

（二）预加氢

预加氢的作用是脱除原料油中对催化剂有害的杂质，使杂质含量达到限制要求。同时也使烯烃饱和以减少催化剂的积碳，从而延长运转周期。

我国主要原油的直馏重整原料在未精制以前，氮、铅、铜的含量都能符合要求，因此加氢精制的目的主要是脱硫，同时通过汽提塔脱水。对于大庆油和新疆油，脱砷也是预处理的

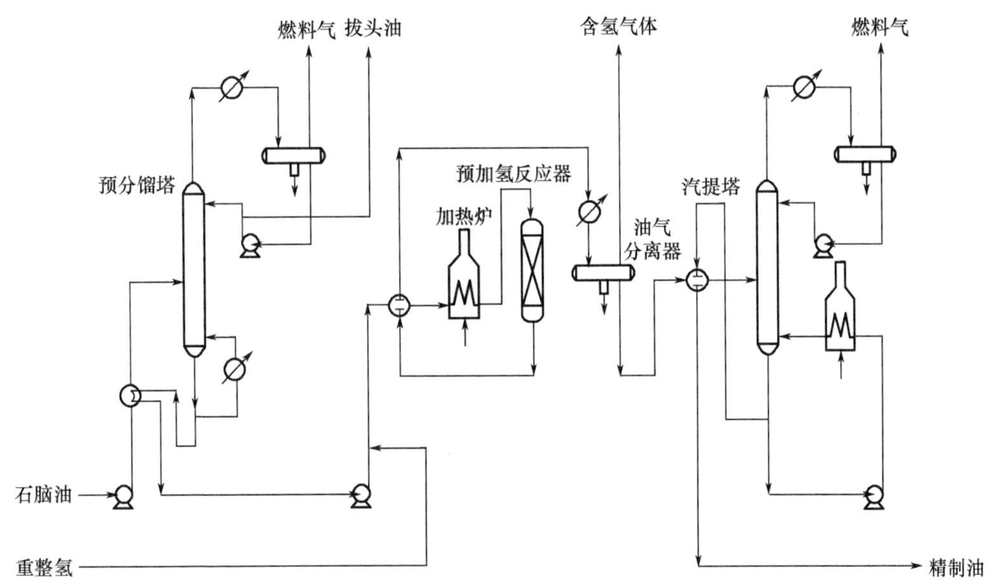

图 6-5　重整原料预处理工艺原理流程图

重要任务。烯烃饱和和脱氮主要针对二次加工原料。

1. 预加氢的作用原理　预加氢是在催化剂和氢压的条件下，将原料中的杂质脱除。

（1）含硫、氮、氧等化合物在预加氢条件下发生氢解反应，生成硫化氢、氮和水等，经预加氢汽提塔或脱水塔分离出去。

（2）烯烃通过加氢生成饱和烃。烯烃饱和程度用溴价或碘价表示，一般要求重整原料的溴价或碘价小于 1g/100g 油。

（3）砷、铅、铜等金属化合物在预加氢条件下分解成单质金属，然后吸附在催化剂表面。

2. 预加氢催化剂　预加氢催化剂在铂重整中常用钼酸钴或钼酸镍。在双金属或多金属重整中，开发了适应低压预加氢钼钴镍催化剂。这三种金属中，钼为主活性金属，钴和镍为助催化剂，载体为活性氧化铝。一般主活性金属含量为 10% ~ 15%，助催化剂金属含量为 2% ~ 5%。

3. 预加氢操作条件　由于原料来源、组成及重整反应催化剂的要求不同，预加氢工艺操作条件应有变化，典型预加氢操作条件见表 6-11。

表6-11　预加氢工艺操作条件

操作条件	直馏原料	二次加工原料
压力/MPa	2.0	2.5
温度/℃	280 ~ 340	<400
氢油比/$Nm^3 \cdot m^{-3}$	100	500
空速/h^{-1}	4	2

（三）预脱砷

砷不仅是重整催化剂最严重的毒物，也是各种预加氢精制催化剂的毒物。因此，必须在预加氢前把砷降到较低程度。重整反应原料含砷量要求在 1×10^3 μg/g 以下。如果原料油的含砷量＜ 0.1μg/g，可不经过单独脱砷，经过预加氢就可符合要求。

目前，工业上使用的预脱砷方法主要有三种：吸附法、氧化法和加氢法。

（1）吸附法。吸附法是采用吸附剂将原料油中的砷化合物吸附在脱砷剂上而被脱除。常用的脱砷剂是浸渍有 5% ~ 10%硫酸铜的硅铝小球。

（2）氧化法。氧化法是采用氧化剂与原料油混合在反应器中进行氧化反应，砷化合物被氧化后经蒸馏或水洗除去。常用的氧化剂是过氧化氢异丙苯，也有用高锰酸钾的。

（3）加氢法。加氢法是采用加氢预脱砷反应器与预加氢精制反应器串联，两个反应器的反应温度、压力及氢油比基本相同。预脱砷所用的催化剂是四钼酸镍加氢精制催化剂。

【任务五】催化重整工艺操作

1. 能力目标

能根据原料的组成、催化剂的组成和结构、工艺过程、操作条件对重整产品的组成和特点进行分析判断；能对影响重整生产过程的因素进行分析和判断，进而能对实际生产过程进行操作和控制；能够熟练操作催化重整工艺装置。

2. 知识目标

了解催化重整生产过程的主要设备的结构和特点；掌握催化重整生产原料要求，原料预处理的方法和工艺流程；掌握催化重整工艺流程、操作影响因素分析和反应装置。

3. 教、学、做说明

学生在深刻领会【相关知识】的基础上，通过网络资源认识催化重整反应原理和催化重整催化剂的性能，然后由教师引领，熟悉催化重整工艺过程操作步骤，在教师指导下完成催化重整系统冷态开车操作过程。

4. 工作准备

熟悉仿真实训室；熟悉催化重整原理及系统构成、影响因素分析、主要设备及主要控制参数及方法；熟悉仿真软件的现场界面、DCS 界面和评分界面；仔细阅读催化重整装置概述及工艺流程说明，熟悉仿真软件中各个流程画面符号的含义及如何操作；熟悉仿真软件中控制组画面、手操器画面、指示仪组画面的内容及调节方法。

5. 工作过程

（1）预处理部分冷态开车前的准备工作：工艺设备及系统管线冲洗、试压；仪表、机泵、阀门待用状态；各塔吹扫；变通油联运主流程，确认油联运主流程正确。

（2）预处理部分分馏系统开工：建立冷油循环；热油循环；调整操作；催化剂预硫化；原料切换。

（3）反应工段冷态开工：稳定塔冷、热循环；重整系统循环干燥；重整催化剂预硫化；重整系统进油。

调用开车评分信息，查找自己操作过程中的不足之处，反复训练。

【相关知识】

催化重整工艺流程包括四个部分：原料预处理、反应（再生）、芳烃抽提和芳烃精馏，其中反应（再生）部分按系统催化剂再生方式可分为固定床半再生、固定床循环再生和移动床连续再生。本节主要讨论反应（再生）部分工艺过程。

一、工艺流程

（一）固定床半再生式重整工艺流程

固定床半再生式重整的特点是当催化剂运转一定时期后，由于活性下降而不能继续使用时，需就地停工再生（或换用异地再生好的或新鲜的催化剂），再生后重新开工运转，因此称为半再生式重整过程。

1. 典型的铂铼重整工艺流程　以用铂铼双金属催化剂半再生式重整反应工艺原理流程如图 6-6 所示。

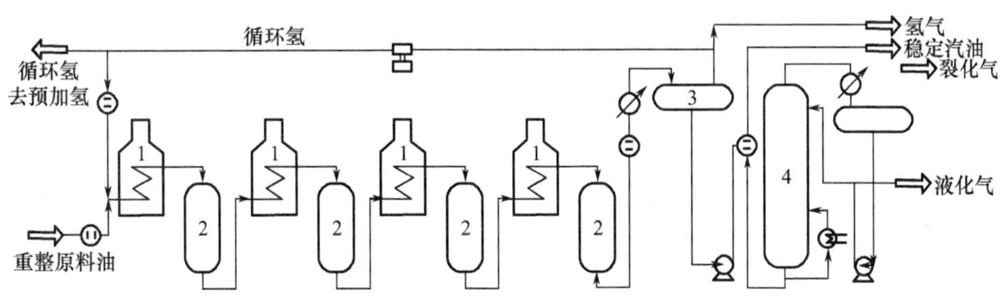

图 6-6　铂铼双金属重整工艺原理流程图

1—加热　2—反应器　3—高压分离器　4—脱戊烷塔

经预处理的原料油与循环氢混合，再经换热、加热后进入重整反应器。典型的铂铼重整反应主要由 3~4 个绝热反应器串联，每个反应器之前都有加热炉，提供反应所需热量。反应器的入口温度一般为 480 ~ 520℃，其他操作条件为：空速 1.5 ~ 2/h；氢油比（体）约 1200 : 1；压力 1.5 ~ 2MPa；生产周期为半年至一年。表 6-12 列出铂铼重整操作条件及产品收率。

表6-12　铂铼重整操作条件及产品收率

项目	数据	项目	数据
第一反应器入口温度/温降/℃	500/50.3	稳定汽油收率（质量分数）/%	85.5
第二反应器入口温度/温降/℃	500/44.2	芳烃产率（质量分数）/%	54.9
第三反应器入口温度/温降/℃	500/19.9	其中：	

续表

项目	数据	项目	数据
第四反应器入口温度/温降/℃	500/7.1	苯	6.8
加权平均床层温度/℃	490	甲苯	21.9
反应压力/MPa	1.78	二甲苯	19.8
油气分离器压力/MPa	1.49	重芳烃	6.4
催化剂型号	Pt—Re/Al_2O_3	芳烃转化率（质量分数）/%	120.1
空速（质量）/h^{-1}	2.04	纯氢产率（质量分数）/%	2.43
氢油物质的量比	7.3	循环氢纯度（体积分数）/%	85

自最后一个反应器出来的重整产物温度很高（490℃左右），为了回收热量而进入一大型立式换热器与重整进料换热，再经冷却后进入油气分离器，分出含氢 85% ~ 95%（体积分数）的气体（富氢气体）。经循环氢压缩机升压后，大部分送回反应系统作循环氢使用，少部分去预加氢部分。如果是以生产芳烃为目的的工艺过程，分离出的重整生成油进入脱戊烷塔，塔顶蒸出≤ C_5 的组分，塔底是含有芳烃的脱戊烷油，作为芳烃抽提部分的进料油。如果重整装置只生产高辛烷值汽油，则重整生成油只进入稳定塔，塔顶分出裂化气和液态烃，塔底产品为满足蒸气压要求的稳定汽油。稳定塔和脱戊烷塔实际上完全相同，只是生产目的不同时，名称不同。

2. *麦格纳重整工艺流程* 麦格纳重整属于固定床反应器半再生式过程，其反应系统工艺流程如图 6-7 所示。

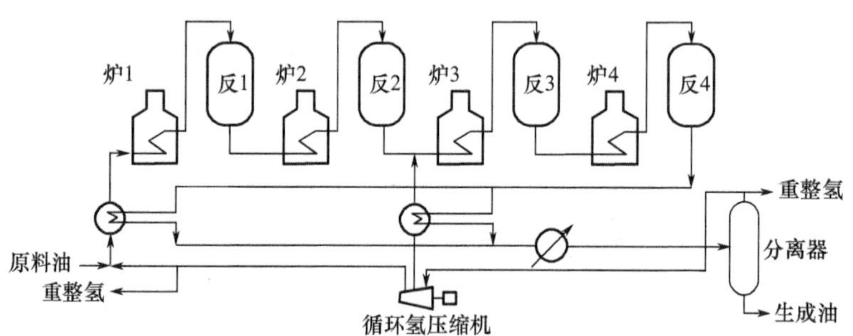

图 6-7 麦格纳重整工艺流程

麦格纳重整工艺的主要理念是根据每个反应器所进行反应的特点，对主要操作条件进行优化。例如：将循环氢分为两路，一路从第一反应器进入，另一路则从第三反应器进入。在第一、第二反应器采用高空速、较低反应温度及较低氢油比，这样可有利于环烷烃的脱氢反应，同时抑制加氢裂化反应。后面的一个或两个反应器则采用低空速、高反应温度及高氢油比，这样有利于烷烃脱氢环化反应。这种工艺的主要特点是可以得到较高的液体收率、装置能耗也有所降低。国内的固定床半再生式重整装置多采用此种工艺流程，也称为分段混氢流程。

固定床半再生式重整过程的工艺优点：工艺反应系统简单，运转、操作与维护比较方便，建筑费用较低，应用最广泛。缺点：由于催化剂活性变化，要求不断变更运转条件（主要是反应温度），到了运转末期，反应温度相当高，导致重整油收率下降，氢纯度降低，气体产率增加，而且停工再生影响全厂生产，装置开工率较低。随着双（多）金属催化剂的活性、选择性和稳定性得到改进，使其能在苛刻条件下长期运转，发挥了它的优势。

（二）连续再生式重整工艺流程

半再生式重整会因催化剂的积碳而被迫停工进行再生。为了能经常保持催化剂的高活性，在有利于芳构化反应条件下进行操作，并且随炼油厂加氢工艺的日益增多，需要连续地供应氢气。美国环球油公司（UOP）和法国石油研究院（IFP）分别研究和发展了移动床反应器连续再生式重整（简称连续重整）。主要特征是设有专门的再生器，催化剂在反应器和再生器内进行移动，并且在两器之间不断地进行循环反应和再生，一般每 3 ~ 7 天催化剂全部再生一遍。图 6-8 和图 6-9 分别显示了 IFP 和 UOP 连续重整反应系统流程。

在连续重整装置中，催化剂连续地依次流过串联的两个（或四个）移动床反应器，从最后一个反应器流出的待生催化剂含炭量为 5% ~ 7%。待生催化剂依靠重力和气体提升输送到再生器进行再生。恢复活性后的再生催化剂返回第一反应器又进行反应。催化剂在系统内形成一个循环。由于催化剂可以频繁地进行再生，可采用比较苛刻的反应条件，即低反应压力（0.8 ~ 0.35MPa）、低氢油物质的量比（4 ~ 1.5）和高反应温度（500 ~ 530℃）。其结果是更有利于烷烃的芳构化反应，重整生成油的辛烷值可高达 100，液体收率和氢气产率高。

UOP 和 IFP 连续重整采用的反应条件基本相似，都用铂锡催化剂。这两种先进技术都是成熟的。从外观来看，UOP 连续重整的三个反应器是叠置的，称为轴向重叠式连续重整工艺。催化剂依靠重力自上而下依次流过各个反应器，从最后一个反应器出来的待生催化剂用氮气提升至再生器的顶部。而 IFP 连续重整的三个反应器则是并行排列，称为径向并列式连续重

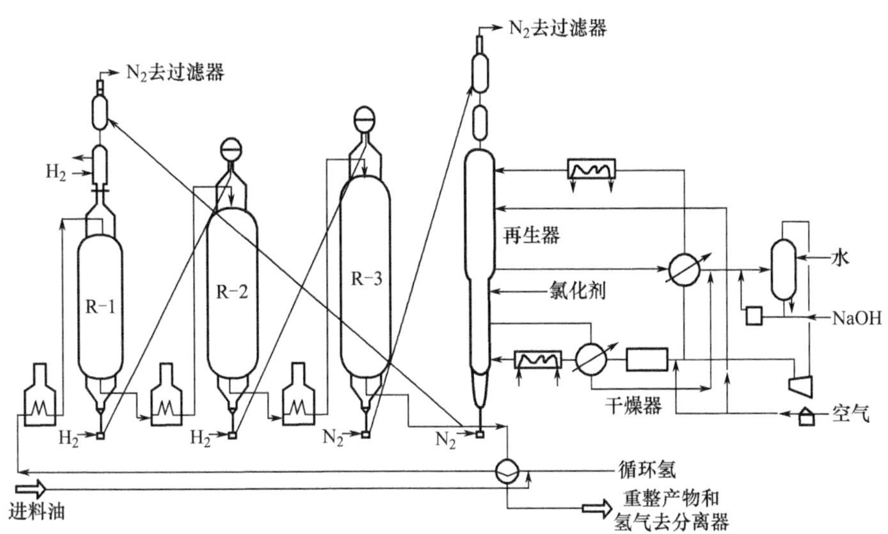

图 6-8　IFP 连续重整工艺流程图

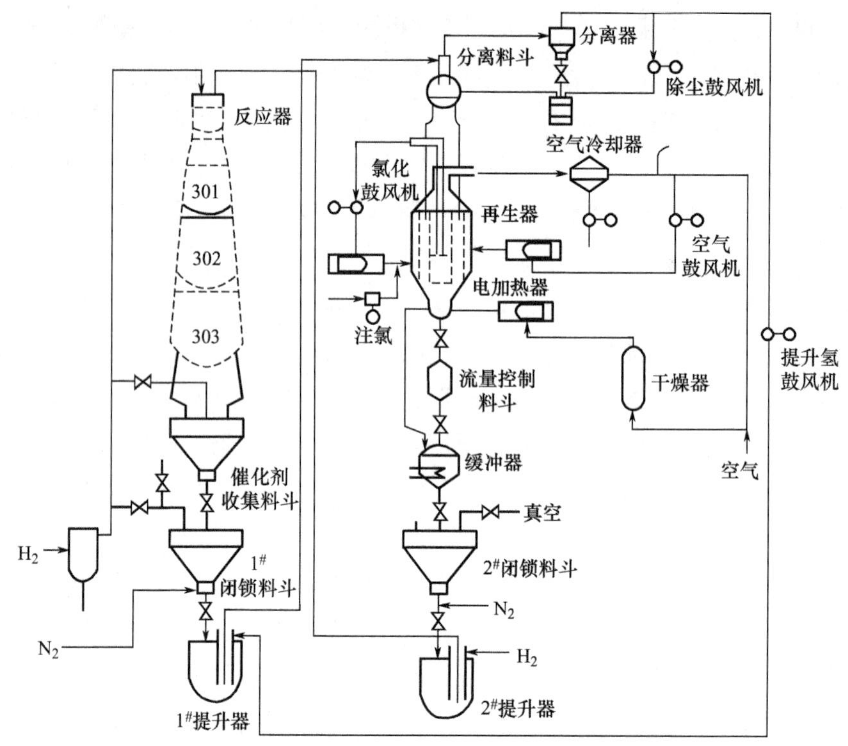

图 6-9 UOP 连续重整工艺流程

整工艺。催化剂在每两个反应器之间是用氢气提升至下一个反应器的顶部，从末端反应器出来的待生催化剂则用氮气提升到再生器的顶部。在具体的技术细节上，这两种技术也还有一些各自的特点。

连续重整技术是重整技术近年来的重要进展之一。它针对重整反应的特点提供了更为适宜的反应条件，因而取得了较高的芳烃产率、较高的液体收率和氢气产率，突出的优点是改善了烷烃芳构化反应的条件。

二、重整反应的主要操作参数

影响重整反应的主要因素有催化剂的性能、原料性质、工艺技术、操作条件和设备结构等。而实际生产过程中具备可调性主要是操作条件，重整反应的主要操作条件有反应温度、压力、氢油比和空速等。

（一）反应温度

提高反应温度不仅能使化学反应速率加快，而且对强吸热的脱氢反应的化学平衡也很有利，但提高反应温度会使加氢裂化反应加剧、液体产物收率下降，催化剂积碳加快及受到设备材质和催化剂耐热性能的限制，因此，在选择反应温度时应综合考虑各方面的因素。由于重整反应是强吸热反应，反应时温度下降，因此为得到较高的重整平衡转化率和保持较快的反应速率，就必须维持合适的反应温度，这就需要在反应过程中不断地补充热量。为此，重整反应器一般由三至四个反应器串联、反应器之间通过加热炉加热到所需的反应温度。这样，由进出反应器的物料温差提供反应过程所用的热量，这一温差称反应器温降，正常生产过程中，反应器温降依次减小。反应器的入口温度一般为 480 ~ 520℃，使用新鲜催化剂时，反应器入口温度较低，随着生产周期的延长，催化剂的活性逐渐下降，采用逐渐提高各反应器入口温度，弥补由于催化剂活性下降而造成芳烃转化率或汽油辛烷值的下降。但是，这种提升是有限的。当温度提高后仍然不能满足实际生产要求时，固定床反应过程必须停工，对催化剂进行再生，对连续重整要补充或更换新鲜催化剂。

催化重整采用多个串联的反应器，这就提出了一个反应器入口温度分布问题。实际上各个反应器内的反应情况是不一样的。例如，反应速率较快的环烷脱氢反应主要是在前面的反应器内进行。而反应速率较低的加氢裂化反应和环化脱氢反应则延续到后面的反应器。因此，应当按各个反应器的反应情况分别采用不同的反应条件。在反应器入口温度的分布上曾经有过几种不同方法：由前往后逐个递减、由前往后逐个递增、几个反应器的入口温度都相同。近年来，多数重整装置趋向于采用前面反应器的温度较低、后面反应器的温度较高的由前往后逐个递增方案。

各个反应器进行反应的类型和程度不一样，也造成每个反应器的温降不同，结果是反应温降依次降低，同时也造成催化剂在每个反应器装入量或停留时间不同，一般是催化剂在第一个反应器装入量最小或停留时间最短，最后一个反应器与其相反。表 6-13 列出某固定床重整过程反应器温降和催化剂装入比例。

表6-13　固定床重整过程反应器温降和催化剂装入比例

项目	第一反应器	第二反应器	第三反应器	第四反应器	总计
催化剂装入比例	1	1.5	3.0	4.5	10
温降/℃	76	41	18	8	14.3

由于催化剂床层温度是变化的，因此应用加权平均温度表示反应温度。所谓加权平均温度（或称权重平均温度），就是考虑到不同温度下的催化剂数量而计算到的平均温度，其定义如下：

$$\text{加权平均进口温度} = \sum_{i=1}^{3-4} x_1 T_{i\text{入}}, \quad (i_{\max}=3\text{ 或 }4)$$

$$\text{加权平均床层温度} = \sum_{i=1}^{3-4} x_i \frac{T_{i\text{入}}+T_{i\text{出}}}{2}, \quad (i_{\max}=3\text{ 或 }4)$$

式中：x_i——各反应器装入催化剂量占全部催化剂量的分率，

$T_{i\text{入}}$——各反应器的入口温度；

$T_{i\text{出}}$——各反应器的出口温度。

床层温度变化不是线性的，严格来讲，各反应器的平均床层温度不应是出、入口的算术平均值，而应是积分平均值或根据动力学原理计算得到的当量反应温度。但由于后者不易求得，所以一般简单使用算术平均值。

（二）反应压力

提高反应压力对生成芳烃的环烷脱氢、烷烃环化脱氢反应都不利，但对加氢裂化反应却有利。因此，从增加芳烃产率的角度来看，希望采用较低的反应压力。在较低的压力下可以得到较高的汽油产率和芳烃产率，氢气的产率和纯度也较高。但是在低压下催化剂受氢气保护的程度下降，积碳速率较快，从而使操作周期缩短。选择适宜的反应压力应从以下三方面考虑。

（1）工艺技术。有两种方法：一种是采用较低压力，经常再生催化剂，例如采用连续重整或循环再生强化重整工艺；另一种是采用较高的压力，虽然转化率不太高，但可延长操作周期，例如采用固定床半再生式重整工艺。

（2）原料性质。易生焦的原料要采用较高的反应压力，例如高烷烃原料比高环烷烃原料容易生焦，重馏分也容易生焦，对这类易生焦的原料通常要采用较高的反应压力。

（3）催化剂性能。催化剂的容焦能力大、稳定性好，则可以采用较低的反应压力。例如铂铼等双金属及多金属催化剂有较高的稳定性和容焦能力，可以采用较低的反应压力，既能提高芳烃转化率，又能维持较长的操作周期。

综上所述，半再生式铂重整采用 2 ~ 3MPa，铂铼重整一般采用 1.8MPa 左右的反应压力。连续再生式重整装置的压力可低至约 0.8MPa，新一代的连续再生式重整装置的压力已降低到 0.35MPa。重整技术的发展就是围绕着反应压力从高到低的变化过程，反应压力已成为能反映重整技术水平高低的重要标志。

在现代重整装置中，最后一个反应器的催化剂通常占催化剂量的 50%。所以，选用最后一个反应器入口压力作为反应压力是合适的。

（三）空速

在石油化工工业中，对有催化剂参与的化学过程，一般情况下，固定床用空速，流化床用剂油比表示原料与催化剂的接触时间，又以接触时间间接的反映反应时间。连续重整是一种移动床，介于两者之间，情况比较复杂，在此不予多述。

重整空速以催化剂的总用量为准，定义如下：

$$\text{质量空速}=\frac{\text{原料油流量（t/h）}}{\text{催化剂总用量（t）}}$$

$$\text{体积空速}=\frac{\text{原料油流量（t/h，20℃）}}{\text{催化剂总用量（}m^3\text{）}}$$

降低空速可以使反应物与催化剂的接触时间延长。催化重整中各类反应的反应速率不同，空速的影响也不同。环烷烃脱氢反应的速率很快，在重整条件下很容易达到化学平衡，空速的大小对这类反应影响不大；而烷烃环化脱氢反应和加氢裂化反应速率慢，空速对这类反应有较大的影响。所以，在加氢裂化反应影响不大的情况下，适当采用较低的空速对提高芳烃产率和汽油辛烷值有好处。

通常在生产芳烃时，采用较高的空速；生产高辛烷值汽油时，采用较低的空速，以增加反应深度，使汽油辛烷值提高。但空速较低增加了加氢裂化反应程度，汽油收率降低，导致氢消耗量和催化剂结焦增加。

选择空速时还应考虑到原料的性质和装置的处理量。对环烷基原料，可以采用较高的空速；而对烷基原料则采用较低的空速。空速越大，装置处理量越大。

（四）氢油比

氢油比常用两种表示方法，即：

$$氢油物质的量比=\frac{循环氢流量（kmol/h）}{原料油流量（kmol/h）}$$

$$氢油体积比=\frac{循环氢流量（Nm^3/h）}{原料油流量（m^3/h，20℃）}$$

在重整反应中，除反应生成的氢气外，还要在原料油进入反应器之前混合一部分氢，这部分氢不参与重整反应，工业上称为循环氢。通入循环氢起如下作用：

（1）为了抑制生焦反应，减少催化剂上积碳，起保护催化剂的作用。

（2）起热载体的作用，减小反应床层的温降，使反应温度不致降得太低。

（3）稀释原料，使原料更均匀地分布于催化剂床层。

在总压不变时提高氢油比，意味着提高氢分压，有利于抑制生焦反应。但提高氢油比使循环氢量增加，压缩机动力消耗增加。在氢油比过大时，会由于减少了反应时间而降低了转化率。

由此可见，对于稳定性高的催化剂和生焦倾向小的原料，可以采用较小的氢油比；反之则需用较高的氢油比。铂重整装置采用的氢油物质的量比一般为5~8，使用铂铼催化利时一般小于5，连续再生式重整为1~3。

三、重整反应器

重整反应器是催化重整过程的核心设备，按工艺的不同要求大致可分为半再生式重整装置采用固定床反应器，连续再生式重整装置采用移动床反应器。

工业用固定床重整反应器主要有轴向式反应器和径向式反应器两种结构形式。它们之间的主要差别在于气体流动方式不同和床层压降不同。图6-10是轴向和径向反应器的简图。

对轴向反应而言，反应器为圆筒形，高径比一般略大于3。反应器外壳由20号锅炉钢板制成，当设计压力为4MPa时，外层厚度约40 mm。壳体内衬100 mm厚的耐热水泥层，里面有一层厚3mm的合金钢衬里。衬里可防止碳钢壳体受高温氢气的腐蚀，水泥层则兼有保温和降低外壳壁温的作用，为了使原料气沿整个床层截面分配均匀，在入口处设有分配头并设事故氮气线。油气出口处设有防止催化剂粉末带出的钢丝网。催化剂床层的上方和下方均装有惰性瓷球以防止操作波动时催化剂层跳动而引起催化剂破碎，同时也有利于气流的均匀分布。催化剂床层中设有呈螺旋形分布的若干测温点，以便监测整个床层的温度分布情况，这对再生时尤其显得重要。

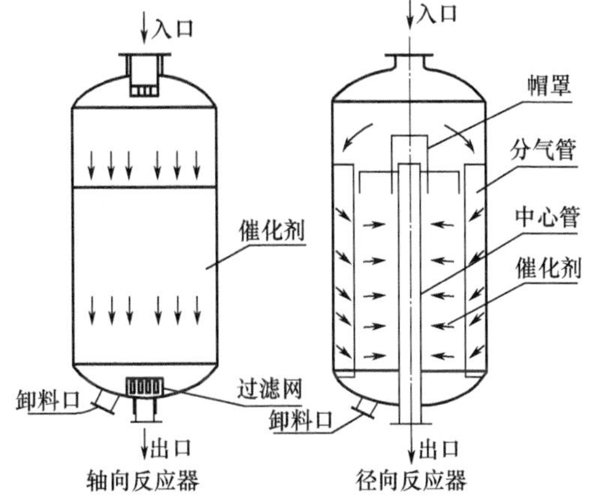

图6-10　轴向和径向反应器的简图

与轴向式反应器比较，径向式反应器的主要特点是气流以较低的流速径向通过催化剂床层，床层压降较低，表 6–14 显示两种反应器的压力降情况。

表6–14　两种反应器的压力降　　单位：MPa

项目	第一反应器	第二反应器	第三反应器	第四反应器
径向反应器	0.1350	0.1604	0.1866	0.1989
轴向反应器	0.1782	0.2876	0.2642	0.4056

注　采用相同的反应条件，装置处理量15×10^4t/a，压力1.8MPa，反应温度520℃，氢油体积比1200：1，催化剂装量比例1：1.5：3.0：4.5。

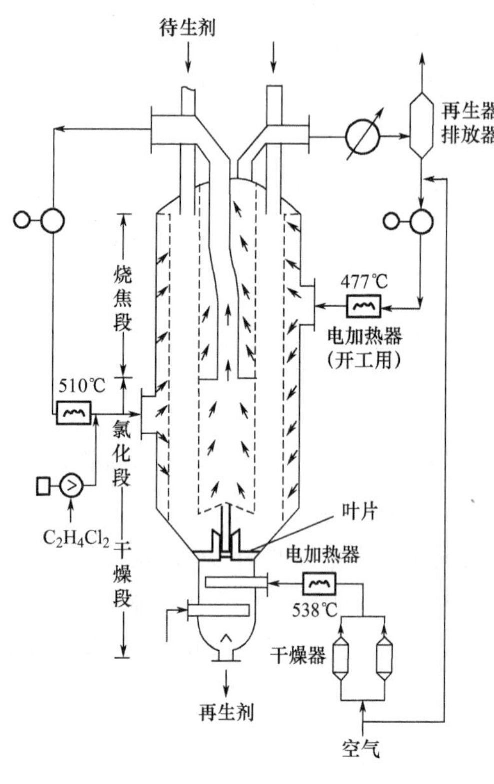

图 6–11　连续重整装置再生器简图

径向反应器的中心部位有两层中心管，内层中心管壁钻有许多几毫米直径的小孔，外层中心管壁上开了许多矩形小槽。沿反应器外壳内壁周围排列几十个开有许多小的长形孔的扇形筒，在扇形筒与中心管之间的环形空间是催化剂床层。反应原料油气从反应器顶部进入，经分布器后进入沿壳壁布满的扇形筒内，从扇形筒小孔出来后沿径向方向通过催化剂床层进行反应，反应产物进入中心管，然后导出反应器。中心管顶上的罩帽是由几节圆管组成，其长度可以调节，用此调节催化剂的装入高度。另外，与轴向式反应器比较，径向式反应器结构复杂，制造、安装、检修都较困难，投资也较高。径向式反应器的压降比轴向式反应器小得多，这点对连续重整装置尤为重要。因此，连续重整装置的反应器都采用径向式反应器，而且其再生器也是采用径向式反应器，见图 6–11。

【任务六】解读芳烃抽提和芳烃精馏工艺流程

1. 能力目标

能够根据芳烃抽提的基本原理理解芳烃抽提工艺过程；能够理解芳烃精馏工艺过程。

2. 知识目标

掌握芳烃抽提的基本原理及工艺流程；了解芳烃精馏温差控制和操作；掌握芳烃精馏工

艺流程。

3. 教、学、做说明

学生通过图书馆和网络资源的查找，并结合本任务的【相关知识】，分组讨论分析芳烃抽提和芳烃精馏工艺流程，然后由教师引领，组别代表发言，并在教师指导下解读芳烃抽提和芳烃精馏工艺流程。

4. 工作准备

布置工作任务：解读芳烃抽提和芳烃精馏工艺流程；学生分组：按照班级人数分组，并指派组长；资料查阅：学生可通过图书馆或互联网等途径查阅相关资料。

5. 工作过程

小组讨论：

从抽提部分、溶剂回收部分、溶剂再生三个部分展开对芳烃抽提工艺流程的解读；从温差控制、精馏工艺两个部分展开对芳烃精馏工艺流程的解读。

组长指派代表发言；教师引领，解读芳烃抽提和芳烃精馏工艺流程。

【相关知识】

当以生产芳烃为生产目的时，还需将脱戊烷重整油中大量的低分子芳烃分离出来，它们是芳香系石油化工的基础。现在世界各国由重整油中分出的芳烃（称为重整芳烃）已成为低分子芳烃的一个重要来源。目前国内广泛采用的是溶剂液—液抽提和芳烃精馏的方法从脱戊烷油中分离得到 C_5、C_7 和 C_8 芳烃及重质芳烃。

一、重整芳烃的抽提过程

（一）芳烃抽提的基本原理

溶剂液—液抽提原理是根据某种溶剂对脱戊烷油中芳烃和非芳烃的溶解度不同，从而使芳烃与非芳烃分离，得到混合芳烃。在芳烃油提过程中，溶剂与脱戊烷油混合后分为两相（在容器中分为两层），一相由溶剂和能溶于溶剂中的芳烃组成，称为提取相（又称富溶剂、抽提液、抽出层或提取液）；另一相为不溶于溶剂的非芳烃，称为提余相（又称提余液、非芳烃），两相液层分离后，再将溶剂和芳烃分开，溶剂循环使用，混合芳烃作为芳烃精馏原料。

影响抽提过程的因素主要有：原料的组成、溶剂的性能、抽提方式、操作条件等。衡量芳烃抽提过程的主要指标有芳烃回收率、芳烃纯度和过程能耗。其中，芳烃回收率定义为：

$$芳烃回收率 = \frac{抽出产品芳烃量}{脱戊烷油中芳烃量} \times 100\%$$

1. 溶剂的选择　溶剂使用性能的优劣，对芳烃抽提装置的投资、效率和操作费用起着决定性作用。为了抽提过程得以进行，溶剂必须具备这样的特性：在原料中加入一定的溶剂后能产生组成不同的两相，芳烃得以提纯。同时这两相应有适当密度差而分层，以便分离。因此，在选择溶剂时必须考虑如下三个基本条件：

（1）对芳烃有较高的溶解能力。溶剂对芳烃溶解度越大，则芳烃回收率越高，溶剂用量越小，设备利用率越高，操作费用也就较少。工业用芳烃抽提溶剂对芳烃溶解能力顺序为：

N- 甲基吡咯烷酮和四乙二醇醚＞环丁砜和 N- 甲酰基吗琳＞二甲基亚砜和三乙二醇醚＞二乙二醇醚。温度对溶解度也有影响，温度提高溶解度增大。分子大小不同的同种烃类在溶剂中的溶解度也有差别，例如，芳烃在二乙二醇醚中溶解度的顺序为：苯＞甲苯＞二甲苯＞重芳烃。

（2）对芳烃有较高的选择性。溶剂的溶解选择性越高，分离效果越好，芳烃产品的纯度越高。在常用芳烃抽提溶剂中，各种烃类在溶剂中的溶解度不同，其顺序为：芳烃＞环二烯烃＞环烯烃＞环烷烃＞烷烃。例如，烃类在二乙二醇醚中溶解度的比值大致为：芳烃：环烷烃：烷烃＝20：2：1。不同溶剂，对同一种烃类的溶解度是有差异的。通常用甲苯的溶解度与正庚烷溶解度之比值作为评价溶剂的选择性指标。工业用芳烃抽提溶剂对芳烃溶解选择能力顺序为：环丁砜和二甲基亚砜＞乙二醇醚和 N- 甲酰基吗啉＞ N- 甲基吡咯烷酮。

（3）溶剂与原料的密度差要大。溶剂与原料的密度差越大，提取相与提余相越易分层。除此之外，还应考虑溶剂与油相界面张力要大，不易乳化，不易发泡，容易使液滴聚集而分层；溶剂化学稳定性好，不腐蚀设备；溶剂沸点要高于原料的干点，不生成共沸物，且便于用分馏的方法回收溶剂；溶剂价格低廉，来源充足。

目前，工业上采用的主要溶剂有：二乙二醇醚、三乙二醇醚、四乙二醇醚、二丙二醇醚、二甲基亚砜、环丁砜和 N- 甲基吡咯烷酮等。

2. 抽提方式　油提方式对抽提效果也有较大影响。工业上多采用多段逆流抽提方法，其抽提过程在油提塔中进行，为提高芳烃纯度，可采用打回流方式，即以一部分芳烃回流打人抽提塔，称芳烃回流。工业上广泛用于重整芳烃抽提的油提塔是筛板塔。见图 6-12。

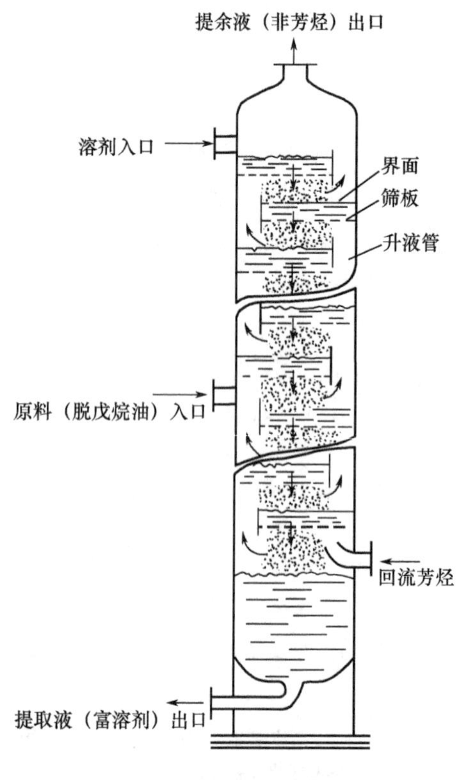

图 6-12　筛板抽提塔

3. 操作条件的选择　下面讨论在原料、溶剂及抽提方式决定后，影响抽提效果的操作条件。

（1）操作温度。温度对溶剂的溶解度和选择性影响很大。温度升高，溶解度增大，有利于芳烃回收率的增加，但是，随着芳烃溶解度的增加，非芳烃在溶剂中的溶解度也会增大，而且比芳烃增加得更多，而使溶剂的选择性变差，使产品芳烃纯度下降。例如，对于二乙二醇醚来说，温度低于 140℃时，芳烃的溶解度随着温度升高而显著增加；高于 150℃时，随着温度的提高，芳烃溶解度增加不多，选择性下降却很快。而温度低于 100℃时，溶剂用量太大，而且黏度增大使抽提效果下降，因此抽提塔的操作温度一般为 125 ~ 140℃。而对于环丁砜来说，操作温度在 90 ~ 95℃范围内比较适宜。

（2）溶剂比。溶剂比是进入抽提塔的溶剂量与进料量之比。溶剂比增大，芳烃回收率增加，但提取相中的非芳烃量也增加，使芳烃产品纯度下降。

同时溶剂比增大，设备投资和操作费用也增加。所以在保证一定的芳烃回收率的前提下应尽量降低溶剂比。溶剂比的选定应当结合操作温度的选择来综合考虑。提高溶剂比或升高温度都能提高芳烃回收率。实践经验表明：温度升高 10℃相当于溶剂比提高 0.780。对于不同原料和溶剂应选择适宜的温度和溶剂比，一般选用溶剂比在 15 ~ 20。

（3）回流比。回流比是指回流芳烃量与进料量之比，它是调节产品芳烃纯度的主要手段。回流比大则产品芳烃纯度高，但芳烃回收率有所下降。另外，在抽提塔进料口之下引入的回流芳烃，显然要耗费额外的热量，并且使抽提塔的物料平衡关系变得复杂。回流比的大小应与原料中芳烃含量多少相适应，原料中芳烃含量越高，回流比可越小。回流比和溶剂比也是相互影响的。降低溶剂比时，产品芳烃纯度提高，起到提高回流比的作用。反之，增加溶剂比具有降低回流比的作用。因而，在实际操作中，在提高溶剂比之前，应适当加大回流芳烃的流量，以确保芳烃产品纯度。一般选用回流比 1.1 ~ 1.4，此时，产品芳烃的纯度可达 99.9%以上。

（4）溶剂含水量。溶剂含有一定水，可提高溶剂的选择性。含水量越多，溶剂的选择性越好，因而，溶剂中含水量是用来调节溶剂选择性的一种手段。但是，溶剂含水量的增加，将使溶剂的溶解能力降低。因此，每种溶剂都有一个最适宜的含水量范围。对于二乙二醇醚来说，温度在 140 ~ 150℃时，溶剂含水量选用 6.5% ~ 8.5%。

（5）压力。抽提塔的操作压力对溶剂的溶解度性能影响很小，因而对芳烃纯度和芳烃回收率影响不大。抽提压力的高低，主要是在抽提温度确定后，保证原料处于泡点下液相状态，使抽提在液相下操作。并且抽提压力与界面控制有密切关系，因此，操作压力也是芳烃抽提系统的重要操作参数之一。当以 60 ~ 130℃馏分作重整原料时，抽提温度在 150℃左右，抽提压力应维持在 0.8 ~ 0.9MPa。

（二）芳烃抽提的工艺流程

芳烃抽提的工艺流程一般包括抽提、溶剂回收和溶剂再生三个系统。典型的二乙二醇醚抽提装置的工艺流程见图 6-13。

1. 抽提　原料（脱戊烷油）从抽提塔（萃取塔）的中部进入。抽提塔是一个筛板塔，溶剂（主

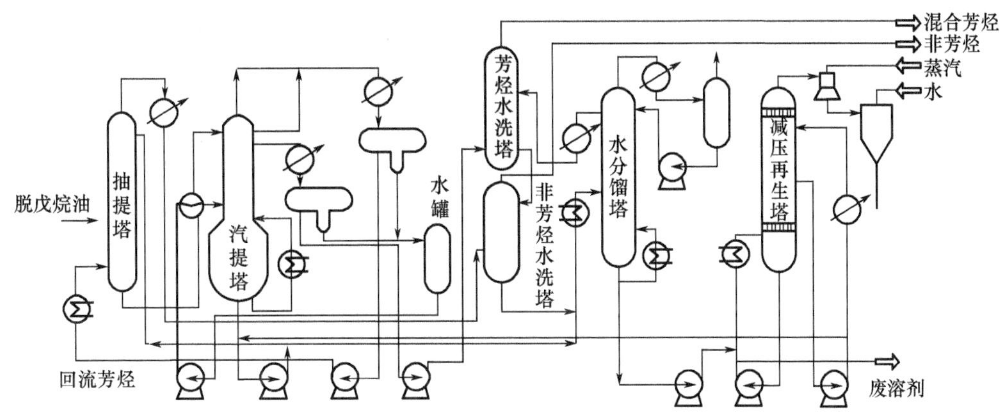

图 6-13　芳烃抽提过程工艺流程图

溶剂）从塔的顶部进入与原料进行逆流接触抽提。从塔底出来的是提取液，其主要是溶剂和芳烃，提取液送入溶剂回收部分的汽提塔以分离溶剂和芳烃。为了提高芳烃的纯度，抽提塔底打入经加热的回流芳烃。

2. *溶剂回收* 溶剂回收部分的任务是：从提取液、提余液和水中回收溶剂并使之循环使用的主要设备有汽提塔、水洗塔和水分馏塔。

（1）汽提塔。汽提塔主要任务是回收提取液中的溶剂。其结构是顶部带有闪蒸段的浮阀塔，全塔分为三段：顶部闪蒸段、上部抽提蒸馏段和下部汽提段。汽提塔在常压下操作，由抽提塔底来的提取液经换热后进入汽提塔顶部。在闪蒸段，提取液中的轻质非芳烃、部分芳烃和水因减压闪蒸出去，余下的液体流入抽提蒸馏段。抽提蒸馏段顶部引出的芳烃也还含有少量非芳烃（主要是 C_6），这部分芳烃与闪蒸产物混合经冷凝并分去水分后作为回流芳烃返回抽提塔下部。产品芳烃由抽提蒸馏段上部以气相引出，冷凝后分出的水即可作为汽提塔的中段回流，也可换热作为汽提蒸汽。汽提塔底部有重沸器供热。为避免溶剂分解（二乙二醇醚在 164℃开始分解），在汽提段引入水蒸气以降低芳烃蒸气分压使芳烃能在较低的温度（一般约 150℃）下全部蒸出。溶剂的含水量对抽提操作有重要影响，为了保证汽提塔底抽出的溶剂有适宜的含水量，汽提段的压力和塔底温度必须严格控制。为了减少溶剂损失，汽提所用蒸汽是循环使用的，一般用量是汽提塔进料量的 3%左右。

（2）水洗塔。水洗塔有两个：芳烃水洗塔和非芳烃水洗塔，这是两个筛板塔。在水洗塔中，是用水洗去（溶解掉）芳烃或非芳烃中的二乙二醇醚，从而减少溶剂的损失。在水洗塔中，水是连续相而芳烃或非芳烃是分散相。从两个水洗塔塔顶分别引出混合芳烃产品和非芳烃产品。

芳烃水洗塔的用水量一般约为芳烃量的 30%。这部分水是循环使用的，其循环路线为：水分馏塔—芳烃水洗塔—非芳烃水洗塔—水分馏塔。

（3）水分馏塔。水分馏塔的任务是回收水溶剂并取得干净的循环水。对送去再生的溶剂，先通过水分馏塔分出水，以减轻溶剂再生塔的负荷。水分馏塔在常压下操作，塔顶采用全回流，以便使夹带的轻油排出。大部分不含油的水从塔顶部侧线抽出。国内的水分馏塔多采用圆形泡罩塔板。

3. *溶剂再生部分* 二乙二醇醚在使用过程中由于高温及氧化会生成大分子的叠合物和有机酸，导致堵塞和腐蚀设备，并降低溶剂的使用性能。为保证溶剂的质量，一方面要注意经常加入单乙醇胺以中和生成的有机酸，使溶剂的 pH 经常维持在 7.5 ~ 8.0；另一方面要经常从汽提塔底抽出的贫溶剂中引出一部分溶剂去再生。再生是采用蒸馏的方法将溶剂和大分子叠合物分离。因二乙二醇醚的常压沸点是 245℃，已超出其分解温度 164℃，必须用减压（约 0.0025MPa）蒸馏。

减压蒸馏在减压再生塔中进行。塔顶抽真空，塔中部抽出再生溶剂，一部分作塔顶回流，余下的送回抽提系统，已氧化变质的溶剂因沸点较高而留在塔底，用泵抽出后与进料一起返回塔内，经一定时间后从塔内可部分地排出老化变质溶剂。

若溶剂改用三乙二醇醚或四乙二醇醚等溶剂时，此工艺流程可以稍作变化，但是操作条件需适当改变。

二、芳烃精馏

由溶剂抽提出的芳烃是一种混合物，其中包括苯、甲苯和各种结构的 C_8 和 C_9、C_{10} 等重质芳烃，为了获得各种单体芳烃，应了解各种单体芳烃的一些物理特性，表 6–15 为各种单体苯类芳烃的物理特性。由表中可看出，除了间、对二甲苯的沸点差过低难以用精馏法分离外，其他各单体芳烃都能用精馏法加以分离而获得高纯度的硝化级苯类产品。

表6–15　各种单体苯类芳烃的物理特性

组分	d_4^{20}	折射率	沸点/℃	熔点/℃
苯	0.880	1.5011	80.1	5.5
甲苯	0.867	1.4969	110.6	–95
邻二甲苯	0.880	1.5055	144.4	–25.2
间二甲苯	0.864	1.4972	139.1	–47.9
对二甲苯	0.861	1.4958	138.35	13.3
乙苯	0.867	1.4983	136.2	–94.9

芳烃精馏要求产品纯度高，应在 99.9% 以上，同时要求馏分很窄，如苯馏分的沸程是 79.6 ~ 80.5℃。由于产品纯度要求高，所以用一般油品蒸馏塔产品质量控制方法不能满足工艺要求。以苯为例，若生产合格的纯苯产品，常压下，其沸点只允许波动 0.0194℃，这采用常规的改变回流量控制顶温是难以做到的，需采用温差控制法。

（一）温差控制的基本原理和操作特点

实现精馏的条件是精馏塔内的浓度梯度和温度梯度。温度梯度越大，浓度梯度也越大。但是，塔内浓度变化不是在塔内自上而下均匀变化的，在塔内某一块塔盘上将出现显著变化，这块显著变化的塔盘，通常被称为灵敏塔盘，灵敏塔盘上的浓度变化对产品的质量影响最大。在实际生产操作中，只要控制好灵敏塔盘，就能取得芳烃精馏的平稳操作。因此，温差控制就以灵敏塔盘为控制点，选择塔顶或某层塔板做参考点，通过这两点温差的变化就能很好地反映出塔内的浓度变化情况。图 6–14 为苯塔的温差调节系统控制图。

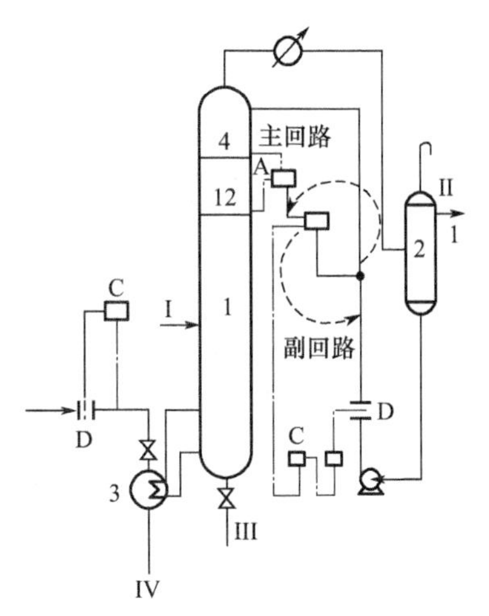

图 6–14　苯塔的温差调节系统控制图

Ⅰ—原料　Ⅱ—芳烃产品　Ⅲ—重芳烃　Ⅳ—热载体
1—精馏塔　2—回流罐　3—重沸器
4，12—第 4，第 12 块塔板
A—温差变送器　B—温差调节器
C—流量变送器　D—孔板

苯塔的灵敏塔盘通常在第 8 ~ 第 12 层之间。苯塔的温差控制就是控制灵敏塔盘（8 ~ 12 层）与参考点（1 ~ 4 层）之间的温差。灵敏点与参考点的温度信号分别接入温差控制器，温差控制器处理后发出调节信号，改变塔顶回流，以保证塔顶温度的稳定。这种控制方法能起到提前发现、提前调节的作用，只要保持塔顶温度的稳定，塔顶产品质量就有了保证。

温差与灵敏区的变化、进料组成、塔底温度和回流罐含水等因素有关。合理的温差值及其上、下限可通过理论计算求出，比较容易的是用实验法求取。所谓温度上限是塔顶产品接近带有重组分时灵敏塔盘上的温度，下限则是塔底物料接近带有轻组分时灵敏塔盘上的温度。对苯塔来说，上、下限之间的温度范围是 0.1 ~ 0.8℃，在温差的上限或下限操作都是不好的，因为接近上限时，轻产品将夹带重组分而不合格；接近下限时，塔底将夹带轻组分。只有在远离上、下限时温差才是合理的温差，只有在合理的温差下操作，才能保证塔顶温度稳定，才能起到提前发现、提前调节、保证产品质量的作用。

（二）芳烃精馏工艺流程

芳烃精馏的工艺流程有两种类型，一种是三塔流程（图 6–15），用来生产苯、甲苯、混合二甲苯和重芳烃；另一种是五塔流程，用来生产苯、甲苯、邻二甲苯、乙苯和重芳烃。

混合芳烃先换热再加热后进入白土塔，通过白土吸附以除去其中的不饱和烃，从白土塔出来的混合物温度约为 90℃，而后进入苯塔中部，塔底物料在重沸器内用热载体加热到 130 ~ 135℃，塔顶产物经冷凝冷却器冷却至 40℃左右进入回流罐。经沉降脱水后，打至苯塔顶作回流，苯产品是从塔侧线抽出，经换热冷却后进入成品罐。

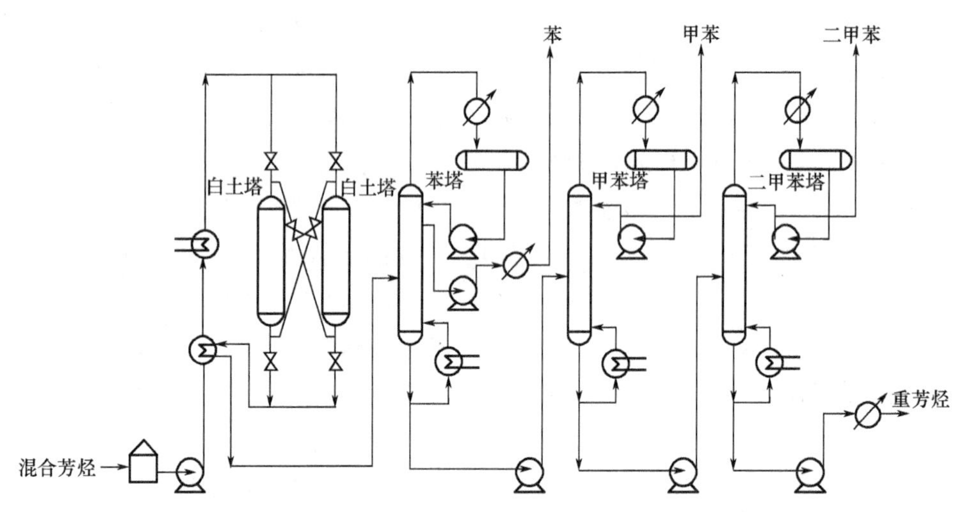

图 6–15　芳烃精馏典型工艺流程图（三塔流程）

苯塔底芳烃用泵抽出打至甲苯塔中部，塔底物料由重沸器用热载体加热至 155℃左右，甲苯塔顶馏出的甲苯经冷凝冷却后进入甲苯回流罐。一部分作甲苯塔顶回流，另一部分去甲苯成品罐。

甲苯塔底芳烃用泵抽出后，打至二甲苯塔中部，塔底芳烃由重沸器热载体加热，控制塔的第 8 层温度为 160℃左右，塔顶馏出的二甲苯经冷凝冷却后，进入二甲苯回流罐，一部分作二甲苯塔顶回流，另一部分去二甲苯成品罐，塔底重芳烃经冷却后进入混合汽油线。操作条件见表 6–16。

表6–16　芳烃精馏操作条件

项目	苯塔	甲苯塔	二甲苯塔
塔顶压力/MPa	0.02	0.02	0.02
塔顶温度/℃	79	114	135
塔底温度/℃	135	149	173
塔板数/块	44	50	40
回流比	7	3.2	1.7

【能力测评与提升】

一、填空题

1. 催化重整催化剂由，________，________和________三部分组成。
2. 重整条件下烃类主要进行的反应有________，________，________和________。
3. 催化重整过程对原料主要有________，________和________三方面要求。
4. 芳烃精馏的目的是将________分离成________。
5. 催化重整芳构化反应主要有________，________和________三种类型。
6. 造成重整催化剂失活的主要原因有________，________，________等。

二、问答题

1. 催化重整反应有哪些特点？工业上采取哪些措施应对这些特点？
2. 为什么要对催化重整原料进行预处理？预处理的方法有哪些？
3. 催化重整的目的是什么？
4. 重整催化剂的双功能分别是什么？生产中如何进行控制？
5. 影响重整反应过程的因素有哪些？这些因素如何影响最终产品的分布和收率？
6. 画出以生产芳烃为目的重整过程原理流程图，并说明各部分的目的和作用。
7. 芳烃抽提由哪几部分构成？影响抽提过程的因素有哪些？
8. 芳烃精馏有何特点？生产中如何实现？
9. 催化重整反应过程为什么要采用氢气循环？
10. 重整催化剂为什么要进行氯化和更新？生产中如何进行？
11. “后加氢”“循环氢”的作用各是什么？脱戊烷塔的作用是什么？

学习情境七　催化加氢

【任务一】认识催化加氢

1. 能力目标

能够认识催化加氢在炼油工业中的地位和作用；能够了解催化加氢发展的趋势。

2. 知识目标

了解催化加氢在炼油工业中的地位和作用；了解催化加氢发展的趋势。

3. 教、学、做说明

学生通过图书馆和网络资源的查找，并结合本任务的【相关知识】，分组讨论总结催化加氢，然后由教师引领，组别代表发言，并在教师指导下完成催化加氢相关知识的汇总。

4. 工作准备

学生分组：按照班级人数分组，并指派组长；资料查阅：布置工作任务，学生可通过图书馆或互联网等途径查阅相关资料。

5. 工作过程

小组讨论；组长指派代表发言；教师引领，完成催化加氢相关知识的总结。

【相关知识】

催化加氢是在氢气存在下对石油馏分进行催化加工过程的通称，催化加氢技术包括加氢处理和加氢裂化两类。

加氢处理的目的在于脱除油品中的硫、氮、氧及金属等杂质，同时还使烯烃、二烯烃、芳烃和稠环芳烃选择加氢饱和，从而改善原料的品质和产品的使用性能，加氢处理具有原料油的范围宽、产品灵活性大、液体产品收率高，产品质量高、对环境友好、劳动强度小等优点，因此广泛用于原料预处理和产品精制。

加氢裂化的目的在于将大分子裂化为小分子以提高轻质油收率，同时还除去一些杂质。其特点是轻质油收率高，产品饱和度高，杂质含量少。

一、催化加氢在炼油工业中的地位和作用

催化加氢是石油二次加工工艺过程之一，在石油加工工艺过程中占有很高的比重。表7-1给出了不同年份，世界重要二次加工装置加工能力比例；表7-2给出了2003年世界炼油大国主要二次加工装置加工能力比例。由这两个表不难看出，世界范围，近年加氢工艺装置

加工能力比例处于逐年上升的趋势，而世界范围内，加氢工艺过程有绝对高的加工份额。

表7-1　世界重要二次加工装置加工能力比例（%）

时间	催化裂化	催化重整	加氢裂化	加氢处理	加氢合计
1980年	13.6	13.6	2.3	36.1	38.4
1985年	16.9	15.2	3.8	44.1	47.9
1990年	18.0	15.6	4.7	45.4	50.1
1995年	17.1	14.6	4.6	44.7	49.3
2000年	16.9	13.6	5.2	45.0	50.2
2003年	17.5	13.7	5.6	49.2	54.8
2005年	17.61	11.8	5.7	47.1	52.8
2008年	16.8	13.4	6.0	51.9	57.9
2012年	16.4	12.9	6.3	51.5	57.8

表7-2　2015年世界主要地区原油加工能力统计（截至2016年1月1日）

地区	炼厂数（座）	年加工能力*/万吨							
		原油加工	减压蒸馏	热加工**	催化裂化	催化重整	加氢裂化	加氢处理	加氢合计
亚太地区	150	131741.3	23854.2	23854.2	23854.2	23854.2	23854.2	23854.2	47708.4
西欧地区	90	67478.5	27959.7	8145.0	10023.9	8798.1	6785.3	48569.8	55355.1
东欧及苏联	83	51076.6	20524.8	4670.0	4894.1	6439.3	1997.7	24171.7	26169.4
中东地区	56	46792.6	9875.4	2842.3	1859.3	3070.8	3312.9	12169.1	15482.0
非洲地区	45	16793.3	2445.5	776.6	1094.0	1969.0	327.3	4418.2	4745.5
北美地区	144	108222.4	52186.2	15946.7	33377.2	17111.0	12792.9	95851.5	108644.4
南美地区	66	30611.0	12917.5	3346.7	6045.2	1254.0	701.7	6539.7	7241.4
世界总计	634	451215.8	149763.3	41946.1	75280.7	48511.1	34067.7	241870.3	275938.0

注　*原文炼油能力单位为“桶/日”，本表按以下系数换算成每年吨数：原油加工50；减压蒸馏、加氢裂化和加氢处理53；热加工52；催化裂化52；催化重整43。

**统计表中去掉了“焦化”列，而将其数值归入“热加工”。

石油加工过程实际上就是碳和氢的重新分配过程，早期的炼油技术主要通过脱碳过程提高产品氢含量，如催化裂化、焦化过程。如今随着产品收率和质量要求提高，需要加氢技术提高产品氢含量，并同时脱去对大气污染的硫、氮和芳烃等杂质。

在现代炼油工业中，催化加氢技术的工业应用较晚，但其工业应用的速度和规模都很快超过热加工、催化裂化、铂重整等工艺。从表7-1、表7-2可以看出，无论从时间上，还是空间上催化加氢工艺已经成为炼油工业重要组成部分。

加氢技术快速增长的主要原因有：

（1）随着世界范围内原油变重、品质变差，原油中硫、氮、氧、钒、镍、铁等杂质含量呈上升趋势，炼厂加工含硫原油和重质原油的比例逐年增大，从目前及发展来看，采用加氢技术是改善原料性质、提高产品品质、实现这类原油加工最有效的方法之一。

（2）世界经济的快速发展，对轻质油品的需求持续增长，特别是中间馏分油如喷气燃料和柴油，因此需对原油进行深度加工，加氢技术是炼油厂深度加工的有效手段。

（3）环境保护的要求。对生产者要求在生产过程中要尽量做到物质资源的回收利用，减少排放，并对其产品在使用过程中能对环境造成危害的物质含量严格限制。目前催化加氢是能够做到这两点的石油炼制工艺过程之一，如生产各种清洁燃料，高品质润滑油都离不开催化加氢。

二、加氢技术发展的趋势

目前油品对其化合物组成要求越来越高，分子去留的选择性便显得尤为重要。催化加氢实际上就是为实现这一目标而设置的，即选择性加氢。实现选择性加氢的关键是催化剂，因此，催化加氢发展的根本是催化剂发展。除此之外，加氢设备、工艺流程、控制过程等都有完善和改进的必要。预计，在今后一段时期内各类加氢技术的发展趋势是：

1. 加氢处理技术　开发直馏馏分油和重原料油深度加氢处理催化剂的新金属组分配方，量身订制催化剂载体；重原料油加氢脱金属催化剂；废催化剂金属回收技术；多床层加氢反应器，以提高加氢脱硫、脱氮、脱金属等不同需求活性和选择性，使催化剂的表面积和孔分布更好地适应不同原料油的需要，延长催化剂的运转周期和使用寿命，降低生产催化剂所用金属组分的成本，优化工艺进程。

2. 芳烃深度加氢技术　开发新金属组分配方特别是非贵金属、新催化剂载体和新工艺，目的是提高较低操作压力下芳烃的饱和活性，降低催化剂成本，提高柴油的收率和十六烷值，控制动力学和热力学。

3. 加氢裂化技术　开发新的双功能金属—酸性组分的配方，以提高中馏分油的收率、柴油的十六烷值、抗结焦失活的能力，降低操作压力和氢气消耗。

【任务二】认识催化加氢反应

1. 能力目标

能够理解加氢处理和烃类加氢反应类型和反应特点。

2. 知识目标

掌握加氢处理和烃类加氢反应类型和反应特点。

3. 教、学、做说明

学生可在认真学习相关知识的基础上，通过图书馆和网络资源查阅催化加氢反应类型，并结合本任务的相关知识，分组讨论分析催化加氢反应特点，然后由教师引导，组别代表发言，并在教师的指导下总结催化加氢反应类型和反应特点。

4. 工作准备

学生分组：按照班级人数分组，并指派组长；资料查阅：布置工作任务，学生可通过图书馆或互联网等途径查阅相关资料。

5. 工作过程

小组讨论；组长指派代表发言；教师引领，总结催化加氢反应类型和反应特点。

【相关知识】

催化加氢反应主要涉及两个类型反应过程，一是除去氧、硫、氮及金属等少量杂质的加氢处理过程反应，二是涉及烃类加氢反应。这两类反应在加氢处理和加氢裂化过程中都存在，只是侧重点不同。

一、加氢处理反应

（一）加氢脱硫反应（HDS）

石油馏分中的硫化物主要有硫醇、硫醚、二硫化合物及杂环硫化物，在加氢条件下氢解反应，生成烃和 H_2S，主要反应如下：

$$RSH+H_2 \longrightarrow RH+H_2S$$

$$R—S—R+2H_2 \longrightarrow 2RH+H_2S$$

$$(RS)_2+3H_2 \longrightarrow 2RH+2H_2S$$

$$\text{R-噻吩}+4H_2 \longrightarrow R—C_2H_9+H_2S$$

$$\text{二苯并噻吩}+2H_2 \longrightarrow \text{联苯}+H_2S$$

对于大多数含硫化合物，在相当高的温度和压力范围内，其脱硫反应的平衡常数都比较大，并且各类硫化物的氢解反应都是放热反应。

石油馏分中硫化物的 C—S 键的键能比 C—C 键和 C—N 键的键能小。因此，在加氢过程中硫化物的 C—S 键先断裂生成相应的烃类和 H_2S。表 7-3 列出各种键的键能。

表7-3　各种键的键能

键	C—H	C—C	C—C	C—N	C—N	C—S	N—H	S—H
键能/$kJ \cdot mol^{-1}$	413	348	614	305	615	272	319	367

各种硫化物在加氢条件下反应活性因分子大小和结构不同存在差异，其活性大小的顺序为：硫醇＞二硫化物＞硫醚≈四氢噻吩＞噻吩。

噻吩类的杂环硫化物活性最低，并且随着其分子中的环烷环和芳香环的数目增加，加氢反应活性下降。

（二）加氢脱氮反应（HDN）

石油馏分中的氮化物主要是杂环氮化物和少量的脂肪胺或芳香胺。在加氮条件下，反应生成烃和 NH_3，主要反应如下：

$$R—CH_2—NH_2+H_2 \longrightarrow R—CH_3+NH_3$$

$$\text{(吡啶)}+5H_2 \longrightarrow C_5H_{12}+NH_3$$

$$\text{(喹啉)}+7H_2 \longrightarrow \text{(丙基环己烷, }C_3H_7\text{)}+NH_3$$

$$\text{(吡咯, N—H)}+4H_2 \longrightarrow C_4H_{10}+NH_3$$

加氢脱氮反应包括两种不同类型的反应，即 C = N 的加氢和 C—N 键断裂反应，因此，加氢脱氮反应较脱硫困难。加氢脱氮反应中存在受热力学平衡影响的情况。

馏分越重，加氢脱氮越困难。这主要是因为馏分越重，氮含量越高；另外重馏分氮化物结构也越复杂，空间位阻效应增强，且氮化物中芳香杂环氮化物最多。

（三）加氢脱氧反应（HDO）

石油馏分中的含氧化合物主要是环烷酸及少量的酚、脂肪酸、醛、醚及酮。含氧化合物在加氢条件下通过氢解生成烃和 H_2O，主要反应如下：

$$\text{(苯酚, OH)}+H_2 \longrightarrow \text{(苯)}+H_2O$$

$$\text{(环己烷甲酸, COOH)}+3H_2 \longrightarrow \text{(甲基环己烷, }CH_3\text{)}+2H_2O$$

含氧化合物反应活性顺序为：

呋喃环类＞酚类＞酮类＞醛类＞烷基醚类

含氧化合物在加氢反应条件下分解得很快，对杂环氧化物，当有较多的取代基时，反应活性较低。

（四）加氢脱金属（HDM）

石油馏分中的金属主要有镍、钒、铁、钙等，主要存在于重质馏分，尤其是渣油中。这些金属对石油炼制过程，尤其对各种催化剂参与的反应影响较大，必须除去。渣油中的金属可分为卟啉化合物（如镍和钒的络合物）和非卟啉化合物（如环烷酸铁、钙、镍）。以非卟啉化合物存在的金属反应活性高，很容易在 H_2/H_2S 存在的条件下，转化为金属硫化物沉积在催化剂表面。而以卟啉型存在的金属化合物先可逆地生成中间产物，然后中间产物进一步氢解，生成的硫化态镍以固体形式沉积在催化剂上。加氢脱金属反应如下：

$$R—M—R' \xrightarrow{H_2、H_2S} MS+RH+R'\ H$$

由上可知，加氢处理脱除氧、氮、硫及金属杂质进行不同类型的反应，这些反应一般是在同一催化剂床层进行，此时要考虑各反应之间的相互影响。如含氮化合物的吸附会使催化剂表面中毒，氮化物的存在会导致活化氢从催化剂表面活性中心脱除，而使加氢脱氧反应速率下降。也可以在不同的反应器中采用不同的催化剂分别进行反应，以减小反应之间的相互影响和优化反应过程。

二、烃类加氢反应

烃类加氢反应主要涉及两类反应，一是有氢气直接参与的化学反应，如加氢裂化和不饱和键的加氢饱和反应，此过程表现为耗氢；二是在临氢条件下的化学反应，如异构化反应。此过程表现为，虽然有氢气存在，但过程不消耗氢气，实际过程中的临氢降凝是其应用之一。

（一）烷烃加氢反应

烷烃在加氢条件下进行的反应主要有加氢裂化和异构化反应，其中加氢裂化反应包括C—C键的断裂反应和生成的不饱和分子碎片的加氢饱和反应，异构化反应则包括原料中烷烃分子的异构化和加氢裂化反应生成的烷烃的异构化反应。而加氢和异构化属于两类不同反应，需要两种不同的催化剂活性中心提供加速各自反应进行的功能，即要求催化剂具备双活性，并且两种活性要有效的配合。烷烃进行的反应描述如下：

$$R_1—R_2+H_2 \longrightarrow R_1H+R_2H$$

$$n\text{-}C_nH_{2n+2} \longrightarrow i\text{-}C_nH_{2n+2}$$

烷烃在催化加氢条件下进行的反应遵循碳正离子反应机理，生成的碳正离子在 β 位上发生断键，因此，气体产品中富含 C_3 和 C_4。由于既有裂化又有异构化，加氢过程可起到降凝作用。

（二）环烷烃加氢反应

环烷烃在加氢裂化催化剂上的反应主要是脱烷基、异构和开环反应。环烷碳正离子与烷烃碳正离子最大的不同在于前者裂化困难，只有在苛刻的条件下，环烷碳正离子才发生 β 位断裂。带长侧链的单环环烷烃主要是发生断链反应。六元环烷烃相对比较稳定，一般是先通过异构化反应转化为五元环烷烃后再断环成为相应的烷烃。双六元环烷烃在加氢裂化条件下往往是其中的一个六元环先异构化为五元环后再断环，然后才是第二个六元环的异构化和断环。这两个环中，第一个环的断环是比较容易的，而第二个环则较难断开。此反应途径描述如下：

CH_3　C_4H_9　CH_3　C_4H_9 $\longrightarrow i\text{-}C_{10}H_{12}$

环烷烃异构化反应包括环的异构化和侧链烷基异构化。环烷烃加氢反应产物中异构烷烃与正构烷烃之比和五元环烷烃与六元环烷烃之比都比较大。

（三）芳香烃加氢反应

苯在加氢条件下反应首先生成六元环烷，然后发生前述相同反应。

烷基苯加氢裂化反应主要有脱烷基、烷基转移、异构化、环化等反应，使得产品具有多样性。C_1 ~ C_4 侧链烷基苯的加氢裂化，主要以脱烷基反应为主，异构和烷基转移为次，分别生成苯、侧链为异构程度不同的烷基苯、二烷基苯。烷基苯侧链的裂化既可以是脱烷基生成苯和烷烃；也可以是侧链中的 C—C 键断裂生成烷烃和较小的烷基苯。对正烷基苯，后者比前者容易发生，对脱烷基反应，则 α-C 上的支链越多，越容易进行。以正丁苯为例，脱烷基速率有以下顺序：叔丁苯＞仲丁苯＞异丁苯＞正丁苯。

短烷基侧链比较稳定，甲基、乙基难以从苯环上脱除，C_4 或 C_4 以上侧链从环上脱除很快。对于侧链较长的烷基苯，除脱烷基、断侧链等反应外，还可能发生侧链环化反应生成双环化合物。苯环上烷基侧链的存在会使芳烃加氢变得困难，烷基侧链的数目对氢的影响比侧链长度的影响大。

对于芳烃的加氢饱和及裂化反应，无论是降低产品的芳烃含量（生产清洁燃料），还是降低催化裂化和加氢裂化原料的生焦量都有重要意义。在加氢裂化条件下，多环芳烃的反应非常复杂，它只有在芳香环加氢饱和反应之后才能开环，并进一步发生随后的裂化反应。稠环芳烃每个环的加氢和脱氢都处于平衡状态，其加氢过程是逐环进行，并且加氢难度逐环增加。

（四）烯烃加氢反应

烯烃在加氢条件下主要发生加氢饱和及异构化反应。烯烃饱和是将烯烃通过加氢转化为相应的烷烃；烯烃异构化包括双键位置的变动和烯烃链的空间形态发生变动。这两类反应都有利于提高产品的质量。其反应描述如下：

$$R—CH{=}CH_2+H_2 \longrightarrow R—CH_2—CH_3$$

$$R—CH{=}CH—CH{=}CH_2+2H_2 \longrightarrow R—CH_2—CH_2—CH_2—CH_3$$

$$n—C_nH_{2n} \longrightarrow i—C_nH_{2n}$$

$$n—C_nH_{2n}+H_2 \longrightarrow i—C_nH_{2n+2}$$

焦化汽油、焦化柴油和催化裂化柴油在加氢精制的操作条件下，其中的烯烃加氢反应是完全的。因此，在油品加氢精制过程中，烯烃加氢反应不是关键的反应。

值得注意的是，烯烃加氢饱和反应是放热效应，且热效应较大。因此对不饱和烃含量高油品加氢时，要注意控制反应温度，避免反应床层超温。

（五）烃类加氢反应的热力学和动力学特点

1. 热力学特征　烃类裂解和烯烃加氢饱和等反应化学平衡常数值较大，不受热力学平衡常数的限制。芳烃加氢反应，随着反应温度升高和芳烃环数增加，芳烃加氢平衡常数值下降。在加氢裂化过程中，形成的碳正离子异构化的平衡转化率随碳原子数的增加而增加，因此，产物中异构烷烃与正构烷烃的比值较高。

加氢裂化反应中加氢反应是强放热反应，而裂解反应则是吸热反应。但裂解反应的吸热效应远低于加氢反应的放热效应，总的结果表现为放热效应。单体烃的加氢反应的反应热与分子结构有关，芳烃加氢的反应热低于烯烃和二烯烃的反应热，而含硫化合物的氢解反应热与芳烃加氢反应热大致相等。整个过程的反应热与断开的一个键（并进行碎片加氢和异构化）的反应热和断键的数目成正比。表 7–4 列出了加氢裂化过程中一些反应的平均反应热。

表7–4　加氢裂化过程中的平均反应热

反应类型	烯烃加氢饱和	芳烃加氢饱和	环烷烃加氢开环	烷烃加氢裂化*	加氢脱硫	加氢脱氮
反应热/ mJ · mol^{-1}	-1.047×10^8	-3.256×10^7	-9.307×10^6	-1.447×10^4	-6.978×10^7	-9.304×10^7

注　*即每增加1mol分子反应热（J）。

2. *动力学特征*　烃类加氢裂化是一个复杂的反应体系，在进行加氢裂化的同时，还进行加氢脱硫、脱氮、脱氧及脱金属等反应，它们之间是相互影响的，下面以催化裂化循环油在10.3MPa 下的加氢裂化反应为例（图 7–1），简单说明一下各种烃类反应之间的相对反应速率。

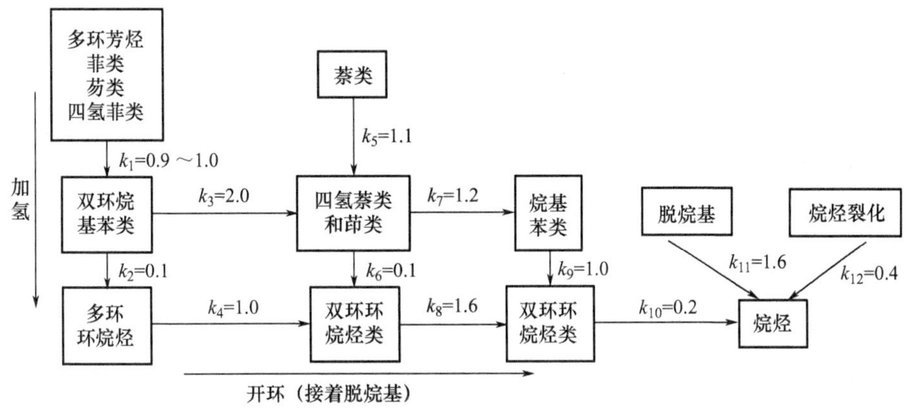

图 7–1　催化裂化循环油等温加氢裂化反应相对反应速率常数

多环芳烃很快加氢生成多环环烷芳烃，其中的环烷环较易开环，继而发生异构化、断侧链（或脱烷基）等反应。分子中含有两个芳环以上的多环芳烃，其加氢饱和及开环断侧链的反应都较容易进行（相对速率常数为 1 ～ 2）；含单芳环的多环化合物，苯环加氢较慢（相对速率常数只有 0.1），但其饱和环的开环和断侧链的反应仍然较快（相对速率常数大于 1）；但单环环烷烃较难开环（相对速率常数为 0.2）。因此，多环芳烃加氢裂化，其最终产物可能主要是苯类和较小分子烷烃的混合物。

【任务三】加氢精制工艺操作

1. 能力目标

能根据原料的来源和组成、催化剂的组成和结构、工艺过程及操作条件对加氢产品的组成和特点进行分析判断；能对影响加氢生产过程的因素进行分析和判断，进而能对实际生产过程进行操作和控制；能够熟练操作催化加氢工艺装置。

2. 知识目标

掌握加氢处理工艺及加氢裂化流程。

3. 教、学、做说明

学生在深刻领会【相关知识】的基础上，通过网络资源查阅，分析讨论加氢处理和加氢裂化技术，然后由教师引领，熟悉加氢精制工艺过程操作步骤，在教师指导下完成加氢精制系统正常开车和正常停车操作过程。

4. 工作准备

熟悉仿真实训室；熟悉催化加氢原理及系统构成、影响因素分析、主要设备及主要控制参数及方法；熟悉仿真软件的现场界面、DCS界面和评分界面；仔细阅读催化加氢装置概述及工艺流程说明，熟悉仿真软件中各个流程画面符号的含义及如何操作；熟悉仿真软件中控制组画面、手操器画面、指示仪组画面的内容及调节方法。

5. 工作过程

（1）正常开工：开车前准备；系统引氢升压；引瓦斯气入装置；加热炉点火升温；预硫化过程；分馏系统冷油运；进料加热炉点火升温；分馏系统热油运；反应系统切换原料油；反应分馏串联。

（2）正常停车：反应岗位停车；分馏岗位停车。

（3）故障解决：压缩机故障停车；停1.0MPa蒸汽；反应器飞温；原料油中断；新氢中断；高分串压至低分；炉管破裂；燃料气中断；过滤器压差超高。

调用评分信息，查找自己操作过程中的不足之处，反复训练。

【相关知识】

一、加氢处理工艺流程

加氢处理根据处理的原料可划分为两个主要工艺：一是馏分油产品的加氢处理，包括传统的石油产品加氢精制和原料的预处理；二是渣油的加氢处理。

（一）馏分油加氢处理

馏分油加氢处理，主要有二次加工汽油、柴油的精制和含硫、芳烃高的直馏煤油馏分精制。一般馏分油加氢处理工艺流程如图7-2所示。

原料油和新氢、循环氢混合后，与反应产物换热，再经加热炉加热到一定温度进入反应器，

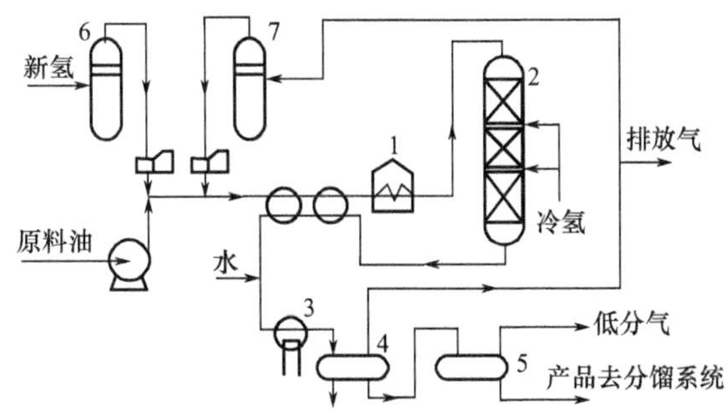

图 7-2 一般馏分油加氢处理工艺流程图

1—加热炉 2—反应器 3—冷却器 4—高压分离器 5—低压分离器 6—新氢储罐 7—循环氢储罐

完成硫、氮等非烃化合物的氢解和烯烃加氢反应。反应产物从反应器底部导出经换热冷却进入高压分离器，分出不凝气和氢气循环使用，馏分油则进入低压分离器进一步分离轻烃组分，产品则去分馏系统分馏成合格产品。由于加氢精制过程为放热反应，放热量一般在 290 ~ 420 kJ/kg，循环氢本身即可带走反应热。对于芳烃含量较高的原料，而又需深度芳烃饱和加氢时，由于反应热大，单靠循环氢不足以带走反应热，因此需在反应器床层间加入冷氢，以控制床层温度。

在处理含硫、氮含量较低的馏分油时，一般在高压分离器前注水，即可将循环氢中的硫化氢和氨除去。处理高含硫原料，循环氢中硫化氢含量达到1%以上时，常用硫化氢回收系统，一般用乙醇胺吸收除去硫化氢，富液再生循环使用，流程见图 7-3。解吸出来的硫化氢则送去制硫装置。下面分别以汽油、煤油和柴油为例简述馏分油加氢过程与结果分析。

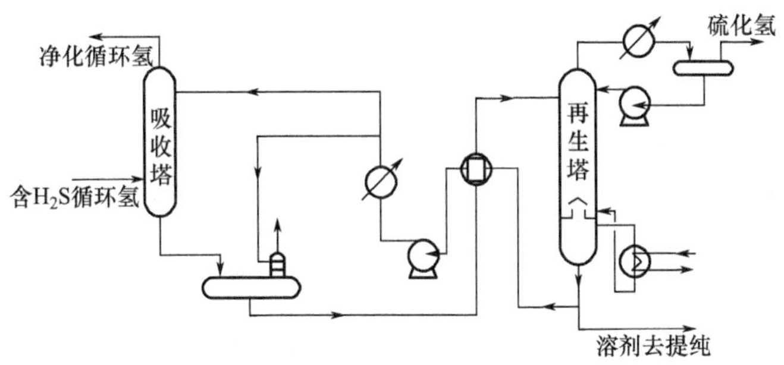

图 7-3 循环氢脱 H_2S 工艺流程图

1. 汽油馏分加氢 焦化汽油与热裂化汽油中硫、氯及烯烃含量较高，稳定性差，辛烷值低，需要通过加氢处理，才能作为汽油调和组分、重整原料或乙烯裂解原料。例如，大庆焦化汽油采用 Co—Ni—Mo/Al_2O_3 催化剂加氢处理的结果见表 7-5。

表7–5　大庆焦化汽油加真处理的结果

催化剂		Co—Ni—Mo/Al_2O_3		
反应条件	总压力/MPa	—	3.0	3.9
	反应温度/℃	—	320	320
	液时空速/h^{-1}	—	1.5	2.0
	氢油比（体积比）	—	500	500
	精制油收率（质量分数）/%	—	99.5	99.5
	氢耗（质量分数）/%	—	0.4	0.45
原料油与产品		原料油	产品（1）	产品（2）
性质	密度（20℃）/g·cm^{-3}	0.7379	0.7328	0.7316
	馏分范围/℃	45～221	62～218	57～210
	总氮/μg·g^{-1}	170	1	1
	碱氮/μg·g^{-1}	137	0.4	0.1
	硫/μg·g^{-1}	467	52	33
	溴值/g·$10^{-2}g^{-1}$	72	0.1	0.2
	烷烃的体积分数/%	50	94.6	94.8
	烯烃的体积分数/%	50	0.9	1.0
	芳烃的体积分数/%	50	4.5	4.2
	砷/10^3μg·g^{-1}	320	0.49	1
	砷/10^3μg·g^{-1}	64	1	1
	颜色赛波特	<-16	>+30	>+30

由表 7–5 可知，由于汽油馏分的硫、氮化物含量较低，所以在压力 3MPa，空速 1.5h^{-1} 时，加氢脱硫率达 90%，脱氮率 99%，烯烃饱和率 98%，砷、铅等金属几乎可以完全脱除，且产品收率达 99.5%。

2. *煤油馏分加氢*　直馏煤油加氢处理，主要是对含硫、氯和芳烃高的煤油馏分进行加氢脱硫、脱氮及部分芳烃饱和，以改善其燃烧性能，生产合格的喷气燃料或灯用煤油。例如，以 Ni—W/Al_2O_3 为催化剂对胜利煤油馏分加氢处理，其结果见表 7–6。

表7–6　胜利煤油馏分加氢处理结果

催化剂		Ni—W/ Al_2O_3	
主要反应条件	总压力/MPa	—	4.0
	床层平均温度/℃	—	325
	液时空速/h^{-1}	—	1.65
	氢油比（体积）	—	473～516
	循环氢纯度（体积分数）/%	—	81～86
精制油收率（质量分数）/%		—	>99
氢耗（质量分数）/%		—	～0.5

续表

原料与产品		原料油	产品
性质	密度（20℃）/g·cm^{-3}	0.8082	0.8037
	馏分范围/℃	174 ~ 242	177 ~ 246
	硫/μg·g^{-1}	1000	0.3
	硫醇硫/μg·g^{-1}	12.1	<1
	氮/μg·g^{-1}	15.4	<0.5
	碱氮/μg·g^{-1}	8.6	—
	酸度/mgKOH·10^{-2}mL^{-1}	4.21	0.0
	溴值/g·10^{-2}·g^{-1}	—	0.21
	芳烃的质量分数/%	16.6	12.05
	燃烧性能	不合格	合格
	无烟火焰高度/mm	22	26
	色度/号	>5	<1

由表 7-6 可知，在使用表中催化剂和反应条件下，通过加氢处理，胜利煤油馏分中硫、氮几乎完全脱除，芳烃含量由 16.6%降至 12.05%，色度从大于 5 号降到小于 1 号，无烟火焰高度由 22mm 提高到 26mm，精制油收率也在 99%以上。

3. 柴油馏分加氢　柴油加氢精制主要是焦化柴油与催化裂化柴油的加氢精制。例如，通过对胜利等原油催化裂化柴油含氮化物组成研究发现，喹啉、咔唑、吲哚类环状氮化物占总氮的 65%以上，是油品储存不稳定与变色的主要组分。

因此，加氢脱氮是柴油加氢处理改质的首要目的。以胜利催化裂化柴油为原料，通过加氢处理，其结果见表 7-7。

表7-7　胜利催化裂化柴油加氢处理结果

催化剂		Ni—W/ Al_2O_3		
主要反应条件	总压力/MPa	—	4.2	4.0
	床层平均温度/℃	—	286.5	330
	液时空速/h^{-1}	—	2.0	1.5
	氢油比（体积比）	—	690	690
	氢纯度（体积分数）/%	—	70	71
精制油收率（质量分数）/%		—	99.4	99.4
氢耗（质量分数）/%		—	0.68	—
原料与产品		原料油	产品1	产品2
性质	密度（20℃）/g·cm^{-3}	0.8931	0.8854	0.8789
	馏分范围/℃	190 ~ 335	208 ~ 334	195 ~ 332

续表

原料与产品		原料油	产品1	产品2
性质	硫/μg·g^{-1}	4700	1207	266
	氮/μg·g^{-1}	660	517	157
	碱氮/μg·g^{-1}	75.5	65.8	5.0
	实际胶质/mg·10^{-2}·mL^{-1}	97.6	22.8	34.6
	酸度/mgKOH·10^{-2}·mL^{-1}	14.62	0.78	—
	溴值/g·10^{-2}·g^{-1}	0.2	2.54	0.7
	色度（ASTM—1500）/号	2.5	<0.5	<1.0
	氧化沉渣/mg·10^{-2}·mL^{-1}	1.07	0.13	0.31

由表 7–7 可见，胜利催化裂化柴油在使用 Ni—W/Al_2O_3 催化剂，反应压力为 4.2MPa，床层温度 286.5℃，空速 2.0h^{-1} 时，通过加氢处理，脱氮率为 21.7%，脱硫率为 78%。根据 100℃、16h 快速氧化稳定性测定，沉渣和透光率有明显改进。在 4.0 MPa 压力，床层温度 330℃，空速降到 1.5h^{-1} 的条件下，脱硫率可以提到 94.3%，脱氮率达 76%，烯烃饱和率可达 93%。虽然氧化沉渣有明显改善，但实际胶质、色度、氧化稳定性，均不如浅度精制。由于提高加氢深度，虽然可以增加脱硫、脱氮率，但有部分萘系芳烃加氢生成四氢萘，反而使油品不安定。

（二）渣油加氢处理

随着原油的重质化和劣质化及硫、氮、金属等杂质含量在渣油中又较为集中，渣油加氢处理主要脱除渣油中硫、氮和金属杂质，降低残炭值、脱除沥青质等，为下游 RFCC 或焦化提供优质的原料；也可以进行渣油加氢裂化生产轻质燃料油。例如，孤岛减压渣油经加氢处理后，脱除沥青质达 70%，金属达 85%以上，可直接作为催化裂化原料。实际生产过程往往是将两者结合，既进行改质，又进行裂化。渣油加氢主要有固定床、移动床、沸腾床及悬浮床等不同类型的反应器。

渣油加氢过程中，发生的主要反应有加氢脱硫、脱氮、脱氧、脱金属等反应，以及残炭前身物转化和加氢裂化反应。这些反应进行的程度和相对的比例不同，渣油的转化程度也不同。根据渣油加氢转化深度的差别，习惯上将其分为渣油加氢处理（RHT）和渣油加氢裂化（RHC）。渣油加氢处理工艺原理流程见图 7–4。

经过滤的原料在换热器内与由反应器来的热产物进行换热，然后与循环氢混合进入加热炉，加热到反应温度。由炉出来的原料进入串联的反应器。反应器内装有固定床催化剂。大多数情况是采用液流下行式通过催化剂床层。催化剂床层可以是一个或数个，床层间设有分配器，通过这些分配器将部分循环氢或液态原料送入床层，以降低因放热反应而引起的温升。控制冷却剂流量，使各床层催化剂处于等温下运转。催化剂床层的数目取决于产生的热量、反应速率和温升限制。

在串联反应器中可根据需要装入不同类型的催化剂，如脱金属催化剂、脱氮催化剂和裂

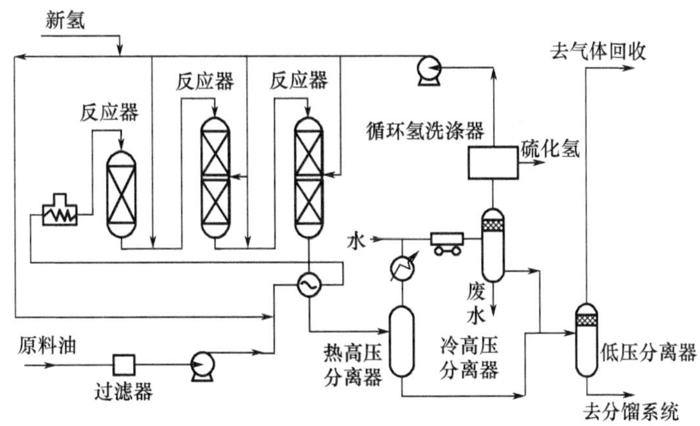

图 7-4　渣油加氢处理工艺原理流程图

化催化剂，以实现不同的加氢目的。

渣油加氢处理工艺流程与一般馏分油加氢处理流程有以下几点不同：

（1）原料油首先经过微孔过滤器，以除去夹带的固体微粒，防止反应器床层压降过快。

（2）加氢生成油经过热高压分离器与冷高压分离器，提高气液分离效果，防止重油带出。

（3）由于一般渣油含硫量较高，故循环氢需要脱除 H_2S，防止或减轻高压反应系统腐蚀。

某炼厂固定床渣油加氢处理反应系统主要工艺条件见表 7–8，原料和产品性质见表 7–9。

表7–8　固定床渣油加氢反应系统主要工艺条件

项目	运转初期（SOR）	运转末期（EOR）
反应温度/℃	385	404
反应平均氢分压/MPa	14.7	14.7
反应器入口气油体积比	650	650
体积空速/h^{-1}	0.2	0.2

表7–9　固定床渣油加氢反应系统原料和主要产品性质

项目	原料油	石脑油		柴油		加氢渣油	
		SOR	EOR	SOR	EOR	SOR	EOR
密度（20℃）/g·cm^{-3}	0.9875	0.7582	0.7541	0.8675	0.8656	0.9275	0.9349
S的质量分数/%	3.10	0.0015	0.0018	0.015	0.0245	0.52	0.61
N的含量/μg·g^{-1}	2.800	15	17	305	320	1500	2000
残炭/%	12.88	—	—	—	—	6.48	8.00
凝固点/℃	18	—	—	–15	–15	—	—
Ni含量/μg·g^{-1}	26.8	—	—	—	—	9.0	11.6
V含量/μg·g^{-1}	83.8	—	—	—		8.7	11.4
Fe含量/μg·g^{-1}	<10	—	—	—	—	1.1	1.2
Na含量/μg·g^{-1}	<3	—	—	—	—	2.1	2.4
Ca含量/μg·g^{-1}	<5	—	—	—	—	0.3	0.5

二、加氢裂化工艺流程

加氢裂化装置，根据反应压力的高低可分为高压加氢裂化和中压加氢裂化。根据原料、目的产品及操作方式的不同，可分为一段加氢和两段加氢裂化。

（一）一段加氢裂化

根据加氢裂化产物中的尾油是否循环回炼，采用三种操作方式。一段一次通过和一段串联全循环操作，也可采用部分循环操作。

1. 一段一次通过流程　一段一次通过流程的加氢裂化装置主要是以直馏减压馏分油为原料生产喷气燃料、低凝固点柴油为主，裂化尾油作高黏度指数、低凝固点润滑油料。一段一次通过流程若采用一个反应器，前半段装加氢精制催化剂，主要对原料进行加氢处理，后半段装加氢裂化催化剂，主要进行加氢裂化反应；也可以设两个反应器，前一个反应器进行加氢处理，后一个反应器进行加氢裂化。

例如，高压一段一次通过生产燃料和润滑油料加氢裂化流程见图 7-5。该流程采用两个反应器串联，氢气、原料与生成油分别换热，氢气通过加热炉，炉后混油的换热、加热流程。以大庆300 ~ 545℃减压馏分油为原料，该流程有两种方案，即 -35 号柴油和 3 号喷气燃料方案。

主要操作条件：处理反应器入口压力为 17.6MPa；反应温度为 390 ~ 405℃；氢油体积比为 1800 ： 1Nm^3/m^3；体积空速为 1.0 ~ 2.8h^{-1}；循环氢纯度（体积分数）为 91%。产品及收率见表 7-10。

表7-10　产品及收率

产品方案	喷气燃料	柴油
石脑油	27.22%	27.33%
燃料溶剂油	—	3.25%
-35号柴油	3号喷气燃料22.13%	20.14%
0号柴油	N7*组分油11.62%	13.41%
冷榨脱蜡料	12.32%	17.06%
尾油	23.81%	16.19%
液化石油气	1.80%	1.71%
燃料气	2.70%	2.66%
损失	1.21%	1.06%

注　*N7为高速机油调和组分。

主要产品性质：-35 号柴油，硫含量为 0.000 2%，凝固点为 -37℃；3 号喷气燃料，硫含量为 0.0002%，结晶点为 -37℃；加氢裂化尾油，凝固点为 19℃，通过临氢处理可获得润滑油基础油。

2. 一段串联循环流程　一段串联循环流程是将尾油全部返回裂解段裂解成产品。根据目的产品不同，可分为中馏分油型（喷气燃料—柴油）和轻油型（石脑油）。

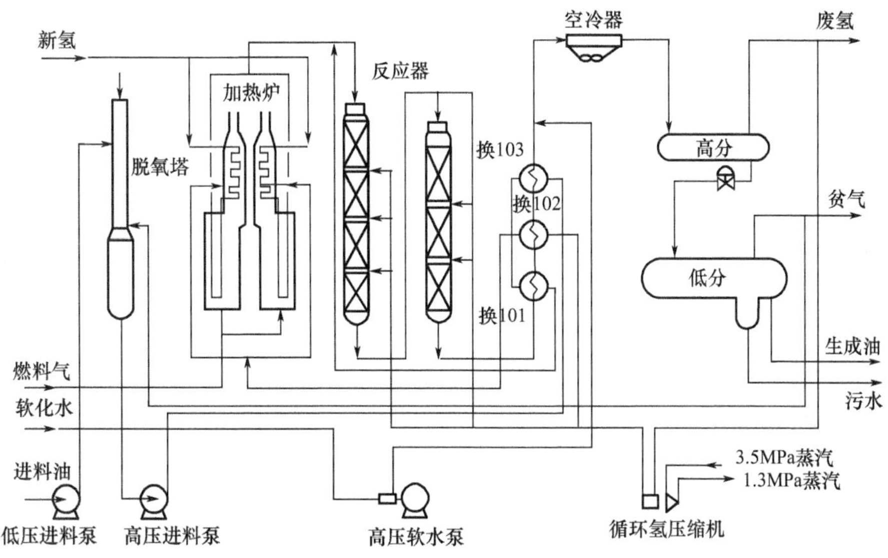

图 7–5　高压一次通过加氢裂化典型工艺流程图

例如，以胜利原油的减压馏分油与胜利渣油的焦化馏分油混合物为原料生产中间馏分油加氢裂化反应部分流程见图 7–6。采用处理—裂化—处理模式。

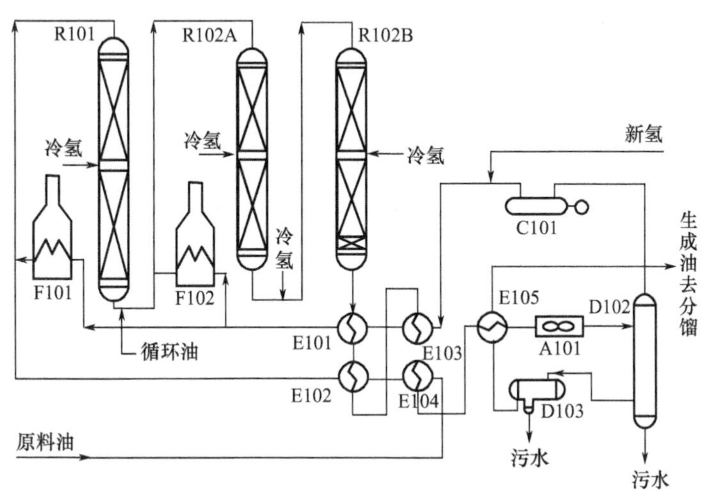

图 7–6　一段串联全循环加氢裂化反应系统流程图

R101—处理反应器　R102A、B—裂化反应器　F101、F102—循环氢加热炉　C101—循环氢压缩机
E101、E103—反应物循环氢换热器　E102、E104—反应物料原料油换热器
E105—反应物分馏进料换热器　A101—高压空冷器　D102—高压分离器　D103—低压分离器

主要操作条件：进料量：原料油为 100t/h，循环油为 60 t/h；空速：处理段为 0.941h^{-1}，裂化段为 1.14h^{-1}，后处理段为 15.0h^{-1}；补充新氢纯度：95.0%；氢油体积比：处理段入口为 842.3Nm^3/m^3，裂化段入口为 985Nm^3/m^3；裂化反应器入口压力：17.5MPa；反应温度：R101 处理反应器和 R102 裂化反应器运转初期的入口、出口及平均温度分别为 355.3℃、392.8℃、

380.9℃和 385.9℃、390.1℃、386.6℃。

原料油性质见表 7-11，减压馏分油与焦化馏分油按 9∶1 混合。主要产品性质及收率见表 7-12。

表7-11　原料油性质

项目		减压馏分油	焦化馏分油
密度（15℃）/g·cm^{-3}		0.9018	0.9286
总硫（质量分数）/%		0.57	0.86
总氮（质量分数）/%		0.159	0.6189
康氏残炭（质量分数）/%		0.18	0.56
馏程（5%～100%）/℃		345～531	306～502
金属含量/μg·g^{-1}	Fe	0.37	0.46
	Ni	0.25	0.55
	Cu	<0.1	<0.1
	V	<0.1	<0.1
	Na	0.18	0.16
	Pb	<0.1	<0.1
	As	<0.5	<0.5

表7-12　主要产品性质及收率

产品	轻石脑油	重石脑油	3号喷气燃料	轻柴油
密度（15℃）/g·cm^{-3}	0.6742	0.7418	0.7842	0.8064
馏程/℃	44~100	102~143	159~273*	249~327
辛烷值（RON）	76.2	—	—	—
十六烷值（计算）	—	—	—	73
倾点/℃	—	—	—	—6
结晶点/℃	—	—	—54.7	—
烟点/mm	—	—	36	—
芳烃的体积分数/%	1	41.7	2.25	—
总硫/μg·g^{-1}	<1	<1	<1	<1
总氮/μg·g^{-1}	<1	<1	—	<1
产率**（占进料，质量分数）/%	16.4	13.1	43.1	21.6

注　*10%~干点；**运转初期。

（二）二段加氢裂化

在二段加氢裂化的工艺流程中设置两个（组）反应器，但在单个或一组反应器之间，反应产物要经过气—液分离或分馏装置将气体及轻质产品进行分离，重质的反应产物和未转化反应物再进入第二个或第二组反应器，这是二段过程的重要特征。它适合处理高硫、高氮减压蜡油，催化裂化循环油、焦化蜡油，或这些油的混合油，也即适合处理单段加氢裂化难处理或不能处理的原料。

二段加氢裂化工艺简化流程见图 7–7。该流程设置两个反应器，第一反应器为加氢处理反应器，第二反应器为加氢裂化反应器。新鲜进料及循环氢分别与第一反应器出口的生成油换热，加热炉加热，混合后进入第一反应器，在此进行加氢处理反应。第一反应器出料经过换热及冷却后进入分离器，分离器下部的物流与第二反应器流出物分离器的底部物流混合，一起进入共用的分馏系统，分别将酸性气以及液化石油气、石脑油、喷气燃料等产品进行分离后送出装置，由分馏塔底导出的尾油再与循环氢混合加热后进入第二反应器。此时进入第二反应器物流中 H_2S 及 NH_3 均已脱除干净，油中硫、氮化合物含量也很低，消除了这些杂质对裂化催化剂的影响，因而第二反应器的温度可大幅度降低。此外，在两段工艺流程中，第二反应器的氢气循环回路与第一反应器的相互分离，可以保证第二反应器循环氢中的 H_2S 及 NH_3 含量较少。

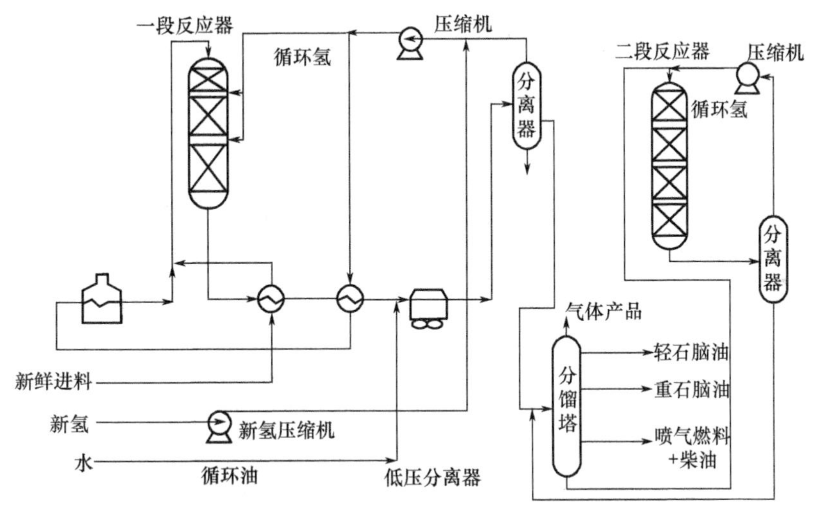

图 7–7　二段加气裂化工艺原理流程图

与一段工艺相比，二段工艺具有气体产率低、干气少、目的产品收率高、液体总收率高；产品质量好，特别是产品中芳烃含量非常低；氢耗较低；产品方案灵活性强；原料适应性强，可加工更重质、更劣质的原料等优点。但二段工艺流程复杂，装置投资和操作费用高。

反应系统的换热流程既有原料油、氢气混合与生成油换热方式，也有原料油、氢气分别与生成油换热的方式，后者的优点是：充分利用其低温位热量，以利于最大限度降低生成油出换热器的温度；降低原料油和氢气在加热过程中的压力降，有利于降低系统压力降。

氢气与原料油有两种混合方式：即“炉前混油”与“炉后混油”。前者是原料油与氢气混合后一同进加热炉，而后者是原料油只经换热，加热炉单独加热氢气，随后再与原料油混合。“炉后混油”的好处是，加热炉只加热氢气，炉管中不存在气液两相，流体易于均匀分配，炉管压力降小，而且炉管不易结焦。

以上讨论的均为高压加氢裂化工艺。除此之外，还有从轻质直馏减压馏分油生产喷气燃料、低凝柴油为主的中压加氢裂化；以及用直馏减压馏分油控制单程转化率的中压缓和加氢裂化，生产一定数量的燃料油品，尾油作为生产乙烯裂解原料。

【任务四】催化加氢过程的操作条件分析

1. 能力目标

能够理解催化加氢原料组成和性质要求；理解催化加氢组成、特点和操作要求；理解不同催化加氢反应条件对工艺操作的影响。

2. 知识目标

掌握催化加氢原料的组成和性质，催化加氢催化剂性能，及催化加氢工艺操作条件。

3. 教、学、做说明

学生可在认真学习相关知识的基础上，通过图书馆和网络资源查阅催化加氢原料的组成和性质、催化剂性能和加氢工艺操作条件，并结合本任务的相关知识，分组讨论催化加氢工艺操作条件，然后由教师引导，组别代表发言，并在教师的指导下总结催化加氢工艺操作条件。

4. 工作准备

学生分组：按照班级人数分组，并指派组长；资料查阅：布置工作任务，学生可通过图书馆或互联网等途径查阅相关资料。

5. 工作过程

小组讨论；组长指派代表发言；教师引领，总结催化加氢工艺操作条件。

【相关知识】

实际生产过程中影响催化加氢过程的因素主要有原料的组成和性质、催化剂的性能、工艺操作条件及设备结构等。

一、原料的组成和性质

原料的组成和性质决定要除去杂质组分和改质组分的含量及结构。原油来源不同，其组分含量有差异。馏分油来源、切割位置和范围不同，其组分含量也不同。原油越重、馏分油切割终馏点越高，则馏分中杂质元素含量和重质芳烃含量越高，且其构成的化合物结构也越复杂，也就是越不容易加氢除去杂质和改质。对于二次加工馏分油，由于加工方法不同，其组成也不同，如焦化柴油的烯烃含量较催化裂化柴油高。评价加氢原料组成和性质的指标有馏分、特性因数、杂质元素的含量、实际胶质、溴值、酸度、色值等。对于不同原料只有采取选择相应的催化剂、工艺流程和操作条件等措施，才能达到预期的加氢目的。

二、催化剂性能

加氢催化剂的性能取决于其组成和结构，根据加氢反应侧重点不同，加氢催化剂还可分为加氢饱和（烯烃、炔烃和芳烃中不饱和键加氢）、加氢脱硫、加氢脱氮、加氢脱金属及加氢裂化催化剂。

（一）加氢处理催化剂

加氢处理催化剂中常用的加氢活性组分有铂、钯、镍等金属和钨、钼、镍、钴的混合硫化物，它们对各类反应的活性顺序为：

加氢饱和 Pt、Pb > Ni > W—Ni > Mo—Ni > Mo—Co > W—Co

加氢脱硫 Mo—Co > Mo—Ni > W—Ni > W—Co

加氢脱氮 W—Ni > Mo—Ni > Mo—Co > W—Co

为了保证金属组分以硫化物的形式存在，在反应气体中需要一个最低的 H_2S 和 H_2 分压的比值，低于这个比值，催化剂活性会降低和逐渐丧失。

加氢活性主要取决于金属的种类、含量、化合物状态及在载体表面的分散度等。

活性氧化铝是加氢处理催化剂常用的载体，这主要是因为活性氧化铝是一种多孔性物质，它具有很高的表面积和理想的孔结构（孔体积和孔径分布），可以提高金属组分和助剂的分散度。制成一定颗粒形状的氧化铝还具有优良的机械强度和物理化学稳定性，适宜于工业过程的应用。载体性能主要取决于载体的比表面积、孔体积、孔径分布、表面特性、机械强度及杂质含量等。

（二）加氢裂化催化剂

加氢裂化催化剂属于双功能催化剂，即催化剂由具有加（脱）氢功能的金属组分和具有裂化功能的酸性载体两部分组成。根据不同的原料和产品要求，对这两种组分的功能进行适当的选择和匹配。

在加氢裂化催化剂中，加氢组分的作用是使原料油中的芳烃，尤其是多环芳烃加氢饱和；使烯烃，主要是反应生成的烯烃迅速加氢饱和，防止不饱和烃分子吸附在催化剂表面上，生成焦状缩合物而降低催化活性。因此，加氢裂化催化剂可以维持长期运转，不像催化裂化催化剂那样需要经常烧焦再生。

铂和钯虽然具有最高的加氢活性，但由于对硫的敏感性很强，仅能在两段加氢裂化过程中的无硫、无氨的第二段反应器中使用。在这种条件下，酸功能也得到最大限度的发挥，因此产品都是以汽油为主。

在以中间馏分油为主要产品的一段加氢裂化催化剂中，普遍采用 Mo-Ni 或 Mo—Co 组合。在以润滑油为主要产品时，则都采用 W—Ni 组合，有利于脱除润滑油中最不希望存在的多环芳烃组分。

加氢裂化催化剂中裂化组分的作用是促进碳—碳键的断裂和异构化反应。常用的裂化组分是无定形硅酸铝和沸石，通称为固体酸载体，其结构和作用机理与催化裂化催化剂相同。不论是进料中存在的氢化合物，还是反应生成的氨，对加氢裂化催化剂都具有毒性。因为氮化合物，尤其是碱性氮化合物和氨会强烈地吸附在催化剂表面，使酸性中心被中和，导致催化剂活性丧失。因此，加工氮含量高的原料油时，对无定形硅酸铝载体的加氢裂化催化剂需要将原料预加氢脱氮，并分离出氨以后再进行加氢裂化反应。但对于含沸石的加氢裂化催化剂，则允许预先加氢脱氮过的原料带着未分离的氨直接与之接触。这是因为沸石虽然对氨也是敏感的，但由于它具有较多的酸性中心，即使有氨存在下仍能保持较高的活性。

考察加氢裂化催化剂性能时要综合考虑催化剂的加氢活性，裂化活性，对目的产品的选择性，对硫化物、氮化物及水蒸气的敏感性，运转稳定性和再生性能等因素。

（三）催化剂的预硫化

加氢催化剂的钨、钼、镍、钴等金属组分，使用前都是以氧化物的状态分散在载体表面，而起加氢活性作用的却是硫化态。在加氢运转过程中，虽由于原料油中含有硫化物，可通过反应而转变成硫化态，但往往由于在反应条件下，原料油含硫量过低，硫化不完全而导致一部分金属还原，使催化剂活性达不到正常水平。故目前这类加氢催化剂多采用预硫化方法，将金属氧化物在进油反应前转化为硫化态。

加氢催化剂的预硫化，有气相预硫化与液相预硫化两种方法：气相预硫化（又称干法预硫化），即在循环氢气存在下，注入硫化剂进行硫化；液相预硫化（又称湿法预硫化），即在循环氢气存在下，以低氮煤油或轻柴油为硫化油，携带硫化剂注入反应系统进行硫化。

影响预硫化效果的主要因素为预硫化温度和硫化氢浓度。

注硫温度主要取决于硫化剂的分解温度。例如，采用 CS_2 为硫化剂，CS_2 与氢开始反应生成 H_2S 的温度为 175℃，因此，注入 CS_2 的温度应在 175℃以下，使 CS_2 先在催化剂表面吸附，然后在升温过程中分解。

当反应器催化剂床层被 H_2S 穿透前，应严格控制床层温度不能超过 230℃，否则一部分氧化态金属组分会被氢气还原成低价金属氧化物或金属元素，致使硫化不完全。再则还原反应与硫化反应将使催化剂颗粒产生内应力，导致催化剂的机械强度降低。

同时，还原金属对油具有强烈的吸附作用，在正常生产期间会加速裂解反应，造成催化剂大量积碳，活性迅速下降。

因此，必须严格控制整个预硫化过程各个阶段的温度和升温速度。硫化最终温度一般为 360 ~ 370℃。

循环氢中硫化氢浓度增高，硫化反应速率加快，当硫化氢浓度增加到一定程度之后，硫化反应速率就不再增加。但是在实际硫化过程中，受反应系统材质抗硫化氢腐蚀性能的限制，不可能采用过高的硫化氢浓度。一般预硫化期间，循环氢中硫化氢浓度限制在 1.0%（体积分数）以下。

预硫化过程一般分为催化剂干燥、硫化剂吸附和硫化三个主要步骤。

（四）催化剂再生

加氢催化剂在使用过程中由于结焦和中毒，使催化剂的活性及选择性下降，不能达到预期的加氢目的，必须停工再生或更换新催化剂。

国内加氢装置一般采用催化剂器内再生方式，有蒸汽—空气烧焦法和氮气—空气烧焦法两种。对于 γ-Al_2O_3 为载体的 Mo、W 系加氢催化剂，其烧焦介质可以为蒸汽或氮气，但对于以沸石为载体的催化剂，如再生时水蒸气分压过高，可能破坏沸石晶体结构，而失去部分活性，因此必须用氮气—空气烧焦法再生。

再生过程包括以下两个阶段：

1. 再生前的预处理　在反应器烧焦之前，需先进行催化剂脱油与加热炉清焦。催化剂脱油主要采取轻油置换和热氢吹脱的方法。对于采用加热炉加热原料油的装置，在再生前，加热炉管必须清焦，以免影响再生操作和增加空气耗量。炉管清焦一般用水蒸气—空气烧焦法，烧焦时应将加热炉出入口从反应部分切出，蒸汽压力为 0.2~0.5MPa，炉管温度为 550~620℃。可以通过固定蒸汽流量变动空气注入量，或固定空气注入量变动蒸汽流量的办法来调节炉管温度。

2. 烧焦再生　通过逐步提高烧焦温度和降低氧浓度，并控制烧焦过程三个阶段完成。

三、工艺操作条件

影响加氢过程的主要工艺操作条件有反应温度、压力、空速及氢油比。

（一）反应温度

温度对反应过程的影响主要体现在温度对反应平衡常数和反应速率常数的影响。

对于加氢处理反应而言，由于主要反应为放热反应，因此提高温度，反应平衡常数减小，这对受平衡制约的反应过程尤为不利，如脱氮反应和芳烃加氢饱和反应。加氢处理的其他反应平衡常数都比较大，因此反应主要受反应速率制约，提高温度有利于加快反应速率。

温度对加氢裂化过程的影响，主要体现为对裂化转化率的影响。在其他反应参数不变的情况下，提高温度可加快反应速率，也就意味着转化率的提高，这样随着转化率的增加导致低分子产品的增加而引起反应产品分布发生很大变化，这也导致产品质量的变化。

在实际应用中，应根据原料组成和性质及产品要求来选择适宜的反应温度。

（二）反应压力

在加氢过程中，反应压力起着十分关键的作用，其影响是通过氢分压来体现的，系统中氢分压取决于反应总压、氢油比、循环氢纯度、原料油的汽化率以及转化深度等。为了方便和简化，一般都以反应器入口的循环氢纯度乘以总压来表示氢分压。

随着氢分压的提高，脱硫率、脱氮率、芳烃加氢饱和转化率也随之增加；对于减压柴油原料而言，在其他参数相对不变的条件下，氢分压对裂化转化深度产生正常的影响；重质馏分油的加氢裂化，当转化率相同时，其产品的分布基本与压力无关；反应氢分压是影响产品质量的重要参数，特别是产品中的芳烃含量与反应氢分压有很大的关系；反应氢分压对催化剂失活速度也有很大影响，过低的压力将导致催化剂快速失活而不能长期运转。

总体来说，提高氢分压有利于加氢过程反应的进行，加快反应速率。但压力提高增加装置的设备投资费用和运行费用，同时对催化剂的机械强度要求也提高。目前工业上装置的操作压力一般在 7.0 ~ 20.0 MPa。

（三）反应空速

空速是指单位时间里通过单位催化剂的原料油的量，有两种表达形式，一种为体积空速（LHSV），另一种为质量空速（MHSV）。工业上多使用体积空速。

空速的大小反映了反应器的处理能力和反应时间。空速越大，装置的处理能力越大，但原料与催化剂的接触时间则越短，相应的反应时间也就越短。因此，空速的大小最终影响原料的转化率和反应的深度。

一般重整料预加氢的空速为 2.0 ~ 10.0 h^{-1}；煤油馏分加氢的空速为 2.0 ~ 4.0h^{-1}；柴油馏

分加氢精制的空速为 1.2 ~ 3.0 h^{-1}；蜡油馏分加氢处理的空速为 0.5 ~ 1.5h^{-1}；蜡油加氢裂化的空速为 0.4 ~ 1.0 h^{-1}；渣油加氢的空速为 0.1 ~ 0.4 h^{-1}。

（四）反应氢油比

氢油比是单位时间里进入反应器的氢气流量与原料油量的比值，工业装置上通用的是体积氢油比，它是以每小时单位体积的进料所需要通过的循环氢气的标准体积量表示。

氢油比的变化其实质是影响反应过程的氢分压。增加氢油比，有利于加氢反应进行；提高催化剂寿命；但过高的氢油比将增加装置的操作费用及设备投资。

【能力测评与提升】

一、填空题

1. 加氢处理除去杂质的主要反应有______，______，______和______。

2. 催化加氢催化剂再生包括______和______两个过程。

3. 影响催化加氢过程的主要因素有______，______，______和______。

4. 加氢裂化反应部分设备腐蚀的主要类型有______和______以及连多硫酸腐蚀。

二、判断题

1. 加氢裂化反应的原料主要是焦化蜡油。（　　）

2. 加氢裂化反应中，提高反应压力有利于不饱和烃的饱和。（　　）

3. 加氢裂化是重质原料油用改变相对分子质量、添加氢同时进而转变成轻质油的方法。（　　）

4. 循环氢中硫化氢的浓度提高，催化剂的活性将提高。（　　）

三、简答题

1. 加氢处理过程涉及的主要反应有哪些？

2. 加氢裂化过程中主要有哪些烃类反应？

3. 一段加氢和二段加氢的主要区别是什么？

4. 绘出典型馏分油加氢处理工艺流程。

5. 绘出典型一段加氢裂化工艺流程。

6. 从安全方面看加氢裂化装置有什么特点？

7. 加氢裂化装置对新氢质量有什么要求？

8. 空速对反应操作有什么影响？

9. 加氢裂化催化剂的使用性能有哪些？与催化裂化、催化重整催化剂比较有什么相同和不同之处？

10. 简述氢油比对操作过程的影响。

学习情境八　催化脱氢和氧化脱氢

【任务一】认识催化脱氢和氧化脱氢

1. 能力目标

能够认识催化脱氢和氧化脱氢的应用；能够理解催化脱氢反应类型；能够认识氧化脱氢。

2. 知识目标

了解催化脱氢和氧化脱氢的应用；掌握催化脱氢反应类型；了解氧化脱氢。

3. 教、学、做说明

学生通过图书馆和网络资源的查找，并结合本任务的【相关知识】，分组讨论总结催化脱氢和氧化脱氢，然后由教师引领，组别代表发言，并在教师指导下完成催化脱氢和氧化脱氢的汇总。

4. 工作准备

学生分组：按照班级人数分组，并指派组长；资料查阅：布置工作任务，学生可通过图书馆或互联网等途径查阅相关资料。

5. 工作过程

小组讨论；组长指派代表发言；教师引领，完成催化脱氢和氧化脱氢的总结。

【相关知识】

一、催化脱氢和氧化脱氢的应用

在基本有机化学工业中，催化脱氢和氧化脱氢反应是两类相当重要的化学反应，是生产高分子合成材料单体的基本途径。工业上应用的催化脱氢和氧化脱氢反应主要有烃类脱氢、含氧化合物脱氢和含氮化合物脱氢等几类，而其中尤以烃类脱氢最为重要。利用这些反应可生产合成橡胶、合成树脂、化工溶剂等重要化工产品，如表 8–1 所示。其中最具代表性、产量最大、应用最广的产品是苯乙烯和丁二烯。

表8–1　催化脱氢和氧化脱氢反应及其产品的主要用途

反应类别	反应式	产品主要用途
正丁烷脱氢制1,3–丁二烯（以下简称丁二烯）	$n\text{-}C_4H_{10} \xrightarrow{-H_2} n\text{-}C_4H_8 \xrightarrow{-H_2} C_4H_6$	合成橡胶单体、ABS树脂单体

续表

反应类别	反应式	产品主要用途
正丁烯氧化脱氢制丁二烯	$n\text{-}C_4H_8+\frac{1}{2}O_2 \longrightarrow C_4H_6+H_2O$	合成橡胶单体、ABS树脂单体
异戊烯脱氢制异戊二烯	$i\text{-}C_5H_{10} \xrightarrow{-H_2} CH_2{=}CH{-}C(CH_3){=}CH_2+H_2$	合成橡胶单体
异戊烯氧化脱氢制异戊二烯	$i\text{-}C_5H_{10}+\frac{1}{2}O_2 \longrightarrow CH_2{=}CH{-}C(CH_3){=}CH_2+H_2O$	合成橡胶单体
异苯脱氢制苯乙烯	$C_6H_5{-}C_2H_5 \xrightarrow{-H_2} C_6H_5{-}CH{=}CH_2$	聚苯乙烯树脂单体、ABS树脂单体、合成橡胶单体
正十二烷脱氢制正十二烯	$n\text{-}C_{12}H_{26} \xrightarrow{-H_2} n\text{-}C_{12}H_{24}$	合成洗涤剂原料
甲醇氧化脱氢制甲醛	$CH_3OH+\frac{1}{2}O_2 \xrightarrow{\text{(空气量不足)}} HCHO+H_2O$	酚醛树脂单体
乙醇氧化脱氢制乙醛	$CH_3CH_2OH+\frac{1}{2}O_2 \xrightarrow{\text{(空气量不足)}} CH_3CHO+H_2O$	有机原料
乙醇脱氢制乙醇	$CH_3CH_2OH \xrightarrow{-H_2} CH_3CHO$	有机原料
正己烷脱氢芳构化	$n\text{-}C_6H_{14} \xrightarrow{-4H_2} C_6H_6$（苯）	溶剂、有机原料
正庚烷脱氢芳构化	$n\text{-}C_7H_{16} \xrightarrow{-4H_2} C_6H_5{-}CH_3$（甲苯）	溶剂、有机原料

二、催化脱氢反应类型

烃类脱氢反应根据脱氢的性质、反应方向和所得产品性质不同分为以下几类：

（1）环烷烃脱氢：

$$C_6H_{12}\text{（环己烷）} \xrightarrow{\text{催化剂}} C_6H_6\text{（苯）}+3H_2$$

（2）直链烷烃脱氢：

$$n\text{-}C_4H_{10} \xrightarrow{-H_2} n\text{-}C_4H_8 \xrightarrow{-H_2} C_4H_6$$

（3）芳香烃脱氢：

$$C_6H_5{-}CH_2{-}CH_3 \xrightarrow{\text{催化剂}} C_6H_5{-}CH{=}CH_2+H_2$$

（4）直链烃脱氢环化或芳构化：

$$n\text{-}C_6H_{14} \longrightarrow \text{(苯)} + 4H_2$$

（5）醇类脱氢：

$$CH_3CH_2OH \longrightarrow CH_3CHO+H_2$$

$$CH_3CH(OH)CH_3 \longrightarrow CH_3COCH_3+H_2$$

三、氧化脱氢

脱氢反应由于受到化学平衡的限制，转化率不可能很高，尤其是低级烷烃和低级烯烃的脱氢反应，其转化率一般较低。从化学平衡角度来看，增大反应物的浓度或降低生成物的浓度，都有利于反应的进行。如果将生成的氢气移走，则平衡会向脱氢方向移动，可提高平衡转化率。

将产物氢气移出的方法：一是直接将氢气移出；二是加入某种物质，让其与所要移走的氢气结合，这些物质称为氢“接受体”。常用的氢“接受体”为氧气（或空气）、卤素和含硫化合物等，它们能夺取烃分子中的氢，使其转变为相应的不饱和烃而氢被氧化。这种类型烃类脱氢反应称为氧化脱氢。

氢“接受体”与氢结合时不仅可使平衡向脱氢方向移动，而且由于这些氢的“接受体”与氢结合时可放出大量的热量，又可大大降低热量消耗，补充反应所需热量。

【任务二】认识催化脱氢反应的特点

1. 能力目标

能够初步根据动力学分析和热力学分析理解催化脱氢反应的特点；能够认识催化脱氢催化剂。

2. 知识目标

了解催化脱氢反应动力学和热力学分析；掌握催化脱氢催化剂的组成和特点。

3. 教、学、做说明

学生通过图书馆和网络资源的查找，并结合本任务的【相关知识】，分组讨论总结催化脱氢的反应特点，然后由教师引领，组别代表发言，并在教师指导下完成催化脱氢反应特点的汇总。

4. 工作准备

学生分组：按照班级人数分组，并指派组长；资料查阅：布置工作任务，学生可通过图书馆或互联网等途径查阅相关资料。

5. 工作过程

小组讨论；组长指派代表发言；教师引领，完成催化脱氢反应特点的总结。

【相关知识】

一、热力学分析

（一）温度影响

与烃类加氢反应相反，烃类脱氢反应是吸热反应，$\Delta H^{\ominus}>0$，其吸热量与烃类的结构有关，大多数脱氢反应在低温下平衡常数很小，由于 $\Delta H>0$，随着反应温度升高而平衡常数增大，平衡转化率也升高。图 8–1 是几种烃类脱氢的平衡转化率与温度关系图。

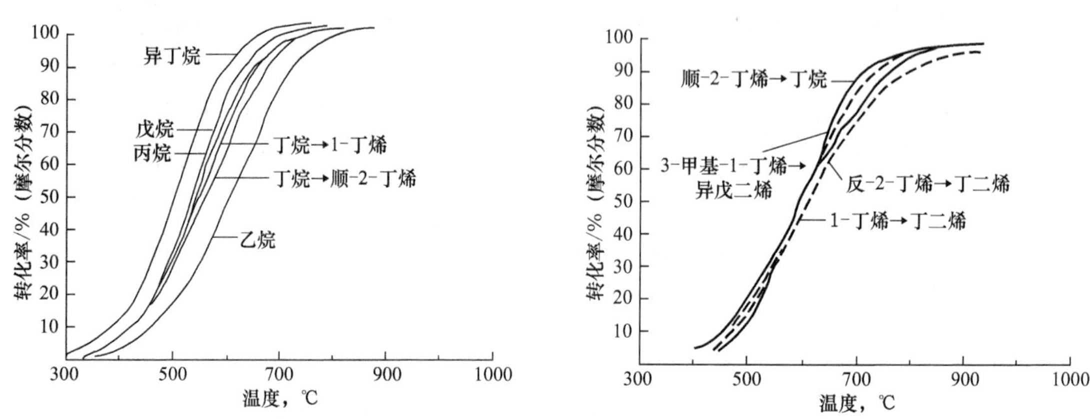

图 8–1 烃类脱氢平衡曲线图

（二）压力影响

脱氢反应是分子数增加的反应，从热力学分析可知，降低总压力，可使产物的平衡浓度增大，但工业上在高温下进行减压操作是不安全的，为此常采用惰性气体作稀释剂以降低烃的分压，其对平衡产生的效果和降低总压是相似的。工业上常用水蒸气作为稀释剂，其好处是：产物易分离，热容量大，既可提高脱氢反应的平衡转化率，又可消除催化剂表面的积碳或结焦。水蒸气用量也不能过大，一面造成能耗增大。

二、动力学分析

铁系催化剂脱氢反应时催化剂颗粒大小对反应速率和选择性都有影响，小颗粒催化剂不仅可以提高脱氢反应速率，而且还可以提高选择性。可见内扩散是主要的影响因素，减少微孔有利于改善内扩散的性能。

对于烃类脱氢反应，正丁烯脱氢速率大于正丁烷；烷基芳烃一般随侧链上 α- 碳原子上的取代基增多、链的增长或苯环上的甲基数目增多，其脱氢反应速率加快，乙苯的脱氢反应速率最慢。

在工业生产中，操作参数也直接影响脱氢反应的转化率和选择性，提高温度有利于脱氢反应的进行，既可加快脱氢反应速率，又可提高转化率，但是温度较高则副反应必然加快，导致选择性下降，同时催化剂表面聚合生焦，使催化剂的失活速度加快。故脱氢反应有一个较为适宜的温度。从热力学因素考虑，降低操作压力和减小压力降对脱氢反应是有利的，除少数脱氢反应之外，大部分脱氢反应采用水蒸气稀释，以达到低压操作的目的。

原料烃的空速减小，转化率提高，但一系列副反应增加，选择性下降，催化剂表面结焦增加，再生周期缩短；空速增大，则转化率减小，产物收率也降低，原料循环量增加、能耗加大，操作费用加大。故最佳空速的选择必须综合考虑各方面因素而定。

三、脱氢催化剂

由于脱氢反应是吸热反应，要求在较高的温度条件下进行，伴随的副反应较多，因此，要求脱氢催化剂有较好的选择性和耐热性。金属氧化物催化剂的耐热性优于金属催化剂，所以金属氧化物催化剂在脱氢反应中受到重视。

对烃类脱氢催化剂的要求是：第一，具有良好的活性和选择性，能够在较低的温度条件下进行反应；第二，催化剂的热稳定性好，能耐较高的操作温度而不失活；第三是化学稳定性好，金属氧化物在氢气的存在下不被还原成金属态，同时在大量的水蒸气下催化剂颗粒能长期运转而不粉碎，保持足够的机械强度；第四，有良好的抗结焦性能和易再生性能。

工业生产中常用的脱氢催化剂有 Cr_2O_3/Al_2O_3 系列、氧化铁系列、磷酸钙镍系列。

（一）Cr_2O_3/Al_2O_3 系列催化剂

其活性组分是氧化铬，氧化铝作载体，助催化剂是少量的碱金属或碱土金属。其大致组成是氧化铬为 18% ~ 20%，氧化铝为 80% ~ 82%。水蒸气对此类催化剂有中毒作用，故不能采用水蒸气稀释法，而直接用减压法，且该催化剂易结焦，再生频繁。

（二）氧化铁系列催化剂

其活性组分是氧化铁（Fe_2O_3），助催化剂是 Cr_2O_3 和 K_2O。氧化铬可以提高催化剂的热稳定性，还可以起着稳定铁价态的作用。氧化钾可以改变催化剂表面的酸度，以减少裂解反应的进行，同时提高催化剂的抗结焦性能。据研究，脱氢反应起催化作用的可能是 Fe_3O_4，这类催化剂具有较高的活性和选择性。但在氢的还原气氛中，其选择性很快下降，这可能是二价铁、三价铁和四价铁之间的相互转化而引起的，为此需在大量水蒸气存在下阻止氧化铁被过度还原。所以氧化铁系列脱氢催化剂必须用水蒸气作稀释剂。由于 Cr_2O_3 的毒性较大，已采用 Mo 和 Ce 来代替成为无铬的氧化铁系列催化剂。

（三）磷酸钙镍系列催化剂

以磷酸钙镍为主体，添加 Cr_2O_3 和石墨。如 $Ca_8Ni(PO_4)_6$— Cr_2O_3—石墨催化剂，其中石墨含量为 2%，氧化铬含量为 2%，其余为磷酸钙镍。该催化剂对烯烃脱氢制二烯烃具有良好的选择性，但抗结焦性能差，需用水蒸气和空气的混合物再生。

【任务三】解读乙苯催化脱氢生产苯乙烯工艺流程

1. 能力目标

能够理解乙苯催化脱氢生产苯乙烯反应原理、解读工艺流程；能够理解不同工艺条件对乙苯催化脱氢生产苯乙烯反应过程的影响。

2. 知识目标

掌握乙苯催化脱氢生产苯乙烯反应原理、工艺条件及工艺流程；了解苯乙烯生产技术发展趋势。

3. 教、学、做说明

学生通过图书馆和网络资源的查找，并结合本任务的【相关知识】，分组讨论分析乙苯催化脱氢生产苯乙烯工艺流程，然后由教师引领，组别代表发言，并在教师指导下解读乙苯催化脱氢生产苯乙烯工艺流程。

4. 工作准备

布置工作任务：解读乙苯绝热脱氢和等温脱氢生产苯乙烯工艺流程；学生分组：按照班级人数分组，并指派组长；资料查阅：学生可通过图书馆或互联网等途径查阅相关资料。

5. 工作过程

小组讨论：从乙苯脱氢和苯乙烯精制、回收两个部分展开对乙苯催化脱氢生产苯乙烯工艺流程的解读；组长指派代表发言；教师引领，解读乙苯催化脱氢生产苯乙烯工艺流程。

【相关知识】

苯乙烯又名乙烯基苯，是无色油状液体，沸点（101.3kPa）为 145.2℃，凝点 -30.6℃，难溶于水（25℃时单体在水中溶解度为 0.032%，水在单体中溶解度为 0.07%，能溶于甲醇、乙醇及乙醚等溶剂。

苯乙烯在高温下容易裂解和燃烧，生成苯、甲苯、甲烷、乙烷、碳、一氧化碳、二氧化碳和氢气等。苯乙烯蒸气与空气能形成爆炸混合物，其爆炸范围为 1.1% ~ 6.1%。

苯乙烯毒性中等，在特定条件下猛烈发生聚合。苯乙烯在空气中允许浓度为 0.1mg/L，浓度过高、接触时间过长，对人的眼睛、呼吸系统有刺激作用，对中枢神经起抑制作用。不过，在遵守一定的安全防护措施情况下，苯乙烯是比较安全的有机化合物。

为避免发生聚合，储存和运输苯乙烯中一般加入至少 10mg/kg 的 TBC 阻聚剂，最好不用密闭容器。苯乙烯应尽量在室温下储存，若温度高于 27℃，要考虑采取冷冻措施。储存的容器要求不用橡胶或含铜的材料制造。

苯乙烯具有乙烯基烯烃的性质，反应性能极强，如氧化、还原、氯化等反应均可进行，并能与卤化氢发生加成反应。苯乙烯暴露于空气中，易被氧化成醛、酮类。苯乙烯易自聚生成聚苯乙烯树脂，也易与其他含双键的不饱和化合物共聚。例如苯乙烯与丁二烯、丙烯腈共聚，其共聚物可用以生成 ABS 树脂，与丙烯腈共聚生成 AS 树脂，与丁二烯共聚可生成乳胶或合成橡胶 SBR。此外，苯乙烯还广泛用于制药、涂料、纺织等工业。

20 世纪 70 年代以后，由于能源危机和化工原料价格上升以及消除公害等因素，进一步促使老工艺向节约原料、降低能耗、消除"三废"和降低成本等目标改进，并取得许多显著成果，使苯乙烯生产技术达到新的水平。除传统的苯和乙烯烷基化生成乙苯进而脱氢的方法外，出现了 Halcon 乙苯共氧化联产苯乙烯和环氧丙烷工艺、Mobil/Badger 乙苯气相脱氢工艺等新的工业生产路线，同时积极探索以甲苯和裂解汽油等为原料的新路线。迄今工业上乙苯直接催化脱氢法生产的苯乙烯占世界总生产能力的90%。本节主要介绍乙苯催化脱氢法生产苯乙烯的生产技术。

一、反应原理

（一）主反应和副反应

1．主反应

$$C_6H_5-CH_2-CH_3 \xrightarrow{\text{催化剂}} C_6H_5-CH=CH_2 + H_2$$

2．副反应　在主反应进行的同时，还发生一系列副反应，生成苯、甲苯、甲烷、乙烷、烯烃、焦油等副产物。

$$C_6H_5-CH_2-CH_3 \rightleftharpoons C_6H_6 + CH_2=CH_2$$

$$C_6H_5-CH_2-CH_3 + H_2 \rightleftharpoons C_6H_5-CH_3 + CH_4$$

$$C_6H_5-CH_2-CH_3 \rightleftharpoons C_6H_6 + CH_3-CH_3$$

$$C_6H_5-CH_2-CH_3 + H_2 \rightleftharpoons 8C + 5H_2$$

$$C_6H_5-CH_2-CH_3 + 16H_2O \rightleftharpoons 8CO_2 + 21H_2$$

为减少在催化剂上的积碳，需在反应器进料中加入高温水蒸气，从而发生下述反应：

$$C+2H_2O \longrightarrow CO_2 + 2H_2$$

脱氢反应是1mol乙苯生成2mol产品（苯乙烯和氢气），因此加入蒸汽也可降低苯乙烯在系统中的分压，有利于提高乙苯的转化率。

（二）催化剂

乙苯脱氢工艺过程的关键技术是催化剂。可以说，催化剂的性能决定了乙苯的转化率和生成苯乙烯的选择性、蒸汽烃比、液时空速（LHSV）、运转周期等，也就是说催化剂的性能决定了脱氢过程的经济性。

国外许多公司对脱氢催化剂进行了大量研究开发。早期，美国采用Standard石油公司的1707* 催化剂（Fe_2O_3—CuO—K_2O/MgO），德国采用Farben公司Lu-114G催化剂（ZnO—K_2CrO_4—K_2SO_4—MgO—CaO—Al_2O_3）。之后，脱氢催化剂都发展成以铁为基础的多组分催化剂。壳牌公司开发了以钾、铬为助催化剂的铁系催化剂Shell 105（Fe_2O_3—K_2O—Cr_2O_3），为世界所广泛采用。由于铁化合物Fe_2O_3在反应过程的高温下还原成低价氧化铁，导致催化剂因结炭而失活，而加入Cr_2O_3能起到稳定剂作用，K_2O（以K_2CO_3形式加入）能起到抑制结炭的作用。可以这样说，20世纪70年代以前用Fe—Cr催化剂，70年代以后考虑到催化剂生产过程中Cr对环境的污染，苯乙烯生产厂家开始了无铬催化剂的研究与开发。

乙苯脱氢催化剂生产厂商主要有两家：Criterion催化剂公司（壳牌公司和美国氰胺公司合资）和Sud——Chemie集团（包括德国Sud——Chemie、美国联合催化剂公司和日本Nissen Giedler公司）。另外，DOW（陶氏化学公司）和BASF则生产供本公司使用的催化剂。Criterion催化剂公司主要提供C-025A、C-045、Version Cat和Iron Cat等型号催化剂，而Sud-Chemie集团主要提供G-64、G-84和Styromax系列催化剂。

今后催化剂开发方向是在减小水蒸气与乙苯的配比和降低压降的条件下提高选择性。催化剂使用的蒸汽与烃的比值一般为8 ~ 10，LHSV一般为0.4 ~ 0.5h^{-1}。1995年，Wey——month实验室开发成功一种“催化剂稳定工艺（CST）”，主要还是在催化剂本身配方和制备工艺上有所创新。

兰州石化公司、上海石油化工研究院和中国科学院大连化学物理研究所也分别成功研究开发了T315、GS04、GS05、DC-1、DC-2、D3等乙苯脱氢制苯乙烯催化剂，催化剂性能均达到国外同类催化剂水平。现将主要牌号乙苯脱氢制苯乙烯催化剂的工艺指标列于表8-2。

表8-2　主要牌号乙苯脱氢制苯乙烯催化剂的工艺指标

牌号	乙苯转化率/%	苯乙烯选择性/%	催化剂寿命/年
美国G-84C	65	96.7	1.5 ~ 2
G-64	56	91	1.5 ~ 2
Shell105	56	90	1.5 ~ 2
德国BASF催化剂	60	93	>1.5
苏联K-24	70 ~ 75	90	>1.5
苏联K-26	75	90	>1.5
上海石油化工研究院GS04,05	60	95	>1.0
兰州石化公司T315	>55	90	>1.0

二、工艺条件

（一）反应温度

由反应原理的主、副反应可知，乙苯脱氢反应为可逆吸热反应。从热力学方面分析可知，升高反应温度，反应平衡常数增大，乙苯平衡转化率提高，苯乙烯平衡收率提高；从动力学上分析，反应温度升高，反应速率加快，乙苯转化率提高。当反应温度为600℃时基本上没有裂解副产物生成；当温度超过600℃时，随着温度升高，裂解副反应速率增加更快，副产物苯、甲苯、苯乙炔、聚合物等生成量增多，苯乙烯产率下降。另外，适宜的反应温度还应根据催化剂活性温度范围来确定，一般采用580 ~ 620℃，新催化剂控制在580℃左右。

（二）反应压力和水蒸气用量

乙苯脱氢反应是一个气体分子数增多的可逆反应。理论上，低压有利于乙苯平衡转化率及苯乙烯平衡收率的提高。但是，真空条件下进行高温操作易燃易爆物料，在工业生产中极不安全。为解决这一矛盾，工业上通常采用通入过热水蒸气的办法。这样，既降低了反应组分的分压，推动了平衡向有利方向移动，又避免了真空操作，保证了生产的安全运行。同时通入水蒸气还有如下作用：

（1）水蒸气的热容比较大，通入过热水蒸气，可以供给脱氢反应所需要的部分热量，有利于反应温度稳定。

（2）水蒸气可以脱除催化剂表面的积碳，恢复催化剂的活性，延长催化剂再生的周期。

（3）水蒸气能将吸附在催化剂表面的产物置换，有利于产物脱离催化剂表面，加快产品生成速度。

（4）主催化剂氧化铁在氢气中，会被还原成低价氧化态，甚至被还原成金属铁，而金属铁对深度分解反应具有催化作用，通入水蒸气可以阻碍氧化铁被过度还原，以获得较高的选择性。

水蒸气用量增多，乙苯平衡转化率提高。而当水蒸气与乙苯的物质的量比超过 9 时。乙苯转化率已无明显提高，而能量消耗大幅增加，设备生产能力降低。根据生产实践，采用 $n_{水蒸气}:n_{乙苯}=(6\sim9):1$。

（三）空速

乙苯脱氢是个复杂反应，空速低，接触时间增加，加剧副反应的发生，选择性下降，故需采用较高的空速，以提高选择性。虽然转化率不是很高，未反应的原料气可以循环使用，但必然会造成耗能增加。因此需要综合考虑，选择最佳空速。

（四）催化剂颗粒度

催化剂颗粒的大小影响乙苯脱氢反应的反应速率，脱氢反应的选择性随粒度的增加而降低，可解释为主反应受内扩散影响大，而副反应受内扩散影响小的缘故。所以，工业上常用较小颗粒度的催化剂，以减少催化剂的内扩散阻力。同时还可以将催化剂进行高温焙烧改进，以减少催化剂的微孔结构。

三、工艺流程

乙苯脱氢生产苯乙烯的工艺流程主要包括乙苯脱氢、苯乙烯回收与精制两大部分。

（一）乙苯脱氢部分

乙苯脱氢反应是强吸热反应，反应不仅要在高温下进行，而且需在高温条件下向反应系统供结大量的热量。根据供热方式及所采用的脱氢反应器形式的不同，相应的生产工艺流程也有差异。目前工业上采用的反应器形式主要有两种：一是由美国 DOW 公司创始的绝热式脱氢反应器，二是由德国 BASF 公司首先采用的等温式脱氢反应器。这两种不同形式反应器的工艺流程的主要差别在于脱氢部分的水蒸气用量不同，热量的供给和回收利用不同。

1. 绝热式反应器脱氢部分工艺流程　至 1996 年，世界范围内正在生产或建设中的苯乙烯生产装置基本上采用绝热式脱氢反应器。其主要工艺有两种：Fina–Badger 法和 Monsanto 法。这两种工艺原则上相似，但在细节上有些差异，所以在投资费用、产品收率、产品质量、能量利用、阻聚剂消耗、工厂操作可靠性以及操作弹性上有所不同。其中，Fina–

Badxer 脱氢工艺在现代苯乙烯工厂应用的比例超过 50%，绝热式乙苯脱氢工艺流程如图 8-2 所示。

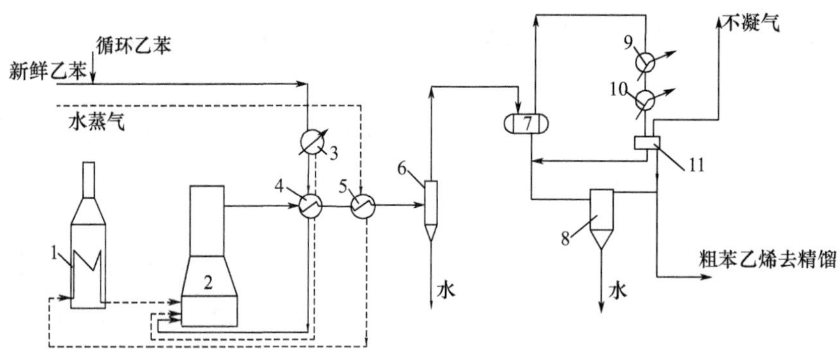

图 8-2 绝热式乙苯脱氢工艺流程

1—蒸汽过热炉 2—绝热反应器 3—预热器 4—第一换热器 5—第二换热器
6，8—油水分层器 7，9，10—冷凝器 11—回收装置

2. 等温式反应器脱氢部分工艺流程 等温脱氢工艺过程可用 BASF 的流程作代表，见图 8-3。等温脱氢过程中反应产物与原料气系统进行热交换，用烟道气直接加热的方法间接提供反应热，这是与绝热反应最大的不同。其优点是进料水蒸气比例减小，反应在 580 ~ 610℃ 的温度下进行，处于乙苯热裂解温度之下，有利于提高苯乙烯收率。

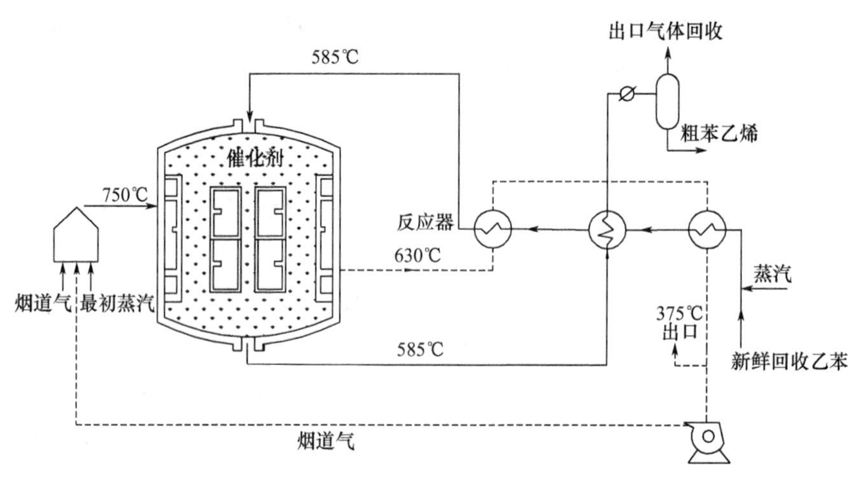

图 8-3 BASF 乙苯等温脱氢生产苯乙烯工艺流程

据计算，在相同转化率情况下，绝热反应收率为 88% ~ 91%，而等温反应收率为 92% ~ 94%。但是等温脱氢过程也有其缺点，比如受管式反应器催化剂床层的压降限制，要求同时采用几个大型反应器操作，投资费用必然增加。

3. 脱氢反应器形式与结构　近几年，在脱氢反应器上有许多改进，改进的目标是减少水蒸气比例、减小压降、降低过热温度、提高单程收率。由于各种新型脱氢炉的应用，苯乙烯选择性保持 90% ~ 91%的情况下，乙苯转化率由过去的 40% 提高到 60% 以上。UOP 公司设计的圆筒状辐射流动反应器，乙苯转化率达 50% ~ 73%，已被工业上普遍采用。Badger 公司设计了类似的反应器。Monsanto 公司设计的双蒸汽注射二段绝热反应器，乙苯转化率比单个反应器提高 10%，水蒸气比例有所下降，单位生产能力略有增加。UOP 公司设计的多段径向流动反应器提高了苯乙烯单程收率。Lunmmus 公司设计出兼有绝热式反应器特点和等温式反应器特点的反应器，其投资比等温式反应器低，水蒸气比例也较传统绝热式反应器低，乙苯转化率较高。Monsanto 公司和 Lummus 公司还成功合作开发了带有蒸汽再沸器的二段径向流动绝热反应器。上述新型脱氢反应器的示意图见图 8-4。

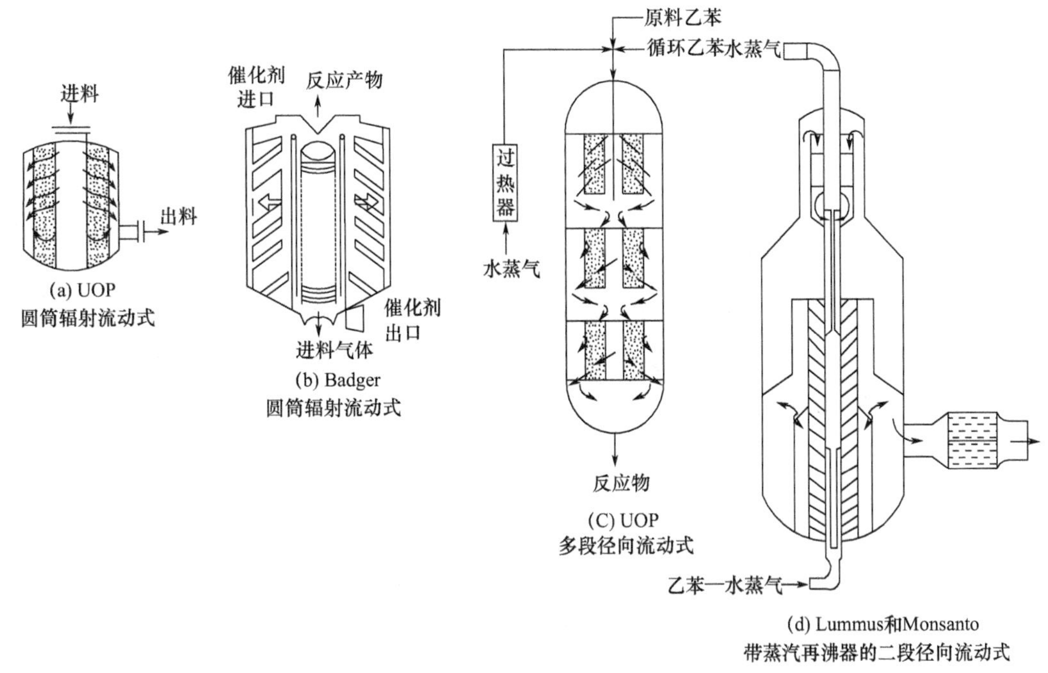

图 8-4　新型脱氢反应器

（二）苯乙烯精制、回收部分

粗苯乙烯经精制才能得到聚合级苯乙烯，同时回收副产品，其工艺流程如图 8-5 所示。

粗苯乙烯进入乙苯蒸出塔，将未反应的乙苯及比乙苯轻的组分如苯、甲苯等与苯乙烯分离。塔顶分出的苯、甲苯、乙苯经冷凝后部分回流入塔，其余部分送入苯—甲苯回收塔，在此塔中将乙苯与苯和甲苯分离，塔釜得到的乙苯循环进入反应器脱氢，塔顶得到的苯、甲苯经冷凝后，部分回流，其余部分送入苯—甲苯分离塔，在此塔中将苯和甲苯分离。乙苯蒸出塔中的塔釜液主要是苯乙烯，含有少量焦油，将其送入苯乙烯精馏塔中进行精馏。塔顶获得

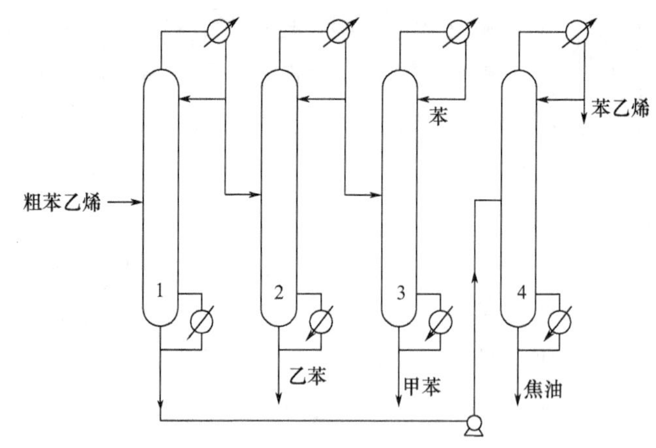

图 8-5　粗苯乙烯的分离和精制流程

1—乙苯蒸出塔　2—苯—甲苯回收塔　3—苯—甲苯分离塔　4—苯乙烯精馏塔

纯度在 99%以上的苯乙烯单体。塔釜的焦油中含有一定量的苯乙烯，可进行回收。上述流程中乙苯蒸出塔和苯乙烯精馏塔均需在减压下操作，为了防止苯乙烯的聚合，这两个塔塔釜需加阻聚剂（如二硝基苯酚、叔丁基邻苯二酚）。

精制苯乙烯关键生产技术有两个：一是采用高效阻聚剂以减少苯乙烯的损失；二是对沸点接近的乙苯、苯乙烯分离塔的改进。

1. *阻聚剂*　传统生产工艺中长期用硫黄作阻聚剂，但由于硫在苯乙烯中溶解度不大，大量硫黄的使用使蒸馏过程中产生较多焦油。含硫焦油残渣的处理在环境要求越来越苛刻的情况下成了难题。积极开发非硫阻聚剂是各生产厂商近年不断探索的课题。作为工业用高效阻聚剂，对乙苯和苯乙烯应具有良好的溶解性和热稳定性，在 80 ~ 131℃下具有高的阻聚能力，此外还应具食用量少、性质稳定、易于脱除、价廉、易得、无毒无污染等特点。

2. *塔设备的改进利用回收技术的发展*　苯乙烯工业生产初期，乙苯—苯乙烯精馏采用金属丝网填料塔。随着生产规模的扩大，因填料塔分离效果较差，到 20 世纪 60 年代出现了板式塔工艺。近年来，国外又开发出板效率高、阻力小的新型填料，各生产厂均相继改用新型填料塔，节能效果显著。如采用 Intalox 填料的一个 55×10^4 t/a 乙苯—苯乙烯分离精馏装置，与原用板式塔相比，塔釜温度由 106℃降到 83℃，塔釜压力由 30.9kPa 降到 13.7kPa，苯乙烯聚合损失由 1.420% 降到 2.4%。再如，Monsantto 公司采用 Mellapak 填料后，塔顶压力由 32.3kPa 降到 9.3kPa，釜温由 83℃降到 76℃，塔釜压力由 41.2kPa 降到 18.3kPa，处理能力提高 55%，聚合物大大减少。

四、苯乙烯生产技术展望

近年来，为了寻求便宜的生产方法和开拓新的原料路线，对苯乙烯的合成方法还在不断地开发、研究。主要有乙苯氧化脱氢法、苯和乙烯直接合成法、甲苯二聚再歧化法、丁二烯二聚法以及由裂解汽油中萃取分离出苯乙烯的 Stex 法。

（一）乙苯氧化脱氢法

$$C_6H_5-CH_2-CH_3+\frac{1}{2}O_2 \longrightarrow C_6H_5-CH=CH_2+H_2O$$

由于乙苯脱氢受平衡的限制需要高温并需采用大量水蒸气，使生产成本增大，采用氧化脱氢法就可不受平衡限制。

（二）甲苯二聚再歧化法（540 ~ 650℃）

$$2C_6H_5-CH_3+2PbO \longrightarrow C_6H_5-CH=CH-C_6H_5+2Pb+2H_2O$$

$$C_6H_5-CH=CH-C_6H_5+CH_2=CH_2 \longrightarrow 2C_6H_5-CH=CH_2$$

$$2Pb+O_2 \longrightarrow 2PbO$$

（三）苯和乙烯直接合成法（乙酸钯作用下）

$$C_6H_6+CH_2=CH_2+\frac{1}{2}O_2 \longrightarrow C_6H_5-CH=CH_2+H_2O$$

（四）丁二烯二聚法

$$2CH_2=CH-CH=CH_2 \xrightarrow{\text{二聚}} \text{乙烯基环己烷} \xrightarrow{\text{脱氢}} C_6H_5-CH=CH_2+H_2$$

（五）裂解汽油中萃取分离苯乙烯的 Stex 法

乙烯工厂中联产裂解汽油，如不进行两段加氢而直接萃取分离，可得到相当数量的苯乙烯。日本东丽公司开发了这一技术，称为 Stex 法。据称，Stex 法可生产出纯度大于 99.7% 的苯乙烯，而生产成本仅为乙苯脱氢法的一半。

【任务四】解读正丁烯氧化脱氢生产丁二烯工艺流程

1. 能力目标

能够理解正丁烯氧化脱氢生产丁二烯的反应原理；能够理解不同工艺条件对正丁烯氧化脱氢生产丁二烯反应过程的影响；能够解读正丁烯氧化脱氢生产丁二烯的工艺流程。

2. 知识目标

掌握正丁烯氧化脱氢生产丁二烯的反应原理、反应工艺条件及工艺流程。

3. 教、学、做说明

学生通过图书馆和网络资源的查找，并结合本任务的【相关知识】，分组讨论分析正丁烯氧化脱氢生产丁二烯工艺流程，然后由教师引领，组别代表发言，并在教师指导下解读正丁烯氧化脱氢生产丁二烯的工艺流程。

4. 工作准备

布置工作任务：解读流化床和固定床反应器正丁烯氧化脱氢生产丁二烯工艺流程；学生分组：按照班级人数分组，并指派组长；资料查阅：学生可通过图书馆或互联网等途径查阅相关资料。

5. 工作过程

小组讨论：从采用流化床反应器和固定床反应器的丁烯氧化脱氢这两类工艺过程展开对乙苯催化脱氢生产苯乙烯工艺流程的解读；组长指派代表发言；教师引领，解读正丁烯氧化脱氢生产丁二烯工艺流程。

【相关知识】

丁二烯通常指1,3-丁二烯，又名二乙烯、乙烯基乙烯。丁二烯在常温常压下为无色而略带大蒜气味的气体，沸点-4.6℃，在空气中的爆炸极限2% ~ 11.5%（体积分数）。丁二烯微溶于水和醇，易溶于苯、甲苯、乙醚、氯仿、二甲基甲酰胺、糠醛、二甲基亚砜等有机溶剂。

丁二烯是一种非常活泼的化合物，易挥发，易燃烧，与氧接触易形成具有爆炸性的过氧化物及爆米花状的聚合物。气体丁二烯比空气重，一旦泄出易在地面及低洼处积聚，与空气形成爆炸物，明火、静电等均可导致爆炸。在丁二烯的生产、储存和运输过程中，必须采取严格的安全措施。

丁二烯具有毒性，低浓度下能刺激黏膜和呼吸道；高浓度能引起麻醉作用。工作场所空气中允许的丁二烯浓度为0.1mg/L。

丁二烯分子中具有共轭双键，化学性质活泼，能与氢、卤素、卤化氢发生加成反应，易发生自身聚合反应，也容易与其他不饱和化合物发生共聚反应，是高分子材料工业的重要单体，也是有机合成的原料。其主要用途是合成橡胶，其次是合成树脂及其他化工产品。

工业上获取丁二烯的方法主要有三种：丁烷或丁烯催化脱氢制取丁二烯，从烃类裂解制乙烯的副产物碳四馏分抽提丁二烯和丁烯氧化脱氢制取丁二烯。丁烯氧化脱氢法于1965年开始工业化，它开辟了从碳四馏分中获取丁二烯的新途径，而且较以前丁烯催化脱氢法有许多显著优点。因此，颇为科学界和企业界所重视，并已逐渐取代了丁烯催化脱氢法。

一、反应原理

（一）主、副反应

丁烯在催化剂作用下氧化脱氢制丁二烯，其主反应为：

$$C_4H_8+\frac{1}{2}O_2 \longrightarrow C_4H_6+H_2O$$

在发生主反应的同时，还伴有丁烯或丁二烯的氧化及深度氧化等副反应，其主要副反应如下：

$$C_4H_8+6O_2 \longrightarrow 4CO_2+4H_2O$$

$$C_4H_8+4O_2 \longrightarrow 4CO+4H_2O$$

$$3C_4H_8+2O_2 \longrightarrow 4CH_3CH_2CHO$$

$$C_4H_8+O_2 \longrightarrow 2CH_3CHO$$

$$C_4H_8+\frac{3}{2}O_2 \longrightarrow C_4H_4O\text{（呋喃）}+2H_2O$$

除此之外，还有丁烯的三种异构体，以很快的速度进行异构化反应：

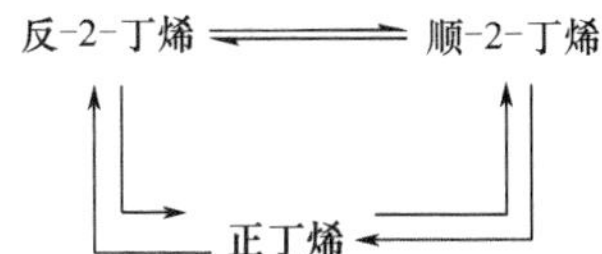

丁烯氧化脱氢生成丁二烯，一般是由反 -2- 丁烯先异构化为正丁烯，然后正丁烯再氧化脱氢生成丁二烯。直接由顺 -2- 丁烯、反 -2- 丁烯氧化脱氢生成丁二烯所占比例很少。

（二）催化剂

丁烯氧化脱氢反应是一个复杂过程，在反应过程中同时由许多副反应发生，为了有效地加速主反应的进行，抑制副反应的发生，提高反应的选择性，常在反应过程中使用催化剂。已研究的正丁烯氧化脱氢制丁二烯的催化剂有许多种，其中应用于工业上的主要有两类，即钼酸铋系催化剂和尖晶石型铁系催化剂。

1. 钼酸铋系催化剂　钼酸铋系催化剂是以 Mo—Bi 氧化物为活性组分，以碱金属和Ⅷ族元素的氧化物为助催化剂的多组分催化剂，例如 Mo—Bi—P—Fe—Ni—K—O、Mo—Bi—P—Fe—Co—Ni—Ti—O 等。常用载体为 SiO_2 和 Al_2O_3。催化剂制备采用流化床浸渍法，包括浸渍、干燥、分解及活化。钼酸铋系催化剂使用周期长，性能稳定，选择性高，不足之处是副产物中含氧化合物尤其是有机酸的生成量较多，三废污染较严重。

2. 尖晶石型铁系催化剂　$ZnFe_2O_4$、$MnFe_2O_4$、$MgFe_2O_4$、$ZnCrFeO_4$ 和 $Mg_{0.1}Zn_{0.9}Fe_2O_4$ 等铁酸盐是具有尖晶石型（$A^{2+}B_2^{3+}O_4$）结构的氧化物，是 20 世纪 60 年代后期开发的一类丁烯氧化脱氢催化剂。这类催化剂对丁烯氧化脱氢具有较高的活性和选择性，含氧副产物少，三废污染少。丁烯在这类催化剂上氧化脱氢，转化率可达 70%左右，选择性达 90%或更高。我国科学家自行研究，具有代表性的催化剂有 H-198 和 B-02 尖晶石型铁系催化剂。两类催化剂性能举例见表 8-3。

表8-3　丁烯氧化脱氢制丁二烯反应的催化剂及性能举例

类别	催化剂	温度/K	转换率/%	选择性/%	收率/%	含氧化物（质量分数）/%
钼酸铋系	Mo—Bi—P	753	63 ~ 68	77 ~ 78	53	8.4
尖晶石型铁系	H-198	633	68 ~ 70	90	61 ~ 63	0
	B-02	573 ~ 823	67.5 ~ 70.3	90 ~ 92	62 ~ 68	0.65 ~ 0.80
	F-84-13	643 ~ 653	76 ~ 78	91.2 ~ 92.8	69 ~ 72	0.83

二、工艺条件

（一）反应温度

表 8–4 列出了采用 H–198 尖晶石型铁系催化剂在流化床反应器中，反应温度对丁烯氧化脱氢反应的影响。

表8–4　反应温度对丁烯氧化脱氢的影响

温度/℃	丁二烯收率（物质的量分数）/%	丁烯转化率（物质的量分数）/%	丁二烯选择性（物质的量分数）/%	$CO+CO_2$生成率（物质的量分数）/%
360	65.71	69.81	94.13	4.09
365	69.27	73.85	93.93	4.48
370	70.83	75.38	93.96	4.54
375	72.33	76.77	94.22	4.43
380	71.71	76.12	94.21	4.40

注　表中数据是在压力0.5MPa，丁烯空速$300h^{-1}$，水烯比11及氧烯比0.72的条件下测得的。

从表 8–4 数据可以看出，反应温度在一定范围内升高，丁烯转化率和丁二烯收率随之增加，而 CO 和 CO_2 生成率之和仅略有增加，丁二烯选择性无明显变化。过高的反应温度会导致丁烯深度氧化反应加剧，不利于产物丁二烯的生成，且温度过高，会使催化剂失活。反应温度太低，主反应速度减慢，丁烯转化率和丁二烯收率随之下降，设备生产能力降低。因此，应选择适宜的反应温度，以保证丁烯转化率和丁二烯收率在较经济的范围内以及反应在稳定的操作条件下进行。

反应温度的选择还与催化剂种类和反应器结构型式有关。如 H–198 催化剂常使用于流化床反应器，反应温度一般控制在 360 ~ 380℃；而 B–02 催化剂常使用于固定床二段绝热反应器，反应器出口气体温度控制在高达 550 ~ 570℃。

（二）反应压力

反应压力对反应过程的影响如图 8–6 所示。从图中可以看出，随着压力的增加，转化率、

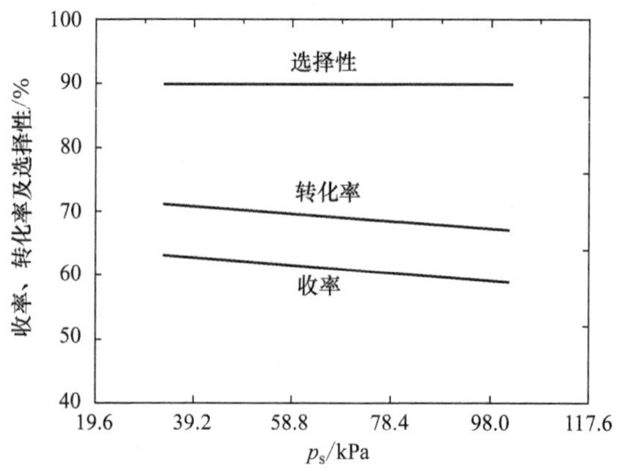

图 8–6　压力对反应过程的影响

收率和选择性都下降。这是因为主反应成为分子数增加的反应，压力的增加不利于化学平衡向着生成目的产物的方向进行。虽然从动力学方程看，压力增加有利于提高丁烯分压，加快反应速度。但由于主反应级数低于副反应，所以压力升高更有利于副反应的进行。工业生产中操作压力的确定，主要考虑流体输送及过程压降问题。

（三）丁烯空速

丁烯空速大小表示催化剂活性的高低，它对反应过程的影响见表 8–5。

表8–5　丁烯空速对反应的影响

丁烯空速/h^{-1}	丁二烯收率/%	丁烯转化率/%	丁二烯选择性/%	$CO+CO_2$生成率/%
250	72.73	77.47	93.88	4.47
280	71.94	76.62	93.89	4.68
300	70.18	74.92	93.67	4.74
320	69.99	74.63	93.78	4.63
350	69.66	74.02	91.11	4.35

由表 8–5 可见，空速由 250h^{-1} 增至 350h^{-1}，丁烯转化率和丁二烯收率均下降，丁二烯选择性虽有所增加，但不明显。因此，丁烯空速的选择主要是从催化剂活性、停留时间、传质传热及生产能力等方面考虑。

采用流化床反应器，空速与反应器的流化质量有直接关系，空速过高，导致催化剂带出量增加；空速太低，流化不均匀，易造成局部过热，催化剂失活，副反应增加，选择性下降。一般来说，流化床反应器丁二烯空速为 200 ~ 300h^{-1}，固定床反应器丁烯空速为 300 ~ 500h^{-1}，甚至更高。

（四）氧烯比

丁烯氧化脱氢采用的氧化剂可以是纯氧、空气或富氧空气，一般采用空气。由于丁二烯收率与所用氧量直接有关，故氧烯比是一个很重要的控制参数。如表 8–6 所示，随氧烯物质的量比增加，转化率增加而选择性降低。由于转化率增加幅度较大，故丁二烯收率开始是增加的，但超过一定范围，氧烯比再增加时收率却下降。这是因为氧烯比增加到一定值后，生成乙烯基乙炔、甲基乙炔等炔烃化合物和甲醛、乙醛、呋喃等含氧化合物的副反应增加，且生成一氧化碳和二氧化碳的深度氧化反应也加剧，降低了反应选择性和丁二烯收率。但氧烯比过小，即氧量不足，将促使催化剂中晶格氧减少，使催化剂活性降低，同时缺氧还会使催化剂表面积碳加快，寿命缩短。

表8–6　氧烯比（物质的量）对丁烯氧化脱氢的影响

$n_{氧}:n_{丁烯}$	$n_{水蒸气}:n_{丁烯}$	进口温度/℃	出口温度/℃	转化率/%	选择性/%	收率/%
0.52	16	346.7	531.7	72.2	95.0	68.5

续表

$n_{氧}:n_{丁烯}$	$n_{水蒸气}:n_{丁烯}$	进口温度/℃	出口温度/℃	转化率/%	选择性/%	收率/%
0.60	16	345.0	556.0	77.7	93.9	72.9
0.68	16	346.0	584.0	80.7	92.2	74.4
0.72	16	344.0	609.0	79.5	91.6	72.8
0.72	18	352.8	696.5	80.6	91.4	73.7

通常为了保护催化剂，氧化必须过量，其过量系数一般为理论量的 30% ~ 50%，即控制氧烯比为 0.65 ~ 0.75 之间。

（五）水烯比

水蒸气作为稀释剂和热载体，具有调节反应物与产物分压、带出反应热、避免催化剂过热的功能，水蒸气的加入还具有缩小丁烯爆炸极限，清除催化剂表面积碳以延长催化剂使用寿命的作用。水蒸气与丁烯比对反应的影响见表 8-7。由表可知，水烯比在 9 ~ 13 之间，丁烯转化率、丁二烯收率及选择性均有提高，而含氧化合物含量略有下降。在工业生产中，一般流化床反应器控制在 9 ~ 12 之间，固定床反应器控制在 12 ~ 13 之间。

表8-7　水烯比（物质的量）对丁烯氧化脱氢的影响

$n_{水}:n_{烯}$	丁烯转化率/%	丁二烯收率/%	丁二烯选择性/%	$CO+CO_2$生成率/%
9	70.98	66.02	93.01	4.96
10	72.74	67.82	93.24	4.92
11	74.90	70.02	93.48	4.88
12	75.32	70.08	94.00	4.52
13	75.66	71.29	94.22	4.38

注　表中数据是在反应温度370℃、反应压力为0.5MPa、丁烯空速为300h^{-1}、氧烯比为0.72的条件下测得的。

四、工艺流程

丁烯氧化脱氢生产丁二烯的工艺流程根据所采用的催化剂和反应器型式不同可分为两类，即采用流化床反应器的丁烯氧化脱氢工艺流程和采用固定床反应器的丁烯氧化脱氢工艺流程。

（一）流化床反应器生产丁二烯的工艺流程

目前，国内流化床反应器进行丁烯氧化脱氢生产丁二烯，均采用 H-198 铁酸盐尖晶石催化剂。其工艺流程如图 8-7 所示。

原料丁烯经蒸发和过热水蒸气混合后，进入旋风混合器，空气经空气压缩机压缩并预热到一定温度，从另一方向进入旋风混合器。丁烯：水：氧的配料比为 1∶10∶0.7（物质的量比），充分混合后的气体由底部进入流比床反应器，在催化剂作用下进行丁烯氧化脱氢反应。反应过程利用床层内部换热器，控制反应温度在 355 ~ 370℃。反应生成气进入反应器上部二级旋风分离器，将气流夹带的催化剂颗粒分离并返回反应器。为了终止二次反应，生成气迅速

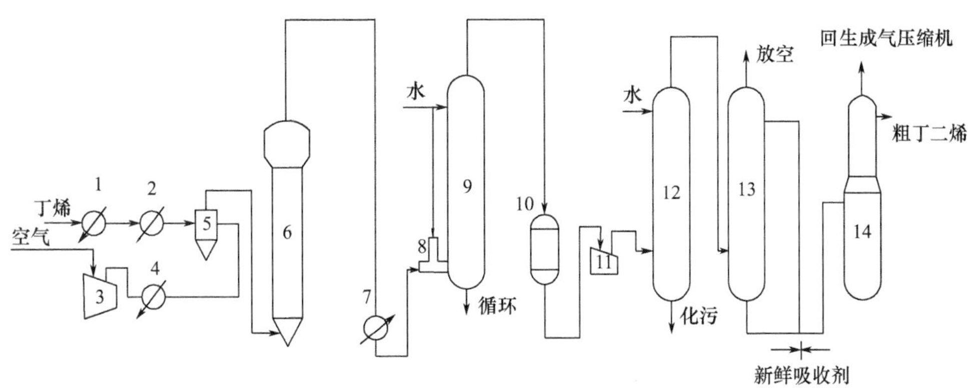

图 8-7　丁烯氧化脱氢流化床法工艺流程图

1—丁烯蒸发器　2—丁烯过热器　3—空气压缩机　4—空气过滤器　5—旋风混合器　6—流化床反应器　7—废热锅炉　8—淬冷器　9—水冷塔　10—过滤器　11—生成气压缩机　12—洗醛塔　13—油吸收塔　14—解吸塔

送至废热锅炉急冷，并回收部分热量，副产物蒸汽供进料配比用。

离开废热锅炉的反应气体进入淬冷器和水冷塔进一步降温，并洗去夹带的催化剂粉尘。由塔底出来的水进入沉降槽，将催化剂粉尘沉降后，水循环使用。反应气体由塔顶引出，过滤后进入生成气压缩机升压至 1.1MPa 左右，以增加吸收过程传质推动力。升压后的气体送入洗醛塔，用水洗去其中所含的醛、酮等含氧化合物。塔釜废水送化污池进行处理。

自洗醛塔顶出来的反应气进入油吸收塔，与塔上部进入 60 ~ 90℃沸程的馏分油逆流接触，丁二烯和丁烯被吸收，未被吸收的气体（N_2、CO、CO_2、O_2）由塔顶放空。富含丁烯和丁二烯的吸收油从塔釜引出送入解吸塔，在解吸塔上段侧线采出粗丁二烯，送精制工序，塔釜吸收油循环使用。

（二）绝热式固定床反应器生产丁二烯的工艺流程

绝热式固定床反应器进行丁烯氧化脱氢生产丁二烯，一般采用 B-02 铁系尖晶石催化剂，其工艺流程如图 8-8 所示。

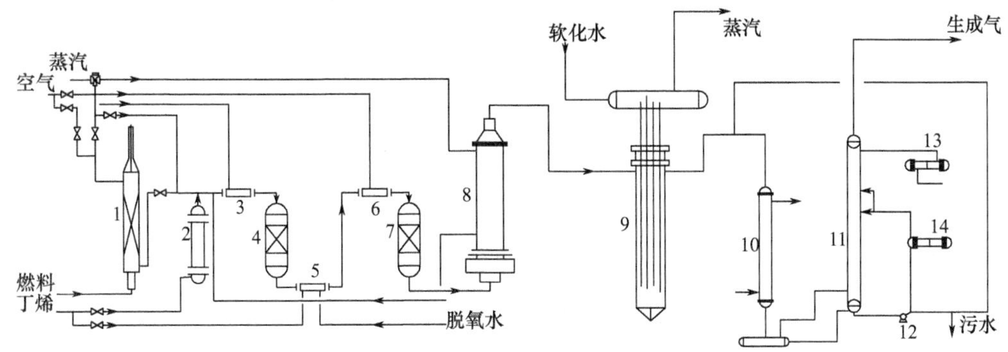

图 8-8　丁烯氧化脱氢固定床法工艺流程图

1—开工加热炉　2—丁烯蒸发器　3—一段进料混合器　4—一段轴向反应器　5—二段一级混合器　6—二段二级混合器　7—二段轴向反应器　8—前换热器　9—废热锅炉　10—后换热器　11—洗酸塔　12—循环污水泵　13—盐水冷却器　14—循环污水冷却器

从管网来的蒸汽按比例分为两路，一路经前换热器与二段轴向反应器出来的反应气体换热，使蒸汽温度由 180℃上升到 460℃左右；另一路蒸汽作为旁路，用来调节反应器入口温度。丁烯经蒸发器汽化后与两路蒸汽在管路中混合，并进入一段进料混合器与定量空气混合。混合原料气于 330 ~ 360℃下进入装有 B-02 催化剂的一段轴向反应器，进行氧化脱氢反应。由于该反应为放热反应，反应后的出口气体温度可达 507 ~ 557℃。

由一段轴向反应器出来的反应气体先后进入两级二段混合器，在二段一级混合器内喷入脱氧水，并按二段配料比加入液态丁烯馏分；在二段二级混合器内，按二段配比要求加入空气。混合后的气体于 300℃左右进入二段轴向反应器继续反应。

二段轴向反应器出口反应气体温度为 550 ~ 570℃，经前换热器 8 与配料蒸汽换热后温度降至 300℃左右进入废热锅炉，产生 0.6MPa（表压）的蒸汽进入蒸汽管网。从废热锅炉出来的反应气体温度约 200℃，为充分利用配料蒸汽的相变热，在管道上向废热钢炉出口的反应气喷入定量的水冷塔凝液，使其增湿饱和后进入后换热器，用循环软水回收其冷凝热。部分冷凝后的气液两相物料经分离后，液相去循环水泵，气相从塔下部进入洗酸塔，洗酸塔顶加入 10℃的冷却水，塔中部加入经冷却后的塔凝液，反应气在塔内经充分冷却，除去大量水分并洗去酸、酮和醛类，然后送至后处理系统（与流化床法流程相同）。60℃的塔凝液与分离罐的冷凝液一起由循环水泵加压后，大部分经冷却后循环使用，少量送去增湿，多余部分送往污水处理系统。

【能力测评与提升】

1. 催化脱氢反应共有几种类型？
2. 乙苯催化脱氢的主、副反应有哪些？
3. 试述压力对催化脱氢平衡的影响。
4. 提高温度对催化脱氢平衡有什么影响？
5. 乙苯催化脱氢生成苯乙烯的催化剂有几种？其性能如何？
6. 乙苯催化脱氢生产苯乙烯的反应部分有几种流程？各有什么优缺点？反应器结构如何？
7. 苯乙烯精制的关键技术是什么？
8. 乙苯脱氢生产苯乙烯的工艺流程由哪几部分组成？
9. 工业上生产丁二烯的方法有几种？
10. 丁烯氧化脱氢合成丁二烯生产过程的影响因素有哪些？它们对反应结果有什么影响？
11. 丁烯氧化脱氢合成丁二烯过程中加入水蒸气的目的是什么？水蒸气的用量对工艺过程有什么影响？
12. 丁烯氧化脱氢所采用的催化剂有几种类型？
13. 画出流化床法丁烯氧化脱氯生产丁二烯的工艺流程。
14. 苯乙烯和丁二烯的毒性如何？在生产、储存和运输过程中，有哪些安全注意事项？

学习情境九　燃料油品精制工艺

【任务一】解读酸碱精制工艺流程

1. 能力目标

能够理解并熟悉酸碱精制的基本原理和工艺。

2. 知识目标

了解燃料油品精制的主要方法及分类；掌握酸碱精制的基本操作方法；熟悉酸碱精制中的基本化学反应。

3. 教、学、做说明

学生可在认真学习相关知识的基础上，通过图书馆和网络资源了解燃油精制的分类和方法，并结合本任务的相关知识，分组讨论分析酸碱精制的工艺流程，然后由教师引导，组别代表发言，并在讲师的指导下解读酸碱精制的工艺流程和操作条件。

4. 工作准备

布置任务：解读酸碱精制的工艺流程；学生分组：按照班级人数分组，并指派组长；资料查阅：布置工作任务，学生可通过图书馆或互联网等途径查阅相关资料。

5. 工作过程

小组讨论：分预碱洗、酸洗、碱洗及水洗四部分解读酸碱精制—电沉降工艺流程；组长指派代表发言；教师引领，解读工艺过程。

【相关知识】

一、酸碱精制的基本概念

原油通过蒸馏、焦化、催化裂化等方式加工后，可以得到汽油、煤油、柴油等各种轻质燃料油品，但这些油品中含有硫、氮、氧等化合物和一些不饱和烃或芳香烃，这些杂质会对油品的颜色、气味、燃烧性能、低温性能、稳定性、腐蚀性产生巨大的影响，使产品的使用性能下降。因此需要通过燃油品进一步进行精制去除杂质的过程称为燃料油精制。

燃料油精制的方法有很多种，主要有化学精制、溶剂精制、吸附精制、加氢精制、柴油冷榨脱蜡和吸收法气体脱硫等。本节介绍的是化学精制中最早使用的一种方法即酸碱精制，它具有工艺简单、设备投资少、操作费用低等特点。而现在国内炼油厂所采用的酸碱精制工艺都是在旧工艺的基础上经过改良后的新工艺（将酸碱精制与高压电场加速沉降分离相结合的一种酸碱精制方法）。精制过程包括三步：碱精制、酸精制及静电混合分离。

二、碱精制原理

（一）碱精制基本过程

用浓度为10%～30%的氢氧化钠水溶液与油品混合，碱液不与油品中的烃类反应，只与油品中的酸性的非烃类物质反应，生成相应的盐，这些盐大部分可溶于碱液而从油品中除去，达到精制目的。

（二）碱精制过程发生的主要化学反应

油品中的酸性的非烃类物质有含氧化合物（如环烷酸、酚类等）、某些硫化物（如硫化氢、低分子硫醇等）以及中和酸洗之后油品中残留的酸性物质（如硫酸、磺酸、硫酸酯等）。下面介绍精制过程中的几种主要化学反应。

1. 硫化氢与碱反应生成硫化钠或硫氢化钠

$$H_2S+NaOH \longrightarrow NaHS+H_2O$$

$$H_2S+2NaOH \longrightarrow Na_2S+2H_2O$$

$$Na_2S+H_2S \longrightarrow 2NaHS$$

由于生成硫化钠或硫氢化钠均可溶于水中，所以硫化氢用碱洗除去。

2. 石油酸和酚类与碱生成相应的钠盐

$$RCOOH+NaOH \rightleftharpoons RCOONa+H_2O$$

$$C_6H_5OH+NaOH \rightleftharpoons C_6H_5ONa+H_2O$$

此类反应是可逆反应，生成的盐类可在很大程度上发生水解反应。随着它们的相对分子质量增大，其盐类的水解程度也加大，使它们在油品中的溶解度相对增加，而在水中的溶解度则相对减小。因此用碱洗的方法并不能将它们完全从油品中清洗除去。

3. 低分子硫醇与碱生成硫醇钠

$$RSH+NaOH \rightleftharpoons RSNa+H_2O$$

硫醇的酸性随其碳链的增长而减弱，因此较大分子的硫醇是难以与碱起反应的。另外，生成的硫醇钠随着其相对分子质量的增大，其水解程度加大，它在油品中的溶解度增大，而在水中的溶解度下降。可见，碱洗也不能将硫醇完全从油品中清洗除去。

4. 中性硫酸酯与碱作用生成相应的醇

$$(RO)_2SO_2+2NaOH \longrightarrow 2ROH+Na_2SO_4$$

碱洗条件的确定可从两个方面加以考虑：一方面，较低的温度和较高的碱浓度会使那些在可逆反应中所生成的盐的水解程度降低；另一方面，这些钠盐属于表面活性剂，较低的温度和较高的碱浓度有利于使油品和碱液形成较牢固的水包油型乳状液。可见，在碱洗时只有采用较低的操作温度和较高的碱液浓度才能较彻底除去油品中的石油酸及硫醇等非烃化合物。碱洗后的碱渣不能随便排放，其中所含的石油酸可用酸化方法析出并加以利用。

三、酸精制原理

在硫酸精制过程中，浓硫酸可以与油品中的某些烃类和非烃类化合物发生作用。

（一）硫酸对烃类的作用

在一般硫酸精制条件下，硫酸对各种烃类除可微量溶解外，对正构烷烃、环烷烃等主要组分基本上不起化学作用，即使与发烟硫酸长时间接触也很少起变化。但与异构烷烃、芳香烃，尤其是烯烃则有不同程度的化学反应。

硫酸可与异构烷烃和芳香烃进行一定程度的磺化反应，生成物溶于酸渣而被除去。例如，芳烃与浓硫酸在升高温度的情况下，发生磺化反应而生成能溶于硫酸的磺酸，其反应如下：

$$C_6H_6+H_2SO_4 \longrightarrow C_6H_5SO_2OH+H_2O$$

可见，在精制汽油时，应控制好精制条件，否则会由于芳烃损失而降低辛烷值硫酸与烯烃主要发生酯化反应和叠合反应。

1. 酯化反应　当硫酸用量多，温度低于 30℃时，生成酸性的单烷基硫酸酯。

$$RCH{=}CH_2+H_2SO_4 \longrightarrow R{-}HC\begin{matrix}\diagup CH_3\\ \diagdown OSO_3H\end{matrix}$$

当酸用量少，温度高于 30℃时，生成中性二烷基硫酸酯。

$$2RCH{=}CH_2+H_2SO_4 \longrightarrow \underset{\displaystyle CH_3}{R{-}\underset{|}{CH}}{-}OSO_2O{-}\underset{\displaystyle CH_3}{\underset{|}{CH}{-}R}$$

酸性硫酸酯大部分溶于酸渣中，残存在精制油中的酸性酯可用补充碱洗的方法除去。中性硫酸酯仍留在精制油中，这会影响产品质量。因此，硫酸精制的温度要控制得低一些。

2. 叠合反应　烯烃的叠合是在较高的温度及较高的酸浓度下发生的，所生成的二分子或多分子叠合物大部分溶于油中，使油品终沸点升高，产品质量变差，叠合物须用再蒸馏法除去。二烯烃的叠合反应能剧烈地进行，反应产物胶质溶于酸渣中。

（二）硫酸对非烃化合物的作用

硫酸对非烃类化合物的溶解度较大，与它们的作用可分为化学反应、物理溶解和无作用三种情况。这些非烃化合物包括含硫化合物、碱性氮化物、胶质、环烷酸及酚类等。

1. 硫酸对含硫化合物的作用　硫酸对大多数硫化物可借化学反应及物理溶解作用而将其除去。其中硫化氢在硫酸的作用下氧化成硫仍溶解于油中。所以在油品中含有相当数量的硫化氢时，须用预碱洗法先除去硫化氢。硫酸与硫醇反应生成二硫醚，其反应步骤如下：

$$RSH+H_2SO_4 \longrightarrow \begin{matrix}RS\diagdown\\ HO\diagup\end{matrix}SO_2+H_2O$$

$$RSH+\begin{matrix}RS\diagdown\\ HO\diagup\end{matrix}SO_2 \longrightarrow \begin{matrix}RS\diagdown\\ RS\diagup\end{matrix}SO_2+H_2O$$

$$\begin{matrix} RS \diagdown \\ \quad SO_2 \longrightarrow RSSR+SO_2 \\ RS \diagup \end{matrix}$$

浓硫酸与噻吩反应生成噻吩磺酸。油品中的二硫醚、硫醚与硫酸不反应，但易溶于硫酸。表 9-1 为硫酸对硫化物的作用。

表9-1　硫酸对硫化物的作用

硫化物类型	作用	结果
硫	无作用，不溶于酸	未除去
硫化氢	作用生成硫，不溶于酸	仅反应，未除去
硫醇	作用生成二硫化物，大部分溶于酸	反应后大部分被除去
硫醚	溶解于酸	基本上除去
硫化物	大部分溶解于酸	大部分除去
噻吩	作用生成硫黄后溶解于酸	基本上除去
四氢化噻吩	无作用，不溶于酸	未除去

2. *硫酸对碱性含氮化合物的作用*　碱性含氮化合物，如吡啶等，与硫酸也能发生反应，生成的硫酸盐进入酸渣。

3. *硫酸对胶质的作用*　胶质与硫酸有三种作用：一部分溶于硫酸中；另一部分缩合成沥青质，沥青质与硫酸反应也溶于酸中；还有一部分磺化后也溶于酸中。总之，胶质都能进入酸渣而被除掉。

4. *硫酸对环烷酸及酚类的作用*　环烷酸及酚类可部分地溶解于浓硫酸中，也能与硫酸起磺化反应，磺化产物也溶于硫酸中，因而基本上能被脱除。

总之，硫酸精制可以很好地除去胶质、碱性含氮化合物和大部分环烷酸、硫化物等非烃类化合物以及烯烃和二烯烃。但也除去了一部分异构烷烃和芳香烃等有用组分。硫酸精制的缺点是油品损失大和酸渣不易处理。

四、酸碱精制工艺流程

硫酸精制和碱精制往往联合应用，统称为“酸碱精制”。酸碱精制的主要设备是电分离器。电分离器是一底部呈圆锥形的立式圆筒。电分离器内上部装有电压为 2×10^4V 左右的直流或交流电电极，电场梯度为 1600 ~ 3000V/cm。

酸碱精制的工艺流程包括预碱洗、酸洗、水洗、碱洗、水洗等步骤。预碱洗是在硫酸精制之前的碱洗，主要是为了除去硫化氢（硫化氢如不先除去，它在酸洗中很容易氧化生成元素硫，以致很难除去）、石油酸类、酚类、低分子硫醇等具有腐蚀性的酸性化合物。酸洗后的水洗是为了除去一部分酸洗后未沉降完全的酸渣，减少后面碱洗时的碱用量。在硫酸精制之后的碱洗，其主要目的是除去酸精制后油品中残余的酸渣。酸碱洗涤后，还须进行水洗，以除去残余的酸碱等杂质，保证成品油呈中性。

酸碱精制的有些步骤可根据需精制的油品种类、杂质含量和精制产品的质量要求来决定是否采用。例如，酸洗前的须碱洗，只有当原料中含有较多的硫化氢时才采用；对直馏汽油和催化裂化汽油及柴油通常只采用碱洗。

酸碱精制—电沉降分离过程的原理流程，包括预碱洗、酸洗、碱洗及水洗四个部分如图9-1所示。

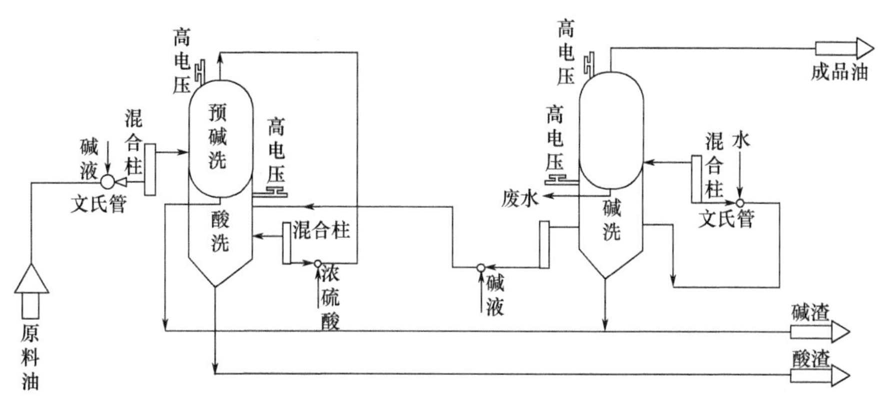

图 9-1　酸碱精制—点沉降分离过程的原理流程

（1）预碱洗。原料油（需精制的油品）与碱液（浓度一般为 4% ~ 15%）在文氏管和混合柱中充分混合、反应后，进入电分离器，碱渣在 2×10^3V 左右的高压交流电或直流电的高压电场作用下凝聚、沉降、分离，并从分离器底部排出。

（2）酸洗。预碱洗后的油品自顶部流出，在常温下（通常是 25 ~ 35℃）与浓硫酸在文氏管和混合柱充分混合、反应，然后进入酸洗电分离器，酸渣自分离器底部排出。

（3）碱洗。酸洗后油品自顶部排出，与碱液在文氏管和混合柱中进行混合、反应，然后进入碱洗电分离器，碱渣自电分离器底部排出。

（4）水洗。酸洗后的油品依次再经过碱洗（碱液浓度为 10% ~ 30%，用量为 0.2% ~ 0.3%）和水洗电分离器，碱洗后油品自顶部排出，在文氏管和混合柱中与水混合，然后进入水洗电分离器，除去碱和钠盐的水溶液，废水自罐底排出，精制成品油自水洗电分离器顶部排出。

五、酸碱精制操作条件的选择

在硫酸精制过程中因为要除去轻质油品中的有害物质因此会造成一定的精制损失进而影响油品的某些性质。硫酸精制的损失可以认为由两部分组成，即酸渣损失和叠合损失。酸渣损失的数量为酸渣量与消耗的硫酸用量之差；叠合损失的数量是精制和再蒸馏后得到产品的数量与原料终沸点相同的产品数量之差。在精制过程中，如果提高精制温度、增大硫酸浓度和用量，增加油品与酸进电分离器前的接触时间，都会使叠合等副反应增加，引起产品收率下降，而且过多的芳香烃和异构烷烃会溶于硫酸进入酸渣而损失，会使汽油辛烷值降低；反之，如果精制温度过低、硫酸浓度过低、酸用量不足以及接触时间过短，会使油品精制深度不够，精制油品的质量得不到保证。因而，正确合理地选择精制条件，对保证产品的质量，提高产品的产率是非常重要的。

（一）硫酸精制温度

硫酸精制通常在 20 ~ 35℃的常温下进行。采用较高的精制温度，有利于去除芳香烃、不饱和烃以及胶质，但是叠合损失较大、产品收率低；采用较低的精制温度，有利于脱除硫化物。

（二）硫酸浓度

硫酸浓度一般为 93% ~ 98%。最常用的是 93%。轻质油品的轻度精制可用较稀的硫酸，而在某些需要脱除芳烃的场合则必须用浓度为 98%的硫酸甚至发烟硫酸。在精制含硫量较大的油品时，为保证产品含硫量合格，必须在低温下使用浓度为 98%的浓硫酸，并尽量缩短接触时间。这样的条件不仅提高了脱硫的效率，更有利于脱硫的进行。因为降低温度后，硫酸与烃类作用减缓，使硫酸可以溶解更多的硫化物，使脱硫过程更容易进行。硫酸浓度增大，会引起酸渣损失和叠合损失增大。

（三）硫酸用量

硫酸用量一般为原料的 1%，对于多硫的原料则应适当增大硫酸用量。

（四）接触时间

油品与酸渣接触时间过长，会使副反应增多，增大叠合损失，引起精制收率降低，也会使油品颜色和稳定性变差；接触时间过短，反应不完全，达不到精制的目的，同时也降低了硫酸的利用率。适当地延长油品在电场中的停留时间有利于酸渣的沉降分离，并可保证产品的精制效果，油品在电场内停留时间一般约为十几分钟。一般来说，从油品与硫酸混合后到进入电场前的接触时间应控制在数秒到数分钟。

（五）碱的浓度和用量

在碱洗过程中，为了增加液体体积，提高混合程度和减少钠离子带出 10% ~ 30%的低浓度碱液。碱用量一般为原料质量的 0.02% ~ 0.2%。

（六）电场梯度

电场梯度一般为 1600 ~ 3000V/cm。电场梯度过低，起不到均匀及快速分离的作用，过高则不利于酸渣的沉聚。

综上所述，酸碱精制过程具有技术简单、设备投资少和操作费用低等优点，但也存在许多缺点，如需要消耗大量的酸碱，产生的酸碱废渣不易处理，严重污染环境，精制损失大，产品收率较低等。近年来由于保护环境，酸碱精制法的废渣排放受到严格的限制，所以应用少，逐渐被加氢精制法所取代。

六、高压电场沉降分离

沉降分离是在直流或交流的高压电分离器中进行的。纯净的油是不导电的，但在酸碱精制过程中生成的酸渣和碱渣能够导电。酸和碱在油品中分散成适当直径的微粒，在高电压（1.5 ~ 2.5）$\times 10^4$V 的直流（或交流）电场的作用下，加速了导电微粒在油品中的运动，使各种杂质与酸碱充分接触，促进了杂质与酸碱的反应或溶解，同时加速反应产物颗粒间的相互碰撞，促进了酸、碱的聚集和沉降作用，以达到有效的分离。

【任务二】解读脱硫精制工艺流程

1. 能力目标

能够熟悉催化氧化脱硫醇法；能够熟悉梅洛克斯脱硫醇工艺；了解铜 -13X 分子筛法脱硫醇工艺。

2. 知识目标

了解原油脱硫醇的主要方法及分类；熟悉催化氧化法脱硫醇工艺使用的催化剂和工艺流程；掌握抽提和脱臭的定义；熟悉抽提液—液脱臭和固定床法脱臭的工艺流程。

3. 教、学、做说明

学生可在认真学习相关知识的基础上，通过图书馆和网络资源了解原油脱硫醇的分类和方法，并结合本任务的相关知识，分组讨论分析抽提液—液脱臭法和固定床法脱臭法的工艺过程，然后由教师引导，组别代表发言，并在讲师的指导下解读整个工艺。

4. 工作准备

布置任务：解读催化氧化脱硫醇工艺流程；学生分组：按照班级人数分组，并指派组长；资料查阅：布置工作任务，学生可通过图书馆或互联网等途径查阅相关资料。

5. 工作过程

小组讨论：分别讨论三种工艺流程，催化氧化脱硫醇的完整工艺包括抽提和脱臭两部分，而脱臭部分的工艺需分别讨论。

组长指派代表发言；教师引领，解读工艺过程。

【相关知识】

一、工业脱硫醇的原因和方法

（一）工业脱硫醇的原因

在汽油、煤油及液化石油气等轻质油品中含有较多的硫醇，硫醇不仅呈酸性会腐蚀设备，而且含量很低的硫醇也能产生极难闻的臭味（当油中含 8 ~ 10g/L 的硫醇时就会有恶臭味），并影响油品的其他使用性能。例如，硫醇作为氧化引发剂可是易使油品中的不安定成分氧化、叠合生成胶状物质，在储存中生成胶质；对铜铅及其合金有强烈的腐蚀作用；硫醇还影响油品对添加剂，如抗爆剂、抗氧化剂、金属钝化剂等的感受性。因此，提高油品质量的一个主要问题就是脱除油品中的硫醇，即脱臭过程。

（二）工业脱硫醇的方法

一般工业上脱硫醇的方法有以下几种：

（1）氧化法。采用亚铅酸钠、次氯酸钠、氯化铜等做氧化剂把硫醇氧化为二硫化物。

（2）催化氧化法。利用含催化剂的碱液抽提，然后在催化剂的作用下，通入空气将硫醇氧化为二硫化物。该法具有投资少、操作简单、运转费用少、脱除硫醇率高、精制油品质量好等优点，受到广泛应用。

（3）抽提法。利用化学药剂从油品中抽提出硫醇。主要有加助溶剂法（用氢氧化钠和甲醇抽提汽油中的硫醇和氮化物）、亚铁氰化物法（利用含亚铁氰化物的碱液抽提硫醇）等。

（4）吸附法。利用分子筛的吸附性脱除硫醇，同时还可起到脱水的作用。

二、催化氧化脱硫醇法

（一）催化氧化脱硫醇的原理

利用一种催化剂使油品中的硫醇在强碱液（氢氧化钠）及空气存在的条件下氧化成无臭无害的二硫化物，该法最常用的催化剂是磺化酞菁钴或聚酞菁钴等金属菁化合物，其化学反应式如下：

$$2RSH+1/2O_2 \xrightarrow{\text{催化剂和碱液}} RSSR+H_2O$$

催化氧化脱硫醇法可用于精制液化石油气（液态烃）、汽油、喷气燃料、柴油以及烷基化、叠合和石油化工生产的原料，也可以处理硫醇含量较高的裂化汽油、热裂化汽油和焦化汽油。

（二）催化氧化脱硫醇工艺流程

工业上脱硫醇的工艺包括抽提和脱臭两部分，根据原料油的沸点范围和所含硫醇相对分子质量的不同，可以单独使用抽提和脱臭中的一部分或将两部分结合起来。例如，精制液化石油气只用抽提部分，精制汽油馏分需将抽提和氧化脱臭结合起来，而精制煤油馏分只用氧化脱臭部分。但若采用氧化脱臭部分时，油品中的硫醇只是转化成二硫化物，并不从油品中除去。因此，精制后油品的含硫量并没有减少。表 9–2 是各类油品的抽提及脱臭效果比较。抽提部分可以用催化剂—氢氧化钠碱溶液与原料油进行液—液抽提，也可以将催化剂—碱溶液浸渍在活性炭固体颗粒上（含有 1% 的催化剂）以固定床方式处理。

表9–2　各类油品的抽提及脱臭效果比较

原料类型	液化气及天然气油	轻油	汽油	煤油	柴油
试用方法	抽提法	液—液法、固定床	抽提+液—液法、抽提+固定床法	固定床法	固定床法
原料硫醇硫/$\mu g \cdot g^{-1}$	50 ~ 10000	50 ~ 5000	50 ~ 5000	30 ~ 1000	50 ~ 800
原料H_2S/$\mu g \cdot g^{-1}$	<10	<10	<10	<1	<1
处理后产物硫醇硫/$\mu g \cdot g^{-1}$	<10	<10	<10	<10	<30

原料油中含有硫化氢、酚类和环烷酸等会降低脱硫醇的效果，降低催化剂的寿命，所以在脱硫醇处理之前需用 5% ~ 10% 的氢氧化钠溶液进行预碱洗除这些酸性杂质。催化氧化法脱硫醇工艺流程见图 9–2。

经过预碱洗后的原料油送入抽提部分的硫醇抽提塔内，与含有催化剂的氢氧化钠溶液逆流接触抽提硫醇，抽提后的原料油送入氧化脱臭部分。从抽提塔底排出来的含硫醇的催化剂—碱溶液加热后，与空气一起进入氧化塔，把溶解的硫醇氧化成二硫化物，送入二硫化物分离罐，

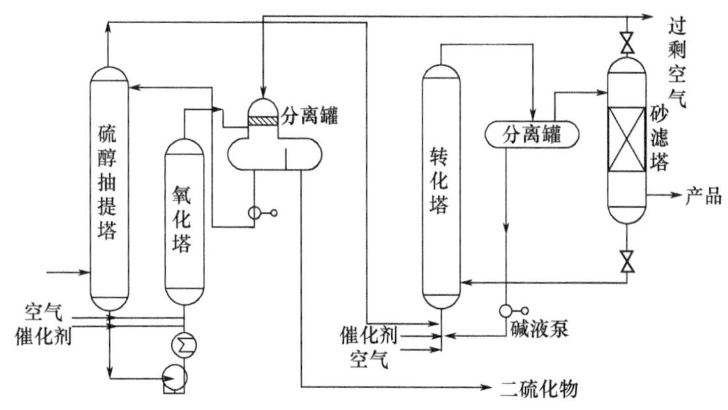

图 9-2　催化氧化脱硫醇工艺流程

分离出过剩的空气和生成的二硫化物，二硫化物蓄积在上层排出系统外，下层是再生后的催化剂—碱溶液循环到抽提塔。

进入氧化脱臭部分的油品再与空气及催化剂—碱溶液混合进入转化塔。油品中的硫醇首先进入水相，与空气反应生成二硫化物，二硫化物不溶于碱液而重新溶于油中。脱臭后的油在分离罐内分离出催化剂—碱溶液，在砂滤塔内除去油中少量的碱溶液，成为脱硫醇后的成品。沉降分离出的催化剂—碱溶液循环到转化塔内。

按工艺方法的不同可分为梅洛克斯法（Merox process）和铜 -13X 分子筛法两种工艺法。

1. *梅洛克斯法*　梅洛克斯法是美国UOP公司在1958年开发的一种脱臭工艺。自问世以来，UOP 公司及有关各国对 Merox 脱臭工艺进行了深入研究和改进，主要目的是降低苛性碱用量，减少废碱液排放，提高催化剂的活性和稳定性。所开发的工艺过程有抽提、液—液法脱臭、常规固定床脱臭、微量碱固定床脱臭和无苛性碱固定床脱臭等。目前国内炼厂的轻质油品脱臭精制绝大多数采用梅洛克斯脱臭工艺，其中以梅洛克斯液—液脱臭和常规固定床脱臭使用较多。

梅洛克斯法脱硫醇也包括抽提和脱臭两部分。抽提是用含有催化剂的强碱液把硫醇以硫醇钠的形式从油品中抽提出来，因此产品的总含硫量下降。抽提后碱液送去再生，在再生过程中碱液中的硫醇钠被氧化成二硫化物，不溶于碱，它与碱液分层以后，碱即可循环使用。脱臭是将含硫醇的油品与空气及含催化剂的碱液一起通过反应器后，硫醇被氧化为二硫化物，而碱液则循环利用。在工艺上，脱臭有两种类型：一种是将催化剂溶于 NaOH 溶液中，即液—液法；另一种是将催化剂载于固体载体（如活性炭）上，即固定床法。分别介绍如下：

（1）抽提液—液脱臭法催化氧化脱硫醇。抽提液—液脱臭法催化氧化脱硫醇工艺流程如图 9-3 所示，其工艺过程包括预碱洗、催化抽提、碱液氧化再生和催化氧化。

①预碱洗。原料油中含有的硫化氢、酚类和环烷酸等会降低脱硫醇的效果，并缩短催化剂的寿命，所以在脱硫醇之前须用 5% ~ 10%的氢氧化钠溶液进行预碱洗，以除去这些酸性杂质。

②催化抽提。预碱洗后的原料油进入硫醇抽提塔，与自塔上部流下含有催化剂的碱液逆

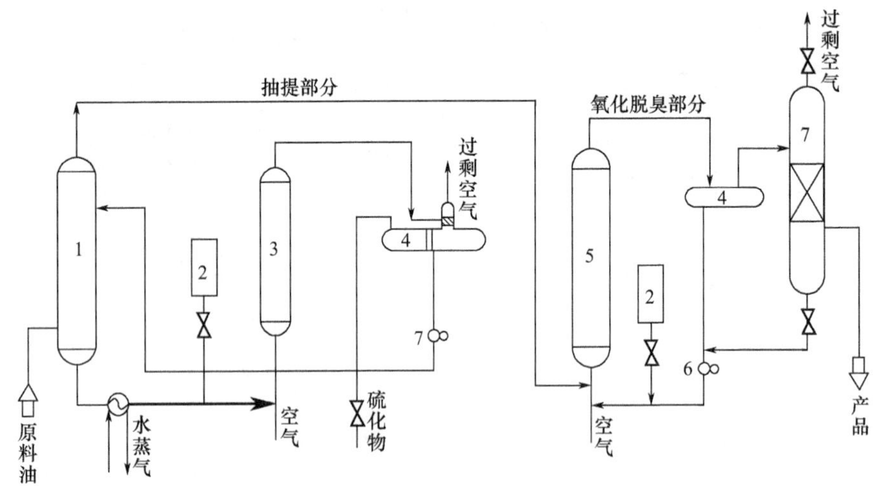

图 9-3 抽提液 – 液脱臭法催化氧化脱硫醇工艺流程

1—硫醇抽提塔 2—催化剂罐 3—氧化塔 4—分离罐 5—转化塔 6—碱液泵 7—砂滤塔

流接触，其中的硫醇与碱液反应，生成硫醇钠盐，并溶于碱液从塔底排出。

③碱液氧化再生。自硫醇抽提塔下部排出含硫醇钠盐的碱液（含催化剂）经加热至 40℃左右，与空气混合后进入氧化塔，在氧化塔中硫醇钠盐氧化为二硫化物，然后进入二硫化物分离罐。在分离罐中由于二硫化物不溶于水，积聚在上层而由分离罐上部分出，同时，过剩的空气也分出。由分离罐下部出来的是含催化剂的碱液，送回硫醇抽提塔循环使用。

④催化氧化。由硫醇抽提塔顶出来的是脱去部分硫醇的油品，再与空气、含催化剂的碱液混合后进入转化塔，在转化塔内油品中残存的硫醇氧化成二硫化物而脱臭，然后进入静置分离器，其上层油品（二硫化物仍留在油中）送至砂滤塔内除去残留的碱液，即为精制的产品。由分离罐下层分出的含催化剂的碱液循环到转化塔重复使用。

此法的工艺和操作简单，投资和操作费用低，且脱硫醇的效果好，脱除率可达 100%，对汽油也可达 80%以上。

（2）固定床法催化氧化脱硫醇。固定床法是先把催化剂（如磺化酞菁钴）载于载体上，以氢氧化钠溶液润湿后，将原料通过此床层并通入空气。在脱臭过程中，定期向床层注入碱液。固定床法多用于煤油脱臭，其优点是无须碱液循环。图 9–4 为（汽油）固定床催化氧化脱硫醇的工艺流程。其工艺过程包括预碱洗、固定床催化氧化及沉降分离。

①预碱洗。汽油在脱硫醇前进行预碱洗，可中和掉油中的硫化氢。固定床催化氧化。预碱洗后的油与空气混合后进入固定床反应器，在吸附了催化剂碱液的活性炭床层上进行氧化反应，使硫醇转化为二硫化物。

②沉降分离。油品经过氧化反应后进入沉降分离罐进行分离。沉降分离罐顶部出来的气体，主要组分是空气，还携带有少量的油气，经过柴油吸收塔将其中的油气吸收下来后，剩余气体通过水封罐排入大气。分离罐底出来的即为脱硫醇汽油，硫醇脱除率大于 94%。

以上两种方法的脱臭过程中总要消耗碱并有一定量的废碱液排出，造成环境污染。无碱

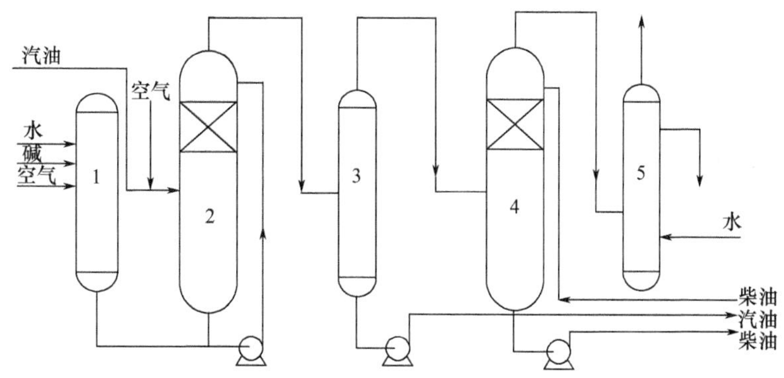

图 9-4　固定床法催化氧化脱硫醇工艺流程

1—碱液罐　2—反应器　3—气液分离器　4—柴油吸收罐　5—水封罐

液脱臭法则克服了以上缺点，它使用了一种碱性活化剂（用于提高脱臭率和延长催化剂寿命）和助溶剂（醇类）。汽油或煤油在催化剂（如磺化酞菁钴）、活化剂和助溶剂形成的溶液可完全互溶为一均相体系，向该体系中通入空气即可使硫醇氧化而脱臭。该法的优点是不使用碱液，也不产生废碱液；脱臭效率有所提高；活化剂用量极微，如果活化剂残留在油中对油品质量也没有影响。汽油无碱液脱臭的工业试验已取得成功，使汽油中的硫醇含量下降至 3 ~ 5 μg/g。无碱液固定床脱臭工艺是目前国内外应用和发展的趋势，研制和开发新型高活性、长寿命的催化剂以及适应性广、价廉的活化剂和助剂是今后的发展方向。

2. 铜 -13X 分子筛法　铜 -13X 分子筛脱硫醇法的基本原理是在铜 -13X 分子筛催化剂的作用下，把硫醇转化为二硫化物而仍留在油中。铜 -13X 分子筛是 13X 分子筛经铜离子交换掉 75% ~ 90% 钠离子后的沸石分子筛。它能将硫醇催化氧化为二硫化物，其反应是分两步进行的。

第一步：$2Cu^{2+}+4RSH \longrightarrow RSSR+2RSCu+4H^{+}$

第二步：$2RSCu+4H^{+}+O_2 \longrightarrow RSSR+2H_2O+2Cu^{2+}$

图 9-5 是喷气燃料的铜 -13X 分子筛脱硫醇工艺流程。原料经换热器换热至一定的温度

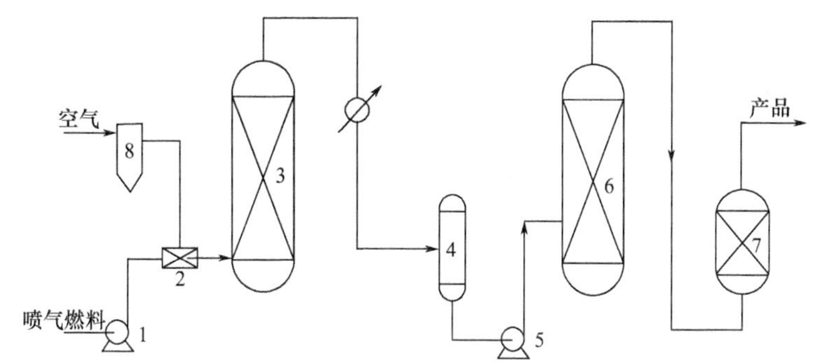

图 9-5　铜 -13X 分子筛脱硫醇工艺流程

1—原料泵　2—文氏混合管　3—反应器　4—中间罐　5—中间泵　6—活性炭脱色罐
7—玻璃管过滤器　8—空气脱水罐

（120 ~ 130℃），与空气混合，进入装有分子筛催化剂的固定床反应器，油品中的硫醇在其中转化为二硫化物。反应后的油品经冷却器冷却至 40 ~ 60℃，进入活性炭脱色罐进行脱色处理（脱色后的油品是无色的），再经过过滤器后，作为精制油品出装置。

铜 -13X 分子筛法的优点如下：

（1）铜 -13X 分子筛脱硫醇可同时脱除水、硫化氢、硫醇等。

（2）无须设预碱洗，其流程简单，设备费用和操作费用低。

（3）分子筛使用寿命一般为一年以上，当其活性下降后可进行再生。再生的方法有两种，一种是通入水蒸气；另一种是用氨或胺的水溶液或有机溶剂溶液洗涤催化剂床层，后者的效果较好。

（4）硫醇的转化是在固定床中进行的，用空气氧化，而无须用碱液，也没有废碱处理问题，有助于控制环境污染。这种方法主要用于直流喷气燃料的精制，也可用于汽油、煤油的精制。

3. 催化氧化脱硫醇操作条件　催化氧化脱硫醇法所使用的催化剂磺化酞菁钴的平均分子量为 730，钴含量 8.1%，硫含量为 8.8%。催化剂在碱溶液中浓度一般为 10 ~ 125μg/g，催化剂寿命为 8000 ~ 14000 m^3 原料 /kg 催化剂，氢氧化钠溶液浓度为 4% ~ 25%，常用的为 10%。

此法的反应全部在液相中进行，除抽提部分的再生段（氧化塔）在 40℃左右外，其余都在常温下操作，压力为 0.4 ~ 0.7MPa。

脱硫醇后的成品中的每克成品硫醇含量可降低到几微克或十几微克，液化石油气的硫醇脱除率可达 100%，汽油的硫醇脱除率也可达 80%以上。

【能力测评与提升】

一、填空题

1. 将半成品燃料加工成为商品燃料主要进行（　　　）和（　　　）两个过程。

2. 酸碱精制的工业流程一般通过（　　　）、（　　　）、（　　　）、（　　　）及（　　　）等步骤。

3. 影响酸碱精制的主要因素有（　　　）、（　　　）、（　　　）、（　　　）及反应时间。

4. 催化氧化脱硫醇工艺主要包括（　　　）、（　　　）等部分。

5. 脱硫醇的方法一般有（　　　）、（　　　）、（　　　）等几种。

二、简答题

1. 在燃料量生产中应用的精制方法有哪些？

2. 酸碱精制的原理是什么？

3. 酸碱精制的工艺流程包括哪些主要过程？简述其流程。

4. 酸碱精制过程中应如何合理地选择精制条件？
5. 简述酸碱精制过程的优缺点。
6. 简述轻质油品中硫醇的危害是什么。
7. 轻质燃料油在脱硫醇之前为什么要进行预碱洗？
8. 工业上常用的脱硫醇的方法有哪些？
9. 梅洛克斯法脱硫醇的脱臭部分在工艺上有哪些类型？
10. 梅洛克斯法脱硫醇包括哪两部分？它们的原理各是什么？可否单独使用？
11. 无碱液脱臭法的原理是什么？有什么优点？
12. 铜 –13X 分子筛脱硫醇法的基本原理是什么？有什么优点？

学习情境十　润滑油生产工艺

【任务一】认识润滑油

1. 能力目标

能够熟悉润滑油的理化性质；能够了解润滑油的分类、规格及调和。

2. 知识目标

了解润滑的定义和作用；熟悉润滑油的使用性能和理化性质；掌握石油基润滑油的种类和基本特点；熟悉润滑油调和的机理和工艺。

3. 教、学、做说明

学生可在认真学习相关知识的基础上，通过图书馆和网络资源了解润滑油的基本概念（例如其理化性质、使用性能等），并结合本任务的【相关知识】，分组讨论完成对润滑油的基本认识，然后由教师引领，组别代表发言，最后在教师指导下完成对润滑油研究范畴的汇总。

4. 工作准备

布置任务：由教师制定学习内容后学生分组讨论学习，每组完成2～3个知识点；学生分组：按照班级人数分组，并指派组长；资料查阅：布置工作任务，学生可通过图书馆或互联网等途径查阅相关资料。

5. 工作过程

小组讨论；组长指派代表发言；教师引领完成对润滑油研究范畴的汇总。

【相关知识】

一、润滑油的认识

润滑剂是一类很重要的石油产品，主要用于降低机件之间的摩擦和磨损，以减少能耗和延长机械寿命。产量仅是整个石油产品总产量的2%～3%，但是其品种很多，且每种都有不同的适用场合。润滑剂有润滑油、润滑脂、固体润滑剂及气体润滑剂四大类，其中润滑油和润滑脂为石油产品。本章仅讨论润滑油的性质。

现代的石油润滑油产品几乎都是由润滑油基础油和用以改善各种使用性能的添加剂调制而成。目前，我国生产的各种润滑油基础油的质量已达到或接近国际同类产品质量的水平。内燃机油、齿轮油、液压油、特种工业润滑油等，已基本满足国内汽车、运输、钢铁及其他工业部门的发展需要。

（一）摩擦和润滑的基本概念

两个相互接触的物体在发生相对运动时就会产生摩擦。两个相互接触又发生运动的部件，叫摩擦副。发生摩擦的原因如下：

（1）物体表面不平滑，其凸起部分阻挡相互的运动，产生机械啮合。任何实际上存在的表面不是绝对平滑的，一般都留有加工的痕迹，即使经过精密的加工，如研磨，其表面也只是相对光滑一些。也就是说绝对光滑的表面实际是不存在的，表面上有许多微小的凸起，叫微凸体，同时也有一些凹坑。凸起和凹坑布满整个表面，故其表面是不平滑的。

（2）相互接触部分分子间的引力也会导致摩擦产生。实践表明摩擦副不一定随表面粗糙度降低而减少，有时反而会增大，这是因为表面越光滑，相互接触的部分越多，分子间引力产生的摩擦阻力也越大。

这两种因素是同时存在的，对一般表面前者是主要，对光滑的表面后者是主要的。

（二）摩擦产生的现象

金属表面发生相对运动时，其凸起的部分发生碰撞会消耗一部分机械能并转化为热能，使机件表面温度升高，严重时甚至使金属熔化而烧结。同时，在碰撞过程中凸起部分会被撕裂，或因疲劳而碎裂，坚硬的部分还可以将较软的部分刻伤，这些都会使机件损毁，即磨损。所以除皮带传动、摩擦轮等部件外，一般的机械部件都要求减小摩擦和磨损，以保证机械的正常、高效运转。因此，摩擦主要产生消耗动力、摩擦发热、物件磨损等三种现象。

（三）摩擦和润滑的类型

为了不使两个金属表面直接接触并发生摩擦，克服由于摩擦而出现的三种不理想现象，一般考虑在两金属表面之间加入一些介质（润滑剂），用润滑剂的液体层或润滑剂中的某些分子形成的表面膜将摩擦副表面全部或部分地隔开，这一过程称为润滑。根据加入介质类型、金属面接触的部位、机械面承载负荷及金属面和介质运动规律的不同，这样产生不同类型的摩擦和润滑。摩擦和润滑的类型主要有：干摩擦、液体摩擦（润滑）、流体动力润滑、弹性流体动力润滑、边界润滑及极压润滑等。

（四）润滑的作用

在金属表面的润滑油起如下作用：

（1）润滑作用，有效地克服由于摩擦产生的三种现象。

（2）冷却作用，将机械能转化的热能带走或冷却。

（3）冲洗作用，将磨损产生的金属碎屑或其他固体杂质冲洗带走。

（4）防泄漏、防尘、防窜气。

（5）保护作用，防锈、防尘。

（6）减震作用，即起缓冲作用。

（7）动能传递作用，加液压系统和遥控发动机及摩擦无级变速等。

二、润滑油的基本特性

润滑油要起到润滑作用，则必须具备两种性能，一种是油性，首先润滑油要与金属表面结合形成一层牢靠的润滑油分子层，即润滑油要与金属表面有较强的亲和力；另一种是黏性，这样润滑油才能保持一定厚度液体层将金属面完全隔开。除此之外，根据润滑油的组成性能、工作环境、所起的作用等使润滑油还要具备其他更广泛的性能。润滑油的基本性能包括一般理化性能和使用性能。

（一）一般理化性能

每一类润滑油都有其共同的一般理化性能，取决于润滑油的化学组成，表明该产品的内在质量。润滑油主要理化性能见表 10–1。

表10–1　润滑油的主要理化性能

理化性能	说明
外观颜色	反映润滑油精制程度和稳定性。氧、硫、氮化合物含量越少，颜色越浅
密度	反映润滑油分子大小和结构。分子越大，非烃类及芳烃含量越高，密度越大
黏度	表征润滑油油性和流动性的一项指标。黏度越大，油膜强度越高，流动性越差
黏度指数	表征润滑油黏度随温度变化的程度。黏度指数越高，表示润滑油黏度受温度的影响越小
闪点	表征润滑油组分轻重和安全性指标。组分越轻，闪点越低，安全性越差
凝固点和倾点	表征润滑油低温流动性能。分子越大或蜡含量越高，低温流动性越差，凝固点和倾点越高
酸值	反应润滑油中含有酸性物质的多少，表征润滑油抗腐蚀性能的指标
水分	对润滑油的润滑性能和抗腐蚀性能有影响。润滑油中含水量越少越好
机械杂质	反映润滑油中不溶于汽油、乙醇和苯等溶剂的沉淀物或胶状悬浮物含量多少
灰分	一般认为是一些金属元素及其盐类。反映润滑油基础油的精制深度
残炭	为判断润滑油基础油的性质和经济深度而规定的指标

（二）使用性能

使用性能是指润滑油除了上述一般理化性能之外，每种润滑油品还应具有表征及其使用特性的特殊理化性质。越是质量要求高，或是专用性强的油品，其使用性能就越突出。反映润滑油使用性能主要有：氧化稳定性，热稳定性，油性和极压性，腐蚀和锈蚀，抗泡性和水解稳定性等。

三、润滑油分类和规格

润滑油是石油产品中品种、牌号最多的一大类产品。其全部用量虽只占石油燃料消耗量的 2% ~ 3%，但品种十分复杂，应用极为广泛，而且随着机械工业的发展，对其质量和使用性能不断提出新的要求。润滑油根据原料来源分为石油基润滑油和合成润滑油。

（一）石油基润滑油

石油基润滑油是以石油为原料，经分馏、精制和脱蜡等过程得到的润滑油基础油。

1. *基础油*　基础油是润滑油的主要成分，决定着润滑油的基本性质。而润滑油基础油的性能与其化学组成有密切关系，如表 10–2 所示。

表10–2　基础油化学组成与润滑油性能的关系

性能要求	化学组成影响	解决方法
黏度适中	馏分越重黏度越大；沸点相近时，链状烃黏度小，环状烃黏度大	蒸馏切割流程合适馏分
黏温特性好	链状黏温特性好；环状烃黏温特性不好且环数越多黏温特性越差	脱除多环短侧链芳烃（精制）；脱沥青
低温流动性能好	胶质沥青质大分子链状烃（蜡）凝固点高；大分子多环短侧链；胶质沥青质低温流动性差	脱蜡、脱沥青、精制
抗氧化稳定性好	非烃类化合物稳定性差。烷烃易氧化，环烷烃次之，芳烃较稳定。烃类氧化后生产酸、醇、醛、酮、酯	脱除非烃类化合物
残炭低	形成残炭主要物质为润滑油中的多环芳烃、胶质、沥青质	提高蒸馏精度，脱除胶质、沥青质
闪点高	安全性指标。馏分越轻闪点越低，轻组分含量越多闪点越低	蒸馏切割流程合适的馏分，并汽提脱除轻组分

综合分析可知，润滑油的理想组分是异构烷烃、少环长侧链烃。非理想组分是胶质沥青质、多环短侧链以及大分子链状烃。

（1）基础油分类。石油基润滑油基础油称矿物润滑油基础油又称中性油。中性油黏度等级以赛氏通用黏度划分，标以HVI–100、MVI–150、LVI–50等；而把取自残渣油制得的高黏度油，称作光亮油（bright oil），以赛氏黏度划分，如150BS、120BS等。表10–3列出我国矿物润滑基础油的分类及用途。

（2）基础油生产过程。基础油生产过程有物理和化学两种方法。物理方法将理想组分和非理想组分分离，通过原油常减压蒸馏，切取不同黏度的常减压馏分和减压渣油，作为润滑油生产原料，之后通过脱沥青、精制、脱蜡、白土补充精制将润滑油基础油中的非理想组分除去。

表10–3　我国矿物质润滑油基础油的分类及用途

名称	黏度指数要求	分类	其他要求及用途	黏度牌号
超高黏度指数	>140	UHVI	—	—
很高黏度指数	>120	—	—	—
高黏度指数	>95	UVI	用于配制黏温性能要求较高的润滑油	HVI–75，HVI–100，HVI–150，HVI–200，HVI–350，HVI–500，以及HVI–650和HVI–120BS，HVI–150BS两个光亮油
		HVIS	深度精制，有优良的氧化稳定性、抗乳化性和一定的蒸发损失指标。适用于调配高档汽轮机油、极压工业齿轮油	
		HVIW	深度脱蜡，较低凝点、较低的蒸发损失和良好的氧化稳定性。适用于调配高档内燃机油、低温液压油、液力传动液等	

续表

名称	黏度指数要求	分类	其他要求及用途	黏度牌号
中黏度指数	>60	MVI	适用于配制黏温性能要求不高的润滑油	MVI-60，MVI-75，MVI-100，MVI-150，MVI-200，MVI-300，MVI-500，MVI-600，MVI-750，MVI-900以及MVI-90BS，MVI-125/140和MVI-200/220BS三个亮光油
		MVIS	深度精制，中黏度指数，低凝固点，低挥发性，中温性油，有较好的氧化稳定性、抗乳化性和蒸发损失。适用于调配内燃机油，低温液压油等	
		MVIW	深度脱蜡，中黏度指数，低凝固点，低挥发性，中温性油，有较好的氧化稳定性、抗乳化性和蒸发损失。适用于调配内燃机油，低温液压油等	
低黏度指数	—	LVI	未规定最低黏度指数。适用于配制变压器油、冷冻机油等低温凝固点润滑油	LVI-60，LVI-75，LVI-100，LVI-150，LVI-200，LVI-300，LVI-500，LVI-750，LVI-900，LVI-1200，以及LVI-90BS，LVI-230/250BS两个光亮油

化学方法是将润滑油中的非理想组分转化为理想组分并除去杂质，如加氢处理。加氢反应能使多环芳烃饱和、开环，转变为少环多侧链的环烷烃，可提高黏度指数等质量指标。同时将氧、氮、硫通过加氢，分别以 H_2O、NH_3、SO_2 方式除去，还可除去一些金属元素。加氢处理技术具有原料来源广、过程灵活、产品质量好、收率高的优点，但目前运行的装置操作压力都在 18 ~ 20 MPa，装置建设投资和操作费用都很高，对我国大多数润滑油基础油生产厂来说并不适用，因此，我国主要采用物理方法。润滑油基础油原料有馏分油和渣油两大类。

①馏分油生产方向：减压馏分油或常压重馏分油→溶剂精制→溶剂脱蜡→白土或加氢补充精制。

②减压渣油生产方向：减压渣油→溶剂脱沥青→溶剂精制→溶剂脱蜡→白土或加氢补充精制。

润滑油溶剂精制与溶剂脱蜡又有两种流程：先精制后脱蜡称为正序流程；先脱蜡后精制称为反序流程。两种流程各有特色，正序流程可以副产蜡产品，而反序流程可以副产凝固点较低的高附加值抽出油。

2. 添加剂　添加剂能够赋予或提高基础油的使用性能。随着炼油工业的发展以及市场对油品质量需求的提高，添加剂工业也相应得到发展，其中用于润滑油品的添加剂最多，而用于燃料油品的较少。润滑添加剂主要品种有：洁净剂、分散剂、抗氧剂（包括抗氧抗腐剂）、黏度指数改进剂、降凝剂、载荷剂、防锈剂等。

3. 润滑油的调和　润滑油的调和分为两类：一类是基础油的调和，即两种或两种以上不同强度的中性油调和，例如 HVI–100 与 HVI–200 调合生产黏度符合 HVI–150 的中性油；另一类是基础油与添加剂的调和，以改善油品使用性能，生产合乎规格的不同档次、不同牌号的各类润滑油成品。

（1）调和机理。润滑油调和大部分为液—液相互溶解的均相混合；个别情况下也有不互溶的液—液相系，混合后形成液—液分散体；当润滑油添加剂是固体时，则为液—固相系的非均相混合或溶解，固态的添加剂为数不多，而且最终互溶，形成均相混合是以分子扩散、涡流扩散和主体对流扩散的综合作用。

（2）调和工艺。调和工艺主要分为间隙调和与连续调和。

①间隙调和是把定量的各组分依次或同时加入调和罐中，加料过程中不需要度量或控制组分的流量，只需确定最后的数量。当所有的组分配齐后，调和罐便可开始搅拌，使其混合均匀。调和过程中随时采样化验分析油品的性质，也可随时补加某种不足的组分，直至产品完全符合规格标准。这种调和方法，工艺和设备比较简单，无须精密的流量计和高度可靠的自动控制手段，也无须在线的质量检测手段。因此，建设此种调和装置所需投资少，易于实现。此种调和装置的生产能力受调和罐大小的限制，只要选择合适的调和罐，就可以满足一定生产能力的要求，但劳动强度大。

②连续调和是把全部调和组分以正确的比例同时送入调和器进行调和，从管道的出口即得到质量符合规格要求的最终产品。这种调和方法需要有满足混合要求的连续混合器，能够精确计量、控制各组分流量的计量器和控制手段以及在线质量分析仪表和计算机控制系统。由于该调和方法具备上述这些先进的设备和手段，所以连续调和可以实现优化控制、合理利用资源、减少不必要的质量过剩，从而降低成本。连续调和，顾名思义是连续进行的，其生产能力取决于组分调和成品油罐容量的大小。

（二）合成润滑油

合成润滑油是通过有机合成方法制备的液体润滑剂。合成润滑油的分子结构中，除了含碳、氢元素外，还分别含有氧、硅、磷、氟、氯等元素。

根据化学结构的不同，合成润滑油又分为几大类。有酯类油、聚亚烷基醚、聚硅氧烷（硅油和硅酸酯）、含氟油、磷酸酯和聚 α– 烯烃。每类合成润滑油都有其独特的化学结构、特定的原料和制备工艺、特殊的性能和应用范围。

与矿油相比，一般说来，合成润滑油具有优良的黏温性和低温流动性，良好的热氧化稳定性、润滑性和低挥发性以及其他一些特殊性能，如化学稳定性和耐辐射性等，而且各类合成润滑油的性能又各具特色，因而能够满足矿油所不能满足的使用要求。这就是合成润滑油虽然价格较贵仍能不断发展的重要原因。

（三）润滑油产品分类

我国润滑油及有关产品的分类是参照国际标准 ISO6743/0—1981 制定的，把润滑油及有关产品分为 19 组，其组别见表 10–4。

表10-4 润滑油分组及应用场所

组别	应用场所	组别	应用场所
A	全损耗系统	P	风动工具
B	脱模	Q	热传导
C	齿轮	R	暂时保护防腐蚀
D	压缩机（包括冷冻机和真空泵）	T	汽轮机
E	内燃机	U	热处理
F	主轴、轴承和离合器	X	用润滑脂的场合
G	导轨	Y	其他应用场合
H	液压系统	Z	蒸汽汽缸
M	金属加工	S	特殊润滑剂应用场合
N	电器绝缘		

【任务二】解读脱沥青工艺流程

1. 能力目标

能够运用所学知识分析丙烷脱沥青的工艺流程；能够认识丙烷脱沥青工艺要点和影响因素；能够熟悉抽提设备—转盘萃取的工作原理和构造。

2. 知识目标

掌握脱沥青的目的和意义；掌握溶剂脱沥青的原理；掌握统计回收的要点和方法。

3. 教、学、做说明

学生通过图书馆和网络资源的查找，并结合本任务的【相关知识】，分组讨论分析丙烷二次抽提脱沥青工艺流程，然后由教师引领，组别代表发言，并在教师指导下解读此工艺流程。

4. 工作准备

布置工作任务：解读丙烷二次抽提脱沥青工艺流程和主要抽提设备—转盘萃取塔；学生分组：按照班级人数分组，并指派组长；资料查阅：学生可通过图书馆或互联网等途径查阅相关资料。

5. 工作过程

小组讨论；组长指派代表发言；教师引领，解读工艺流程。

【相关知识】

一、脱沥青的原因

原油经常减压蒸馏后剩下的残渣中，含有相当一部分高黏度的高分子烃类，这部分烃类是宝贵的高黏度润滑油（如航空发动机润滑油、过热汽缸油等）组分。但是，残渣油中集中了原油所含的胶质，这些物质不是润滑油的理想组分，而且在溶剂精制中不能完全除去，并且还会影响脱蜡过程的进行，因此在生产残渣润滑油时，在进行精制和脱蜡等加工过程之前，必须先进行脱沥青。

脱沥青过程目的就是除去这些胶状沥青状物质。必须指出，沥青并不是沥青质，它包括沥青质、胶质、某些大分子烃类以及含有硫、氮的化合物，甚至还含有Ni、V等金属有机化合物等。

重质润滑油的溶剂脱沥青过程起源于20世纪30年代，现今不仅是作为润滑油加工过程中的一种重要手段，而且作为渣油加工的一种方法而日益受到重视。脱除的沥青一般可直接作铺路沥青，氧化后可得建筑沥青，目前最常用的脱沥青方法是溶剂脱沥青。

二、溶剂脱沥青的原理

溶剂脱沥青本质上是一个抽提过程。脱沥青的溶剂有很多，但是炼油厂溶剂脱沥青装置普遍采用的是一些低分子烃类，如丙烷、丁烷、戊烷及其混合物等。溶剂脱沥青就是以各种烃类在这些溶剂中的溶解度不同作为基础，利用它们对环烷烃、烷烃及低分子芳烃有相当大的溶解度，而对胶质、沥青质难溶或几乎不溶的特性，将胶质、沥青质从残渣油中脱除。本节以工业上常用的丙烷溶剂为例来说明溶剂脱沥青的原理。

通常物质在有机溶剂中溶解度的变化规律是：在低温时，溶解度较小，升高温度则溶解度增大，当温度升至一定程度后，两者完全互溶；但是当温度升至临界温度，压力处于临界压力时，由于溶剂已经具有气体的性质，这时它不溶解溶质而是把溶质全部析出。这个变化并不是突然发生的，在靠近临界温度而还未到临界温度的某个区域内，溶解度就随着温度的升高而降低，等到临界温度时溶解度等于零。这种变化情况可从图10-1中看出，从零下若干度到稍高于20℃的范围内，分离出的不溶物量随着温度升高而减少，即当温度升高到稍高于20℃时，两相变为完全互溶的一相。即在低于20℃前出现第一个两相区，当温度升高至40℃后，又开始有不溶物析出，而且随着温度的升高，析出物质增加，至丙烷的临界温度（97℃）时，油全部析出。由此可见，从40℃到97℃又出现第二个两相区。而烷脱沥青过程就是在这第一个两相区温度范围内操作的。而第一个两相区温度范围内是不适宜脱沥青操作，因为在-42℃～20℃温度下，不仅胶质，沥青质几乎不溶于丙烷，固体烃类（即蜡）也只稍溶于丙烷，所以在分出胶质、沥青状物质的同时，蜡也会被分出，这样就会使蜡和沥青都不能应用。在第二个两相区内，溶解度随温度变化的规律与在第一个两相区时是相反的，在讨论丙烷脱沥青时要注意这一点。

丙烷对渣油中各组分的溶解度是不同的，按其大小次序排列依次为烷烃>环状烃类>高分子多环烃类>胶状物质。丙烷对胶状物质和高分子多环烃类的溶解度很小，并且温度越高，其溶解度也越小。

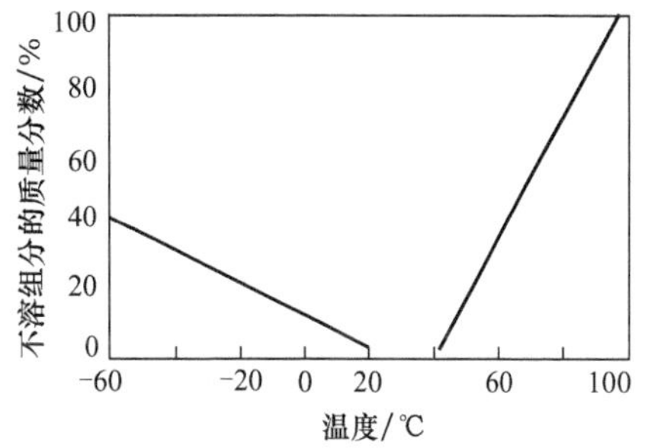

图10-1　丙烷—渣油体系温度与溶解度的关系

渣油中的烃类和胶状物质本来是互溶的，或者有些呈溶胶均匀地分散在油中。当丙烷加入渣油中，温度在60～70℃或更低时，由于丙烷对烃类的溶解度还很大，丙烷与烃类会形成均匀的溶液。由于丙烷对胶状物质的溶解度很小，故溶液对胶状物质的溶解度比烃类的要小得多，所以当加入的丙烷量增加时，溶液对胶状物质的溶解度就会下降，当下降至不能溶解全部胶状物质时它们就会从溶液中析出，并且随着溶剂比继续增大，胶状物质析出量也增大。但是这个情况并不是无限制的，因为丙烷毕竟对胶状物质还有一定的溶解度。当加入的丙烷量增大到一定数量时，溶液的溶解度就接近丙烷的溶解度，此时若再加入丙烷，溶液的溶解度降低得很少，但由于溶液的总量增加而造成了还能多溶解一些胶状物质，于是，表现出来的现象就是析出的胶状物质会随着溶剂用量的增加而减少。由此可见，在油收率—溶剂比曲线上就会出现一个最低点，这个点就是在一定温度下能析出胶状物质的最大量。此时，无论怎样改变溶剂比都不能超过这个数值。

图 10–2 表明了在某个温度下当溶剂比接近 4 ：1 时，油收率达到最低点。此时，在此点脱出的胶状物质最多，油品的质量也最好，残炭值最低。但应注意曲线中最低点的位置因残油的拔除而有所不同。

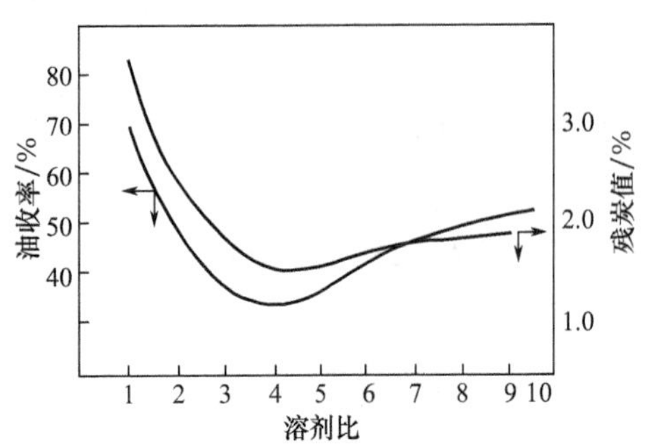

图 10–2　溶剂比—油收率—油的残炭值之间的关系

如果要得到比上述曲线最低点的脱炭程度更高的油，只能采用升高温度的办法，因为升高温度可以降低溶解度。从而可使曲线上最低点的位置降低。由图 10–3 可知，温度由 38℃升至 72℃时，脱炭程度也随之加深。由此可见，在丙烷脱沥青时，温度是控制产品质量最灵敏的手段。

在温度升高至 70℃以上或更高的温度时，不仅降低了曲线的位置，而且还改变了曲线的形状。因为温度升高时，油和丙烷之间的溶解度大为减小，油中只能溶解少量丙烷，或者只能析出少量胶状物质，形成分别以沥青、油、丙烷为主的三个液相共存；或者油中溶入的丙烷量较少，还不足以使胶状物质析出，于是形成油—沥青和丙烷—油两个液相。前一种情况只是在较狭窄的条件范围内发生。当后一种情况出现时，增加溶剂比能从油—胶状物质相中提取出更多的油，成为一个纯提取过程。此时，随着溶剂比的增大，脱炭程度降低。

综上所述，可以得到以下结论：

（1）在较低温度时，丙烷比对收率和质量的关系中有一最低点和最优点。

（2）提高温度可以改进油的质量，但收率会降低。

（3）当温度较高时，由于油—丙烷溶解度的减小，丙烷脱沥青成为纯提取过程，增大丙烷比使提取出的油随之增多，但残炭值也随之增大。

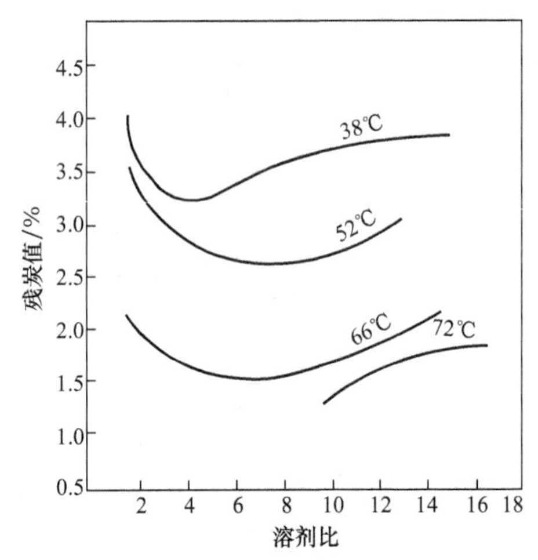

图 10–3　温度的影响

三、溶剂脱沥青的工艺流程及影响因素

（一）溶剂脱沥青的工艺流程

溶剂脱沥青方法尽管较多，但其原理基本相同，只是目的产品、溶剂回收方法或流程不同而已。现以丙烷脱沥青为例进行探讨。其典型丙烷二次抽提脱沥青工艺流程见图 10–4，工艺流程由两部分构成，即溶剂抽提和溶剂回收。

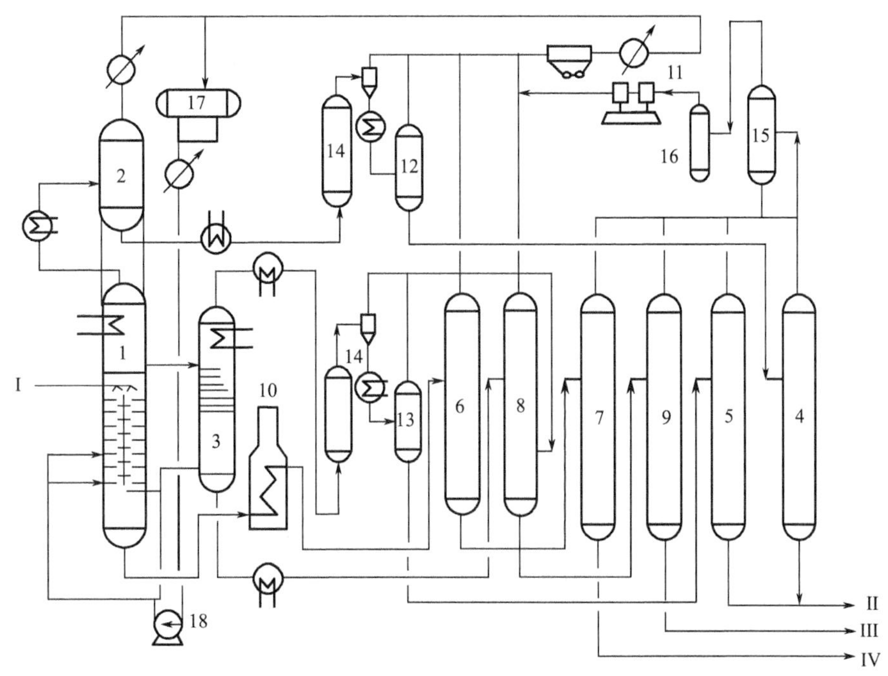

图 10–4　丙烷二次抽提脱沥青工艺流程

1—转盘提取塔　2—临界分离塔　3—抽提塔　4—脱沥青油汽提塔　5—轻脱沥青油汽提塔　6—沥青蒸发塔　7—沥青汽提塔　8—重脱沥青油蒸发塔　9—重脱沥青油汽提塔　10—沥青加热炉　11—丙烷压缩机　12—轻脱沥青油闪蒸罐　13—重沥青闪蒸罐　14—升模加热器　15—混合冷却器　16—丙烷气接收罐　17—丙烷罐　18—丙烷泵

1. *溶剂抽提*　抽提的任务是把丙烷溶剂和原料油充分接触而将原料油的润滑油组分溶解出来，使之与胶质、沥青质分离。抽提部分的主要设备是抽提塔，工业上多采用转盘塔。抽提塔内分为两段，下段为抽提段，上段为沉降段，其结构见图 10–5。其典型结构数据见表 10–5。

表10–5　典型丙烷脱沥青转盘抽提塔结构参数

塔径/mm	转盘数/块	转盘直径/mm	固定环内径/mm	盘间距/mm	抽提段高/mm	塔高/mm	转速/r·min^{-1}
2800	8	1400	2200	450	4480	20294	10 ~ 30

原料（减压渣油）经换热降温至合适的温度后进入第一抽提塔的中上部，经分散管进入

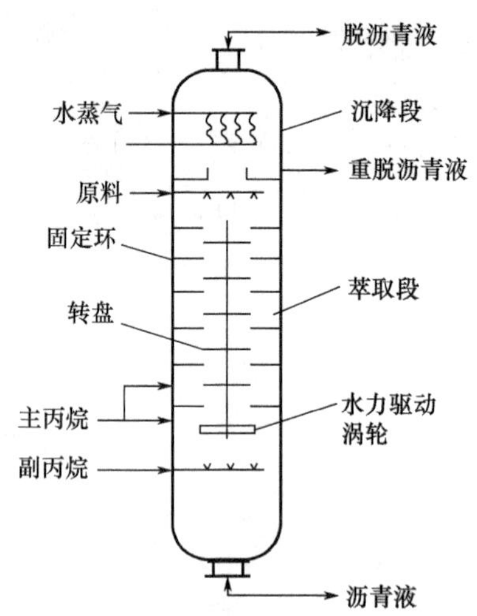

图 10–5　典型丙烷脱沥青转盘抽提塔结构

抽提段。循环溶剂由抽提塔的下部分三路进入。主丙烷在最下层转盘处另一路丙烷是用以推动转盘主轴下端的水力涡轮。

原料油和溶剂在塔内逆流接触，塔上部为沉降段，沉降段内设有立式翅片加热管，以蒸汽作为热源。沉降段与抽提段之间有集油箱，部分沉降析出物从中析出，称作二段油。经升温沉降后的抽出液自塔顶引出，在管壳式加热器中加热到丙烷临界温度后，进入临界分离塔。

从集油箱中引出的二段油为中间产品，含有较重的润滑油料，也含有较多的胶质，送入二次抽提塔的中上部，塔底打入溶剂丙烷，在塔中进行二次抽提。二次抽出液在塔上部沉降段加热沉降，沉降后的二次抽出油分出溶剂丙烷后得到轻脱沥青油，即可单独作为产品，也可与一次抽出油合并为脱沥青油。抽出油分出溶剂丙烷后得到重脱沥青油。

2. *溶剂回收*　溶剂回收系统包括从提取液和提余液中回收溶剂，一方面回收溶剂循环利用；另一方面使产品中不含溶剂。

（1）脱沥青油中溶剂回收。溶剂的绝大部分在脱沥青液中。在临界温度下，脱沥青油基本上全部自丙烷中析出，析出的脱沥青油称作脱沥青油。分油后的丙烷自临界分离塔顶引出，经冷却回到循环丙烷罐，以供循环使用。脱沥青油中还含有少量丙烷，经加热后在蒸发器中蒸出其中大部分丙烷，再经水蒸气汽提塔脱出残余丙烷，也可与轻脱沥青油合并为轻脱沥青油经冷却后送出装置。

（2）轻脱沥青油中溶剂回收。轻脱沥青油中含有丙烷，经加热后在蒸发器中蒸出其中大部分丙烷，再经水蒸气汽提塔脱出残余丙烷，冷却后送出装量。

（3）重脱沥青油中溶剂回收。重脱沥青抽经加热进入重脱沥青油蒸发塔蒸发出大部分溶剂，而后再通过汽提塔用水蒸气汽提掉残余溶剂，冷却后出装置。

（4）脱油沥青中溶剂回收。脱油沥青中也含有少量溶剂，脱油沥青经过加热炉加热进入蒸发塔蒸出其中大部分溶剂，再经过水蒸气汽提残余溶剂，冷却后出装置。

（5）低压溶剂回收。在前面的溶剂回收过程中，由于普遍采用水蒸气汽提的方法除去残余的溶剂，这样便产生大量的水蒸气和丙烷混合气体，而且压力较低，不能直接循环利用。工业上采用将溶剂蒸汽与水蒸气经冷却分离出水后。溶剂蒸汽经压缩机加压，冷凝后重新利用。

（二）影响溶剂脱沥青的因素

影响溶剂脱沥青的因素有原料油的性质、温度、溶剂比及溶剂组成等。

1. *温度和温度梯度*　溶剂脱沥青的最重要与最敏感的因素是温度。因为工业上溶剂脱沥青过程都是在第二个两相区温度范围内靠近临界点温度条件下进行的，由于靠近临界点，溶剂的溶解度受温度影响会发生非常大的变化，所以在溶剂脱沥青过程中，调节温度对调整产品质量、收率以及操作都是一个很重要的手段。

温度较低时，溶剂对油有较大的溶解度。随着温度升高，溶剂选择性提高，脱沥青油质量提高，但收率下降。这就要在两者之间选择一个平衡点。

在溶剂脱沥青装置中，多采用逆流塔式抽提设备，高温原料从塔上部进入，低温溶剂从塔下部进入，塔内加热盘管在塔顶部加热，使塔内形成一个上高下低的温度梯度变化。在塔下部已溶解于溶剂的物质，在上升过程中，随着温度的升高又部分逐步析出，这就形成了类似分馏塔的内回流，有利于改善抽提的分离效率。一般抽提塔顶部和底部的温度差（温度梯度）越大，所形成的内回流也越多，抽提分离效率越高。但也和分馏塔一样，过大的内回流会影响到抽提塔的生产能力，易产生液泛而破坏操作。

抽提塔顶部温度提高，溶剂的密度减小、溶解能力下降、选择性加强。脱沥青油中的胶质、沥青质少，残炭值低，但收率降低。抽提塔底部温度较低时，溶剂溶解能力强，沥青中大量重组分被溶解，因而沥青中含油量减少，软化点高，脱沥青油收率高。可见，适宜的温度梯度是保证产品质量和收率的重要条件，温度梯度通常为20℃左右。顶部温度可通过改变顶部加热盘管蒸汽量来调节，而底部温度由溶剂进塔温度决定。

塔顶、塔底的温度高低应根据原料性质、脱沥青油及沥青质量要求而定。对胶质、沥青质含量多的原料，轻脱沥青油残炭要求不大于0.7%时，塔顶、塔底温度都相应高些，顶部温度高以保证轻脱沥青油的质量，底部温度高主要考虑减小油品的黏度，以保证抽提效率。

不同的溶剂要求的抽提温度也不同，常用溶剂的抽提温度为：丙烷50 ~ 90℃，丁烷100 ~ 140℃，戊烷150 ~ 190 ℃。在最高允许温度以下，采用较高的温度可以降低渣油的黏度，从而改善抽提过程中的传质状况。渣油入塔温度高，通常在120 ~ 150℃之间。

2. *溶剂组成和溶剂比*　各种低分子烷烃都有一定的脱沥青能力，但效果不同，从表10-6可知：乙烷对残渣油溶解度小，脱沥青油收率低，丁烷以上的低分子烷烃对残渣油溶解能力强，对油和胶质、沥青质选择性差，一部分胶质、沥青质未被除去，脱沥青油质量差；而丙烷既具有一定的溶解能力，又有较好的选择性。因此，与其他低分子烷烃相比，丙烷是良好的脱沥青溶剂，特别适合于用作生产润滑油料。当目的产品为催化裂化或加氢裂化原料时，则多采用丁烷或戊烷作溶剂。为了调节溶剂的溶解能力和选择性，或受溶剂来源限制，也可采用混合溶剂。

表10–6 几种溶剂脱沥青效果

溶剂	脱沥青油				脱油沥青
	收率/%	残炭值/%	d_4^{20}	100℃黏度/mm^2·s^{-1}	软化点/℃
乙烷	11.0	0.07	0.909	—	软
丙烷	75.0	2.35	0.950	18	80
丁烷	88.8	5.12	0.965	23	153
戊烷	95.2	6.23	0.969	41	163

实际生产中工业溶剂不可能是单一的溶剂，而溶剂的组成直接影响脱沥青的结果。比如一般工业丙烷来源于催化裂化气体分馏装置，丙烷中会含有其他烃类，由于各种烃类的基本性质不同而影响抽提操作及效果，因此对溶剂的其他组分含量要加以限制。如对于生产重质润滑油为主的丙烷脱沥青装置，为了保证脱沥青油质量与收率，降低溶剂比，减少溶剂消耗，对丙烷溶剂的要求是：丙烷含量不小于 80%，C_2 不大于 2%，C_4 不大于 4%，丙烯含量也要尽量低。

溶剂比指溶剂量与原料油量之比，其大小对脱沥青过程的经济性、脱沥青油的收率、质量以及过程的能耗等都有重要影响。对于同一原料在相同操作温度下溶剂比对产品收率和质量有最佳选择。以丙烷溶剂脱沥青为例，在实际操作温度下，脱沥青油收率随着溶剂比的增大而提高；脱沥青油的残炭值随着溶剂比的增加而先减后增，曲线的转折点约在溶剂比为 6∶1。丙烷用量大小关系到装置设备大小和能耗，因此确定丙烷用量的原则应是在满足产品质量和收率的要求下，尽量降低溶剂比，在一定温度下，丙烷脱沥青装置使用的溶剂比一般为（6 ~ 8）∶1。

在原料油进入抽提塔之前，多先用部分溶剂对原料油进行预稀释，以降低渣油的黏度，改善传质状况，这部分溶剂的量一般为原料量的（体积）0.5 ~ 1.0 倍。

3. *压力* 正常的抽提操作一般在固定压力下进行，操作压力不作为调节手段。但在选择操作压力时必须注意两个因素：

（1）保证抽提操作是在液相区内进行，对某种溶剂和某个操作温度都有一个最低限压力，此最低限压力由体系的相平衡关系确定，操作压力应高于此最低限压力。

（2）在近临界溶剂抽提或超临界溶剂抽提的条件下，压力对溶剂的密度有较大的影响，因而对溶剂的溶解能力的影响也大。

4. *原料油性质* 原料油的组成、性质与抽提效果有着密切的关系。当原料油的组成、性质发生变化时，有关的操作参数需及时做必要的调整。

渣油中油分含量多时，为使胶质、沥青质分离出来，所需的溶剂比就要大，脱沥青油收率也高，相应黏度较低。原料中含油量少，而又需制取低残炭值的润滑油时，所得脱沥青油黏度高、收率低。所需溶剂比虽小，但必须采用比较苛刻的操作条件。由于其中润滑油组分的化学结构接近于胶质。所以，必须提高抽提温度，以提高丙烷的选择性，才能保证脱沥青油的质量。原料油的组成、性质不仅取决于原油性质，而且与减压蒸馏的拔出深度有关。拔出率越高，渣油越重，油分含量也越低。

【任务三】解读精制工艺流程

1. 能力目标

能够运用所学知识分析溶剂精制的工业过程；能够认识溶剂精制基本生产过程和影响工业操作的因素；能够熟悉精制主要设备——抽提塔的构造。

2. 知识目标

掌握溶剂精制的基本原理、目的和意义；熟悉精制溶剂的选择原则。

3. 教、学、做说明

学生通过图书馆和网络资源的查找，并结合本任务的【相关知识】，分组分析对比三种工业上常用的溶剂精制工艺，然后由教师引领，组别代表发言，并在教师指导下解读工艺流程。

4. 工作准备

布置工作任务：分析对比糠醛精制、酚精制和*N*–甲基吡咯烷酮精制的工艺流程的特点和主要设备——抽提塔；学生分组：按照班级人数分组，并指派组长；资料查阅：学生可通过图书馆或互联网等途径查阅相关资料。

5. 工作过程

小组讨论；组长指派代表发言；教师引领，分析对比三种工艺流程。

【相关知识】

一、溶剂精制的原因和生产特点

从常减压装置得到的润滑油料，包括馏分润滑油料和脱沥青后的残渣润滑油料，含有不同数量的胶质、沥青质、短侧链的中芳烃和重芳烃、多环和杂环化合物、环烷酸和其他含硫、氮、氧等非烃化合物。这些物质的存在会使油品的黏度指数变低，抗氧化稳定性变差，氧化后会产生较多的沉渣及酸性物质，会堵塞、磨损和腐蚀设备构件，还会使油品颜色变差，必须通过精制方法除去，才能使润滑油的氧化稳定性、黏温性能、残炭值、颜色等达到产品质量标准的要求。从润滑油料中需要除掉的组分统称为非理想组分，而保留在润滑油料中环少侧链长的环状烃及部分烷烃是润滑油的理想组分。

常用的精制方法有多种，如酸碱精制、溶剂精制、吸附精制和加氢精制等。

酸碱精制处理量小，操作不连续，油品损失大，并生成大量难以处理的酸渣，一般只有在小规模生产特殊用途油品时才采用。溶剂精制是国内外大多数炼油厂采用的方法。

二、溶剂精制的基本原理

溶剂精制的基本原理是利用某些对润滑油料中所含理想组分和非理想组分溶解度不同的有机溶剂，对润滑油料进行抽提。作为精制润滑油的溶剂，应对油中非理想组分有好的溶解能力，而对理想组分则溶解性较差。当把溶剂加入润滑油料后，其中非理想组分便迅速溶解于溶剂中，然后将溶有非理想组分的溶液分出，形成单独一相，称为抽出液或提取液；而把理想组分留在油中，形成精制液或提余液。然后分别脱除溶剂，即可得到精制油（提余油）和抽出油（提取油）。溶剂精制的作用相当于从润滑油中抽出其中非理想组分，因此这一过程也称作溶剂抽提或溶剂萃取。

经过溶剂抽提得到的抽出液中含有大量溶剂，精制液中也含一部分溶剂，必须加以回收以便循环利用，同时得到抽出油与精制油。因此，溶剂回收是溶剂精制过程的一个重要组成部分。溶剂回收的原理是利用溶剂和油的沸点差，把溶剂从油中分馏出来，例如，酚的沸点是 181.1℃，糠醛的沸点为 161.7℃，而润滑油的沸点常在 300℃或 400℃以上。

选择合适的溶剂是润滑油溶剂精制过程的关键因素之一，理想的溶剂应具备以下各项要求:

（1）选择性好。溶剂对润滑油中的非理想组分有足够高的溶解度，而对理想组分的溶解度很小。

（2）要有一定的溶解能力。如果只是选择性好，而溶解能力小，虽然理想组分几乎不溶于溶剂，但在单位溶剂中溶解的非理想组分也不多。这样，为了把原料中的大部分非理想组分抽出，势必需用大量溶剂，这对工业装置的操作是很不经济的。

（3）密度大。使抽出液和精制液有一个较大的密度差，便于分离。

（4）与所处理的原料沸点差要大，便于用闪蒸的方法回收溶剂。

（5）稳定性好，受热后不易分解变质，也不与原料发生化学反应。

（6）毒性小，对设备腐蚀件也小，来源容易且价廉。

目前常用的溶剂有酚、糠醛和 *N*– 甲基吡咯烷酮。

三、溶剂精制基本生产过程

根据所用的溶剂不同，溶剂精制过程也不同。但无论使用何种溶剂，除基本原理相同外，其基本生产过程均由溶剂抽提和溶剂回收两部分组成。

（一）溶剂抽提

为了从润滑油原料中将非理想组分充分抽出，并尽量减少溶剂用量，则必须使溶剂与原料有足够的时间密切接触。

溶剂抽提过程是在抽提塔中进行的，溶剂从塔上部进入，原料油从塔下部进入。由于溶剂的密度较大，原料油密度较小，使油品和溶剂在塔内逆流，依靠塔内的填料或塔盘的作用使两者密切接触，经过一定时间，使油品中的非理想组分被溶剂充分溶解，形成两个组成不同的液相。

由于抽出液（抽出油和溶剂）比精制液（精制油和溶剂）密度大，两相在塔的下部有明显界面。从抽提塔上部分出来的是精制液，其中含 10% ~ 20%的溶剂；塔下部分出的是抽出液，其中含 85% ~ 95% 的溶剂。

（二）溶剂回收

溶剂回收部分包括精制液和抽取液两个系统。由于精制液和抽出液中所含溶剂数量不同，因此溶剂回收采用的方式和设备也有所差异。

精制液中溶剂含量少，易于回收，通常在一个蒸发汽提塔中即可完成全部溶剂回收。抽出液中含油少而含溶剂多，溶剂回收主要是采用蒸发的方法，蒸发大量的溶剂要消耗大量的热量。为了节省燃料，抽出液溶剂回收通常采用多效蒸发过程。所谓多效蒸发就是经过多段、每段在不同的压力下完成的蒸发过程，其实本质是重复利用蒸发潜热，达到节省燃料、提高回收效率的目的。工业上通常用二效或三效蒸发回收抽出液中的溶剂。

由于使用了水蒸气汽提，产生了溶剂—水溶液，即含水溶剂。含水溶剂气—液平衡关系较复杂，在蒸馏时有共沸物产生，一般要用较特殊的方法分离。

四、影响溶剂精制的主要操作因素

（一）溶剂比

单位时间进入抽提塔的溶剂量与原料油量之比称为溶剂比。溶剂比的大小取决于溶剂和原料油的性质以及产品质量要求。在一定抽提温度下，加大溶剂比，可抽出更多的非理想组分，提高精制深度，改善精制油质量。但精制油收率降低，溶剂回收系统的负荷增大，装置规模一定时，处理能力减小。工业上常用的溶剂比在（1 ~ 4）：1 范围之内。

（二）抽提温度

抽提温度（抽提塔内的操作温度）是影响溶剂精制过程最灵敏最重要的因素之一。随着温度的提高，溶剂对油的溶解能力增大，但选择性下降。当温度超过一定数值后，原料中各组分和溶剂完全互溶，不能形成两个液相，抽出液和精制液就无法分开，达不到精制的目的。此温度称为溶剂的临界溶解温度。它除了与溶剂和油的性质有关外，还受溶剂比的影响，需要通过试验确定。选择抽提温度时，既要考虑收率，又要保证产品质量，对某一具体的精制过程都有一个最佳温度。对常用的溶剂，最佳抽提温度一般比临界溶解温度低 10 ~ 20℃。

在抽提塔中，一般维持较高的塔顶温度和较低的塔底温度，塔顶塔底有一温度差，称为温度梯度。这样，塔顶温度高、溶解能力强，可保证精制油的质量。溶剂入塔后，逐步溶解非理想组分，但也会溶解一些理想组分，然后由于自上而下温度逐渐降低，理想组分就会从溶剂中分离出来，抽出液在较低的温度下排出，保证了精制油的收率。

随所用溶剂不同，温度梯度值也不同。酚精制的温度梯度为 20 ~ 25℃，糠醛精制的温度为 20 ~ 50℃。

五、溶剂精制工业装置

（一）糠醛精制

1. 糠醛的性质　纯糠醛在常温下是无色液体，有苦杏仁味，20℃时密度为 1.1594g/cm^3，常压下沸点为 161.7℃。糠醛不稳定，在空气中易于氧化变色，受热（超过 230℃）易于分解并生成胶状物质。糠醛有微毒，对皮肤有刺激，吸入过多糠醛气体会感到头晕，使用时应注意安全。

糠醛的选择性较好，但溶解能力稍低，在精制残渣润滑油时要采用较苛刻的条件。在 121℃以下，糠醛与水部分互溶，超过 121℃时可完全互溶，糠醛与水能形成共沸物，沸点是 97.45℃。糠醛中含水对其溶解能力影响很大，通常使用时，应控制含水量小于 0.5%。

2. 工艺流程　糠醛精制的典型工艺流程可分为三个部分，包括抽提系统、精制油和提取液回收系统及糠醛水溶液回收系统，如图 10-6 所示。

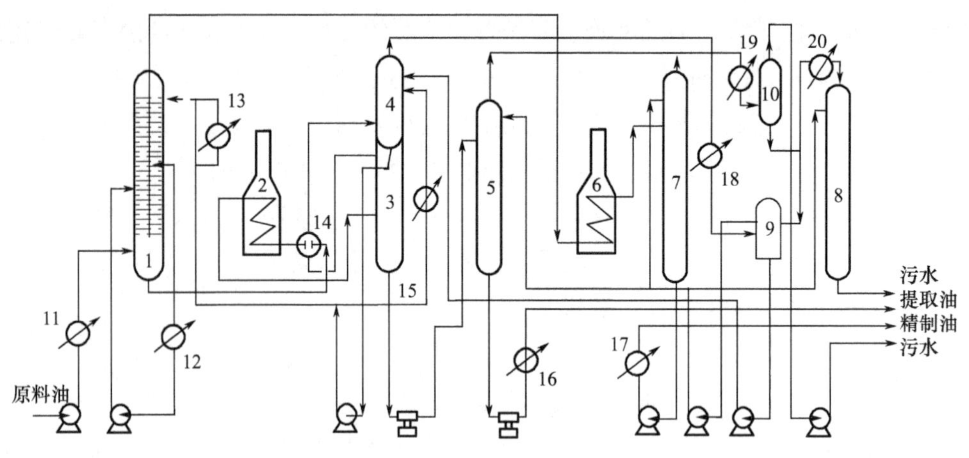

图 10-6 糠醛精制工艺流程

1—抽提塔 2—提取液加热炉 3—糠醛蒸发塔 4—糠醛干燥塔 5—抽出液汽提塔 6—精制液加热炉 7—精制液汽提塔 8—糠醛—水蒸发塔 9—糠醛—水分离罐 10—真空罐 11—原料油冷却器 12—提取循环液冷却器 13—抽提糠醛冷却器 14—提取液换热器 15—回流糠醛冷却器 16—提取液冷却器 17—精制油冷却器 18—共沸物冷却器 19—糠醛—水蒸气冷却器 20—共沸物冷却器

（1）抽提系统。原料油从油罐区用原料油泵抽出，经原料油冷却器冷却后，进入抽提塔的下部，抽提塔塔底温度由原料油温度控制。

糠醛从糠醛干燥塔的底部抽出，经抽提糠醛冷却器冷却后，打入抽提塔的上部，在抽提塔内，糠醛和原料油逆向接触，以糠醛的温度来控制抽提塔顶温度。

抽提塔的提取液可从塔中部抽出经冷却后，循环回到抽提塔内，以维持抽提塔所需的温度梯度，并提高精制油的收率。

（2）精制液和提取液回收系统。精制液从抽提塔顶流出，靠塔内的压力自动流入精制液加热炉，加热到 220℃左右，进入精制液汽提塔中，进行减压汽提，塔底精制油经精制油冷却器冷却后送出装置，精制液汽提塔顶蒸出的糠醛—水共沸物经糠醛、水蒸气冷却器冷却后进入真空罐，再进入糠醛—水分离罐。

提取液从抽提塔底部流出，靠塔内的压力压至提取液换热器，与糠醛蒸发塔（高压塔）出来的糠醛蒸汽换热，然后，进入提取液加热炉加热，加热至 220℃左右后，进入糠醛蒸发塔进行蒸发。蒸出的糠醛蒸汽与提取液换热后，进入糠醛干燥塔中，与中段回流糠醛进行精馏，冷凝后的糠醛汇集在塔底部的糠醛箱中。蒸出大部分糠醛的提取液打入提取液汽提塔中，进行减压汽提后，用泵抽出后经提取液冷却器冷却后送出装置。

（3）糠醛水溶液回收系统。精制液汽提塔、提取液汽提塔顶部汽提出的糠醛—水共沸物经糠醛—水蒸气冷却器冷却后进入真空罐，不凝气体用真空泵从真空罐顶抽走，以维持真空，液体靠位差压入糠醛—水分离罐。

糠醛干燥塔和含糠醛—水蒸发塔中蒸出的糠醛—水共沸物分别进行冷凝、冷却后，也进入糠醛—水分离罐。

在糠醛—水分离罐内，糠醛与水进行分离。上层含糠醛的水溶液用泵抽出后，一路打入提取液汽提塔和精制液汽提塔作回流，控制此两个塔的塔顶温度，另一路则打入糠醛—水蒸发塔中进行糠醛回收。下层是含水的湿糠醛，用泵抽出后打入糠醛—水蒸发塔中进行糠醛回收。下层是含水的湿糠醛，用泵抽出后打入糠醛干燥塔进行脱水。

3. 主要设备—转盘抽提塔　糠醛精制抽提塔多使用转盘塔。转盘塔塔体为圆筒形，塔中心设有一直立转轴，轴上安装有若干等距离的转动盘，由电动机带动旋转，每一圆盘都位于两块固定圆环之间。糠醛和油分别从上、下两端进入，由于密度差异，糠醛由上向下流动，油自下向上流动，形成逆流接触。转盘的转动使糠醛和油分散得更均匀，提高抽提效果。

转盘抽提塔具有处理能力大、抽提效率高、操作稳定、适应性强以及结构简单等优点。图 10-7 为转盘抽提塔示意图。

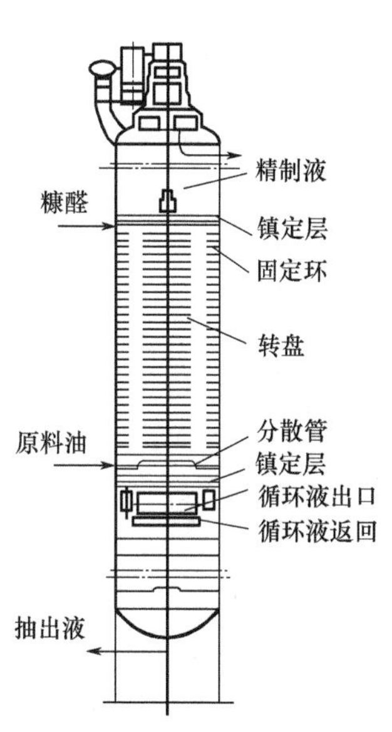

图 10-7　转盘抽提塔

（二）酚精制

1. 酚的一般性质　酚指苯酚（又名石炭酸），常温下为白色结晶。常压下沸点为 181.2℃；毒性较糠醛大，腐蚀皮肤；在常温下与水部分互溶，能与水形成共沸物，共沸物沸点 99.6℃，共沸物中含酚 9.2%，含水 90.8%。酚作为润滑油精制溶剂，选择性较糠醛差，但比糠醛的溶解能力强。

2. 工艺流程　酚精制的典型工艺流程如图 10-8 所示。流程包括酚抽提、精制液和抽出液酚回收溶剂干燥脱水等部分。

（1）酚抽提。原料油加热到 110℃左右进入吸收塔上部，塔下部是由抽出液干燥塔来的酚—水蒸气。原料在吸收塔内吸收酚蒸气后，从塔底抽出送入抽提塔中下部，酚从抽提塔上部进入。依靠酚和原料油的密度差，原料油自下而上、酚自上而下，形成逆向流动进行抽提。抽提塔顶温度控制在 75 ~ 120℃之间，并在塔内保持 15 ~ 30℃的温度梯度。精制液由塔顶引出进中间罐。抽出液从塔底抽出去酚回收系统。为降低酚对理想组分的溶解能力，提高酚对非理想组分的选择性，从抽提塔下部打入一部分酚水，以提高精制油收率。

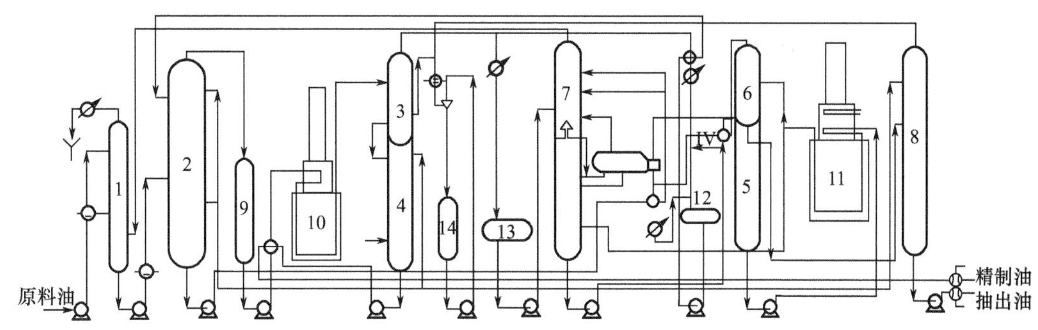

图 10-8　酚精制工艺流程

1—吸收塔　2—抽提塔　3—精制液蒸发塔　4—精制液汽提塔　5—抽出液一级蒸发塔　6—抽出液二级蒸发塔　7—抽出液干燥塔　8—抽出油汽提塔　9—精制液罐　10—精制液加热炉　11—抽出液加热炉　12—酚罐　13—酚水罐　14—水封罐

（2）酚回收部分。由抽提塔顶出来的精制液中含酚量为 10%～15%。从精制液罐抽出，经换热和加热炉加热到 260℃左右，相继进入精制液蒸发塔和精制液汽提塔，将精制液中的少量酚脱除，由汽提塔底抽出的精制油经换热后送出装置。蒸发塔顶的酚蒸气经换热冷凝后进入酚罐，供抽提塔循环使用。

由抽提塔底来的抽出液含大量酚（仅含 5%～10%的油和部分水），经过干燥、蒸发、汽提后，从汽提塔底得到抽出油。在抽出液干燥塔中酚水共沸物由塔顶蒸出，除满足抽提塔注酚水之用外，其余部分去吸收塔，酚蒸气被原料油吸收，含少量酚的水排入下水道。

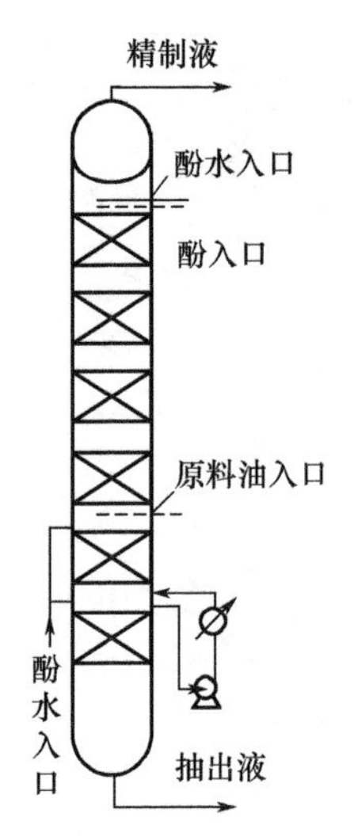

图 10–9　填料抽提塔

（3）主要设备—抽提塔。酚精制装置比较关键的设备是抽提塔。抽提塔多采用填料塔，大都采用金属阶梯环或矩鞍环填料。其结构如图 10–9 所示。塔内有六层填料，均放置在栅板上。为了酚和油充分接触，通常装有特制的分配器。

（三）*N*– 甲基吡咯烷酮精制

N– 甲基吡咯烷酮也是一种性能较好的润滑油精制溶剂。它比酚和糠醛的溶解能力强，化学和热稳定性好；选择性介于酚和糠醛之间，毒性小。

用 *N*– 甲基吡咯烷酮做溶剂，相同的处理量，可用较小的溶剂比，并可得到较高的精制油收率；在精制油收率相同时，可以得到质量更好的精制油。因此，该溶剂目前正在得到广泛应用。

N– 甲基吡咯烷酮精制的工艺流程与前述两种精制过程大体相同。其精制工艺流程如图 10–10 所示。

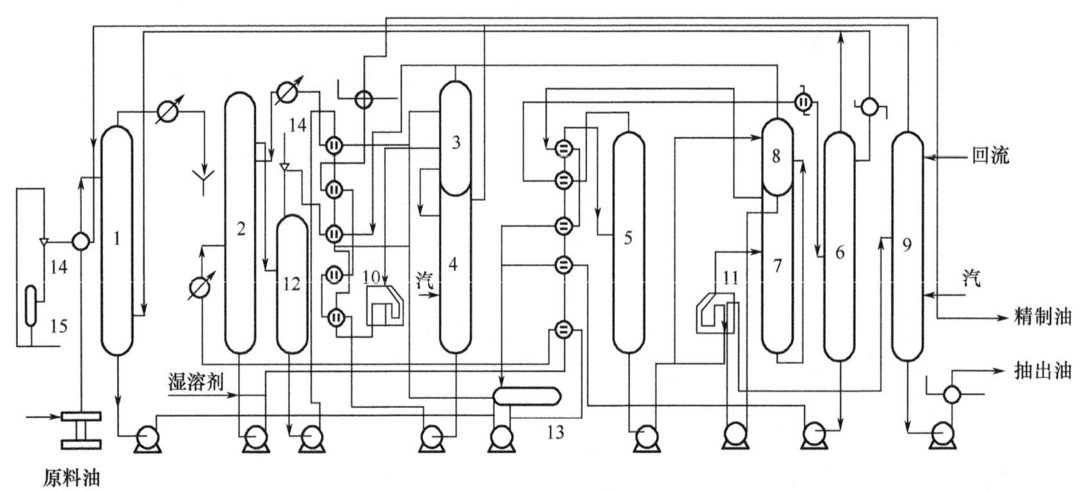

图 10–10　*N*– 甲基吡咯烷酮精制工艺流程

1— 吸收塔　2— 抽提塔　3— 精制液蒸发塔　4— 精制油汽提塔　5— 抽出液一级蒸发塔　6— 溶剂干燥塔
7— 抽出液二级蒸发塔　8— 抽出液减压蒸发塔　9— 油气提塔　10— 精制液加热炉
11— 抽出液加热炉　12— 精制液罐　13— 循环溶剂罐　14— 真空泵　15— 分液罐

【任务四】解读脱蜡工艺流程

1. 能力目标

能够掌握溶剂脱蜡的典型工艺流程；能够熟悉溶剂脱蜡的主要设备构造。

2. 知识目标

掌握脱蜡的目的和意义；掌握溶剂的性质和作用；熟悉脱蜡过程中润滑油的冷冻方法。

3. 教、学、做说明

学生通过图书馆和网络资源的查找，并结合本任务的【相关知识】，分组分析解读，酮—苯脱蜡的工艺流程，然后由教师引领，组别代表发言，并在教师指导下解读工艺过程。

4. 工作准备

布置工作任务：分析酮—苯脱蜡的工艺流程；学生分组：按照班级人数分组，并指派组长；资料查阅：学生可通过图书馆或互联网等途径查阅相关资料。

5. 工作过程

小组讨论：从结晶系统、过滤系统、溶剂回收和干燥系统、安全气系统、制冷系统这五部分解读整个工艺；组长指派代表发言；教师引领，解读整个工业生产过程。

【相关知识】

一、脱蜡的目的和意义

润滑油原料经过溶剂精制脱除非理想组分后，其中的固态烃（石蜡或地蜡）的含量明显提高。在较低温度下蜡会析出，形成结晶网，阻碍油品的流动，甚至使油品“凝固”，失去流动性。为了生产具有较好低温流动性的润滑油，必须将精制后的润滑油料进行脱蜡处理，同时可以得到石蜡或地蜡产品。润滑油经过脱蜡后，凝固点会显著降低，同时可得副产品石蜡。脱蜡工艺过程比较复杂，设备多而且庞大，在润滑油生产中投资最大，操作费用也高。因此，选择合理的脱蜡工艺和流程具有重要意义。

最简单的脱蜡工艺是冷榨脱蜡或压榨脱蜡。其基本原理是借助液氨蒸发将含蜡馏分油冷却至低温，使油中所含蜡呈结晶析出，然后用板框过滤机过滤，将蜡脱除。但这一方法只适用于柴油和轻质润滑油料，如变压器油料、10 号机械油料，对大多数较重的润滑油不适用。因为重质润滑油原料黏度大，低温时变得更加黏稠。细小的蜡晶粒和黏稠油浑然一体，难以过滤，达不到脱蜡的目的。为此，出现了溶剂脱蜡工艺，即在润滑油原料中加入适宜的溶剂，使油的黏度降低，然后进行冷冻过滤、脱蜡，这就是溶剂脱蜡。

溶剂脱蜡是在润滑油料中加入溶剂稀释，使油的黏度下降，然后将混合物冷却到低温，使蜡结晶形成固液两相，再将其分离，可得到脱蜡油和蜡两种产品。溶剂脱蜡的适用性很广，能处理各种馏分润滑油和残渣润滑油。本节主要讨论溶剂脱蜡过程。

二、溶剂脱蜡基本原理

溶剂脱脂的基本原理是含蜡润滑油料在选择性溶剂存在下，降低温度使蜡形成固体结晶，并利用溶剂对油溶解而对蜡不溶或少溶的特性，形成固液两相，经过滤使蜡、油分离。

（一）溶剂的性质及作用

选择合适的溶剂及适宜的组成是润滑油溶剂脱蜡过程的关键因素之一。

1. *溶剂在脱蜡过程中的作用* 实践证明，用过滤方法分离固体和液体混合物时，混合物中固体颗粒大、液体黏度小，则过滤速度快、分离效果好；反之，过滤速度慢、分离效果差。对于很黏稠的混合物，几乎不可能用过滤的方法分出其中的固体物质。所以，在润滑油过滤时需加入溶剂以稀释油料；同时，这种溶剂还有溶解油不溶解蜡的性质，可使蜡的晶体大而致密，使蜡油易于过滤分离。

2. *溶剂的特性* 从溶剂在脱蜡中的作用可知，理想的润滑油脱蜡溶剂应具有以下特性：

（1）有较强的选择性和溶解能力。在脱蜡温度下，能完全溶解原料油中的油，而对蜡则不溶或溶解度很小。

（2）析出蜡的结晶好，易于用机械法过滤。

（3）有较低的沸点，与原料油的沸点差大，便于用闪蒸的方法回收溶剂。

（4）具有较好的化学及热稳定性，不易氧化、分解，不与油、蜡发生化学反应。

（5）凝点低，以保持混合物有较好的低温流动性。

（6）无腐蚀、无毒性，来源广泛。

目前，广泛采用的溶剂是酮—苯混合溶剂。其中酮可用丙酮、甲乙酮等，苯类可以是苯、甲苯。甲乙酮—甲苯混合溶剂，既具有必要的选择性，又有充分的溶解能力，也能满足其他性能要求，因而在工业上得到广泛使用。

通常，要根据润滑油原料的性质和脱蜡深度的要求，正确选择混合溶剂中两种溶剂的配比，同时，选择适宜的溶剂加入方式及加入量，才能达到最佳脱蜡效果。

（二）润滑油原料的冷冻

为使润滑油中的蜡结晶析出，必须把原料降温冷却，工业上常采用的冷却设备是套管结晶器。润滑油原料从内管流过，液氨在外管空间蒸发吸热，使润滑油温度下降。蒸发后的氨蒸气经冷冻机压缩冷却成为液体后循环使用。

调节液氨的蒸发量，可使润滑油原料降至需要的低温，蜡即呈结晶析出。脱蜡油与蜡结晶分离时的温度称为脱蜡温度。脱蜡温度和所要求的脱蜡油凝固点有关。脱蜡温度越低，油的凝固点越低。但脱蜡温度和脱蜡油凝固点并不一致，两者差值称脱蜡温差。在实际生产中，脱蜡油凝固点一般高于脱蜡温度，脱蜡温差越大，表明脱蜡效果越差。脱蜡温差与溶剂性质、冷却速度、过滤方法等因素有关。蜡在溶液中生成结晶的大小主要与冷却速度有关。冷却进度太快，会产生许多细微结晶，影响过滤速度和脱蜡油收率。

三、溶剂脱蜡工业装置

（一）酮—苯脱蜡的工艺流程

酮—苯脱蜡工艺过程由结晶系统、过滤系统、溶剂回收和干燥系统、安全气系统、制冷系统五部分组成，其相互关系如图 10-11 所示的工艺流程示意图。

1. 结晶系统　结晶系统由刮刀式结晶器和管壳式换热设备组成，图 10-12 是结晶系统流程图。原料油用泵送经水蒸气加热器进行热处理，使原料油中原来已存在的蜡结晶全部熔化。然后控制在有利条件下重新结晶。通常残渣润滑油料在热处理前先加入一次稀释溶剂；馏分润滑油料则采用“冷点稀释工艺”，即将一次稀释剂打入第一台套管结晶器的中部。

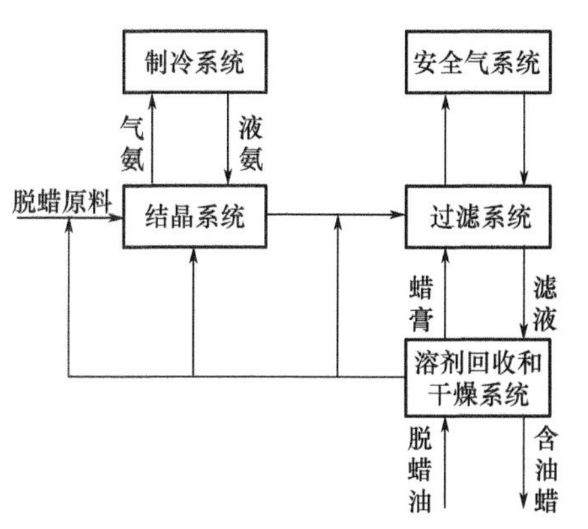

图 10-11　酮—苯脱蜡工艺原理流程图

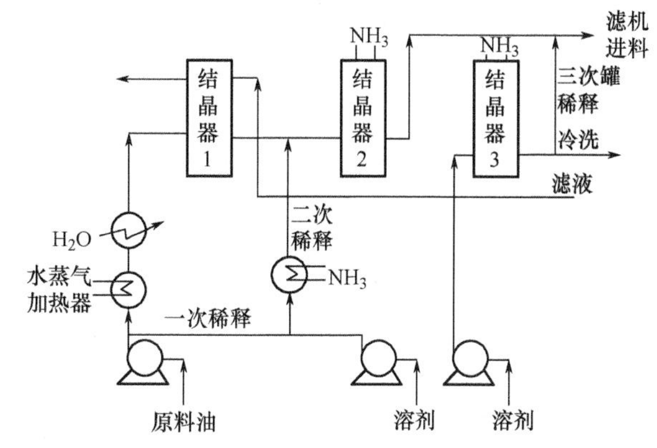

图 10-12　结晶系统流程图

经热处理的原料油（或已加入溶剂）经水冷却后进入换冷套结晶器 1，与冷滤液换冷。使原料油冷却到冷点，馏分润滑油料在此时加入经预冷的一次稀释溶剂。结晶器 1 通常用滤液做冷源，以回收滤液的冷量。从结晶器出来的混合物与二次稀释溶剂混合后，进入氨冷结晶器冷却，然后与经冷却的三次稀释溶剂混合后进入滤机进料罐。

由于从蜡系统回收的溶剂含有水（湿溶剂），在冷冻时水在传热表面结冰，因此冷却湿溶剂时可用结晶器冷却，或用几个管壳式冷却器切换使用。

大型脱蜡装置为减少压力降，通常采用若干台换冷和氨冷结晶器多路并联工艺。溶剂和原料油的混合溶液在冷滤液换冷套管结晶器中的冷却速度为 1 ~ 1.3℃ /min，在氨冷套管结晶器中为 2 ~ 5℃ /min。

2. 过滤系统　过滤系统如图 10-13 所示。

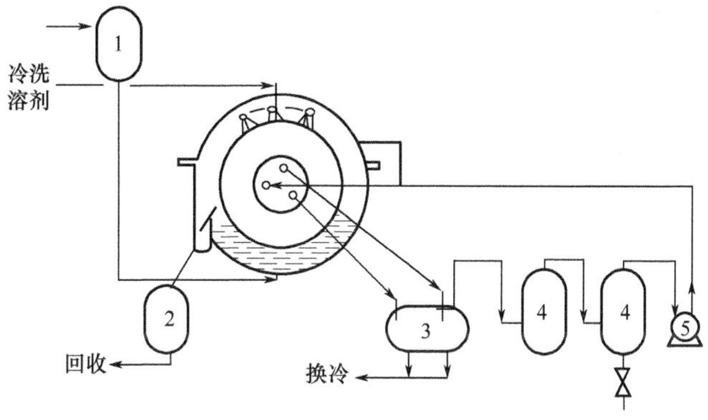

图 10-13　过滤系统原理流程图

1—进料罐　2—蜡罐　3—滤液罐　4—中间罐　5—真空泵

过滤系统主要完成固态蜡与液态油溶液的分离。数台并联的旋转式鼓形真空过滤机组成过滤系统，进行连续操作。

在过滤机进料罐中的已冷冻好的原料油溶剂混合物，自动流入并联的各台过滤机底部，其主要部分是外壳内的转鼓，转鼓上蒙有滤布，转鼓分为多个格子，分别用管道与中心轴相连，轴则与不转动的分配头紧密相贴。分配头分为吸滤、冷洗、反吹等部分。当转鼓的某个格子转到底部浸入混合物时，接通分配头的吸滤部分，在26.7 ~ 54.3kPa的真空度下进行吸滤，脱蜡油及溶剂进入滤液罐：滤布上的蜡饼、经用冷剂冷洗，当转鼓转到刮刀部位时，接通惰性气体反吹，蜡饼落入输蜡器，用螺旋搅刀送到滤机一端，落入蜡罐，送去回收系统。

滤液和冷洗液分别抽入滤液罐中，因冷洗液中含油很少，可作为稀释溶剂，以降低回收系统负荷；滤液回结晶系统换冷后进入溶剂回收系统。

我国的润滑油料，特别是大庆原油的润滑油料脱蜡时，蜡膏含量高达42% ~ 52%；为减少膏中的油含量，提高脱蜡油收率，在脱蜡工艺上采用多点稀释、控制冷点、两段过滤、滤液循环、脱蜡脱油联合及滤液三段逆流循环等工艺，取得良好效益。在不增加冷冻量和过滤机的情况下，一段脱脂改为二段脱脂后，脱油收率可提高8% ~ 10%，能耗可降低37% ~ 62%。

3. 溶剂回收和干燥系统　溶剂回收和干燥系统的流程示意如图10–14所示。滤液换冷后进行加热蒸发，为节约热量，采用多效蒸发原理，用几个塔分段蒸发。蒸发回收的溶剂，循环使用。溶剂回收和溶剂干燥部分一般采用双效或三效蒸发，图10–14为双效蒸发，第一蒸发塔为低压操作，热量由与第二蒸发塔顶溶剂蒸气换热提供；第二蒸发塔为高压蒸发塔，其热量由加热炉提供；第二蒸发塔为降压闪蒸塔，最后在汽提塔内用蒸气吹出残留溶剂，得到

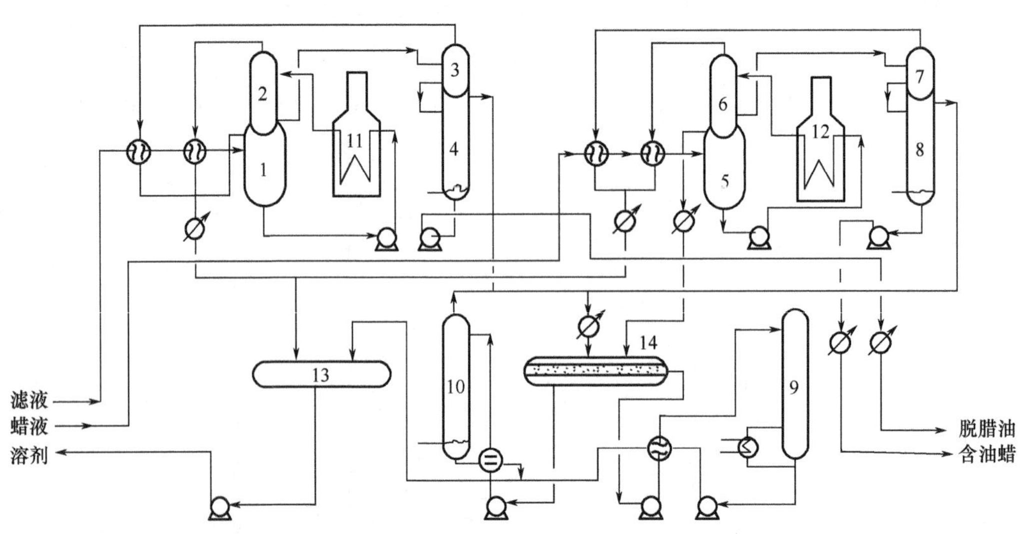

图10–14　溶剂回收及干燥系统工艺流程

1—滤液低压第一蒸发塔　2—滤液高压第二蒸发塔　3—滤液低压第三蒸发塔　4—脱蜡油汽提塔　5—蜡液低压第一蒸发塔　6—蜡液高压第二蒸发塔　7—蜡液低压第三蒸发塔　8—含油蜡汽提塔　9—溶剂干燥塔　10—酮脱水塔　11—滤液加热炉　12—蜡液加热炉　13—溶剂罐　14—湿溶剂分水罐

含溶剂量和闪点合格的脱蜡油和含油蜡（粗蜡）。低压蒸发塔操作温度为 90 ~ 100℃，高压蒸发塔在 180 ~ 210℃、0.3 ~ 0.35MPa 下操作。三效蒸发流程与双效蒸发基本相同，只是在低压蒸发塔和高压蒸发塔之间，增加了一个中压蒸发塔，使热量得到更充分的利用。各蒸发塔顶回收的溶剂经换热、冷凝、冷却后进入干或湿溶剂罐。汽提塔顶含溶剂蒸气经冷凝、冷却后进入湿溶剂分水罐。

溶剂干燥系统是从含水湿溶剂中脱除水分，使溶剂干燥以及从含溶剂水中回收溶剂，脱除装置系统的水分。混溶剂罐分为两层：上层是饱和水的溶剂，下层是含少量溶剂（主要是酮）的水层。含水溶剂经换热后，送入溶剂干燥塔，塔底用重沸器加热，酮与水形成低沸点共沸物，由塔顶蒸出，干燥溶剂由塔底排出，冷却后进入溶剂罐。湿溶剂罐下层含溶剂的水经换热器后，进入酮脱水塔，用水蒸气直接吹脱溶剂，塔顶含溶剂水蒸气经冷凝冷却，回到湿溶剂分水罐。水由塔底排出，含酮量控制在 0.1% 以下。

4. 安全气系统　安全气系统是个真空密闭系统。它是为了防止过滤机内由于溶剂蒸汽和氧气的存在而形成爆炸性混合物。由过滤机外壳送入安全气，安全气是一种惰性气体，过滤机在安全气循环密封下操作。过滤机外壳内压力略高于壳外大气压，以防空气被抽入过滤机内。过滤机中安全气的氧含量控制在 5%以下。

5. 制冷系统　制冷系统是一个独立的系统。它只提供原料油、溶剂、安全气冷却时所需的冷量，使它们达到脱蜡所要求的温度，保证脱蜡油达到质量标准所要求的凝固点。

制冷系统采用氨做冷冻剂，使用离心式、往复式或螺杆式冷冻机，并通常采用高压、低压两段蒸发操作，根据脱蜡工艺需要，确定氨的蒸发温度。

（二）主要工艺设备

溶剂脱蜡过程最主要的设备是套管结晶器和真空过滤机。

1. 套管结晶器　套管结晶器的作用是用来冷却原料油，析出蜡晶体。其结构类似于套管换热器，如图 10-15 所示。在生产过程中，润滑油原料走内管，冷冻介质（冷滤液或液氨）走外管。为防止蜡冻结在管壁上，内管装有旋转刮刀，可随时将管壁上的蜡刮下，随液流流出，以提高冷冻效果。

2. 真空过滤机　真空过滤机的作用是从冷却结晶的油—溶剂溶液中分离出蜡的结晶体。其结构如图 10-16 所示。过滤机外壳为空筒，原料油流入过滤机内，保持一定液面高度。过滤机中有一鼓形圆筒，筒壁上有滤布固定在金属网上，叫做滤鼓。滤鼓下部浸在原料油里，并以一定转速旋转。滤鼓内为负压，可连续将油与溶剂经滤布吸入鼓内，再通过管道流入滤液罐。蜡晶体被截留在滤鼓外层的滤布上，随着滤鼓的旋转，离开油层，接着用冷溶剂冲洗，将蜡带出的油洗回油中。随之用安全气将蜡饼吹松，用刮刀刮下。刮下的蜡饼用螺旋输送机送至储罐。这样，冷冻后的润滑油原料在真空过滤机内被分成滤液和蜡液。

转鼓式真空过滤机结构主要由以下四部分组成：

（1）下部壳体，为盛装已冷却的原料溶液的容器。

（2）顶盖，与下部壳体用法兰紧密连接，保证密封。

（3）滤鼓，位于壳体内部，上面覆盖一层滤布，部分浸于冷冻好的原料溶液中。

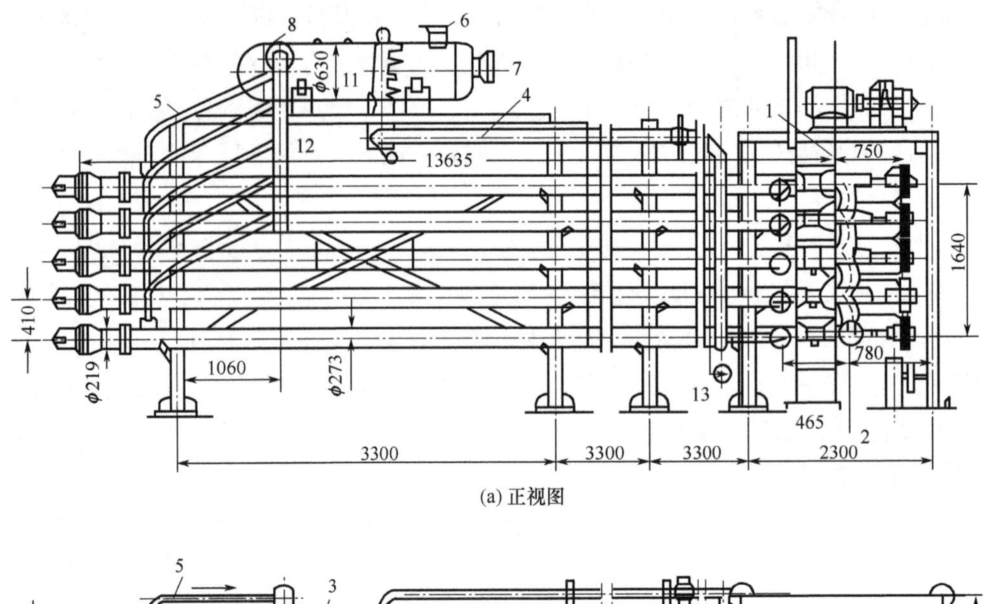

(a) 正视图

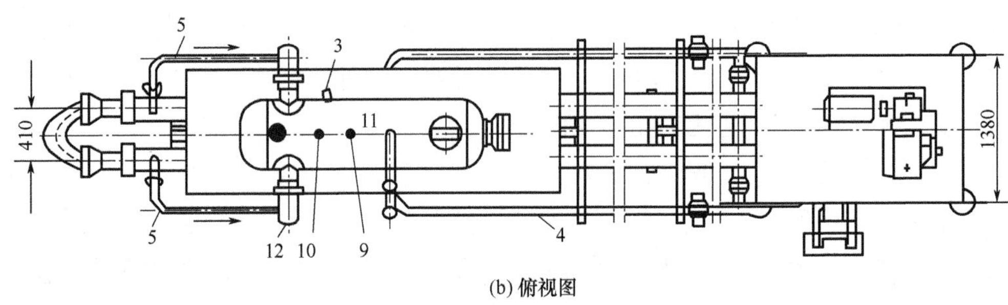

(b) 俯视图

图 10-15　套管结晶器示意图

1—原料液入口　2—原料液出口　3—液氨入口　4—液氨出口　5—气氨排出管线　6—气氨出口　7—液面计　8—液面调节器管箍　9—氨压力计管箍　10—热电偶管箍　11—氨罐　12—气氨总管　13—排液口

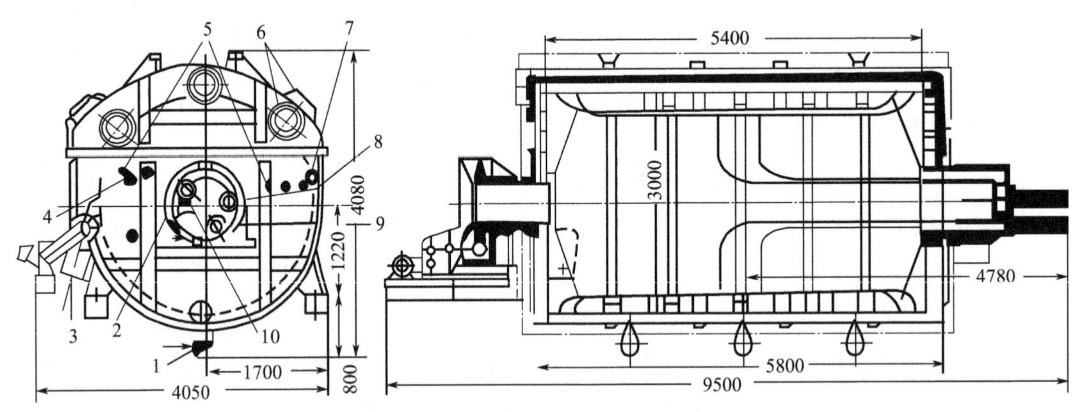

图 10-16　真空过滤机示意图

1—原料溶剂混合物入口　2—安全汽提入口　3—含油蜡螺旋输送器出口　4—液面调节器管箍　5—洗涤溶剂入口　6—看窗　7—安全气进壳体入口　8—滤液及洗涤后滤液出口　9—滤液出口　10—洗涤后滤液及气体出口

（4）自动分配装置，包括分配头等，使滤鼓转动一周时，能顺序地进行吸滤、喷淋冷洗、反吹、刮下蜡饼等操作。

【任务五】解读补充精制工艺流程

1. 能力目标

能够掌握典型的补充精制工艺流程；能够熟悉影响白土补充精制的影响因素。

2. 知识目标

掌握补充精制的目的和意义；掌握白土精制的基本原理。

3. 教、学、做说明

学生通过图书馆和网络资源的查找，并结合本任务的【相关知识】，分组分析解读，白土补充精制工艺流程，然后由教师引领，组别代表发言，并在教师指导下解读工艺过程。

4. 工作准备

布置工作任务：分析白土补充精制工艺流程；学生分组：按照班级人数分组，并指派组长；资料查阅：学生可通过图书馆或互联网等途径查阅相关资料。

5. 工作过程

小组讨论；组长指派代表发言；教师引领，解读整个工业生产过程。

【相关知识】

一、补充精制的目的和意义

经过溶剂精制从溶剂脱蜡或硫酸精制后的润滑油组分中，残留有少量溶剂和胶质、环烷酸、酸渣、磺酸等有害物质。这些物质影响润滑油的颜色、稳定性、抗乳化性、绝缘件和残炭等使用性能，必须采用白土补充精制或加气补充精制，以改善润滑油组分的上述性质。

我国从 1970 年建成第一套加氢补充精制，很多润滑油生产厂及新建厂多采用润滑油加氢补充精制。由于白土精制的脱氮能力强，凝固点回升小，黏度下降少，光稳定性远比加氢精制油好，因此，目前两种工艺都有使用。但是对某些特种油品则仍必须使用白土补充精制。

二、白土精制的原理

一种物质的分子或原子附着在另一种物质表面上的现象称为吸附。被吸附物质称为吸附质，能将吸附质吸附在自己表面上的物质称为吸附剂。吸附质可呈气相或液相而被吸附，分别称为气相吸附或液相吸附。

吸附过程分为物理吸附和化学吸附两类。吸附质与吸附剂两者之间靠分子间引力作用产生的吸附过程，称为物理吸附；两者之间靠形成吸附化学键的过程称为化学吸附。

吸附作用具有选择性，极性吸附剂优先吸附带极性基团的物质，如果已先吸附了非极性物质时，带极性基团的物质会把已吸附的非极性物质取代下来。显然，吸附剂的表面积越大，吸附能力越好。利用白土这种吸附剂对极性物质吸附能力强的特点，可以除去润滑油料中残留的非理想组分。

白土是一种结晶或无定形物质，它具有很多微孔，形成很大的表面积。白土分为天然白土和活化白土两种。天然白土是风化长石。活性白土是将天然白土经预热、粉碎、用8%～15%的稀硫酸活化、水洗、干燥、磨细而制得的白色或米色粉末状物，其主要成分是SiO_2和Al_2O_3，还含有Fe_2O_3、MgO、CaO等。活性白土的主要性能要求是颗粒度、外表面积、水分和活性度。

颗粒度表示白土的破碎程度。颗粒度越小，白土的比表面（m^2/g）越大，扩散半径越小，其吸附能力越强。目前，我国所用颗粒度为120目筛通过量大于90%。但颗粒度过于小的白土与油混合会形成糊状，造成过滤困难，也是不利的。

白土含水过多和过少都会影响其吸附能力。含水6%～8%的白土吸附能力较好，因在高温接触精制中，所含水分蒸发，白土孔中不再含水，此时白土具有很强的吸附能力，很易吸附极性物质。此外，白土中逸出的水蒸气使白土与油混合更好，增加其接触机会。

活性白土比天然白土的活性度大4～10倍，活性白土的比表面积可达450m/g。因此工业上均采用活性白土。

白土对不同物质的吸附能力各不相同，白土对油中各组分的吸附能力顺序：胶质、沥青质＞氧化物、硫酸酯＞芳香烃＞环烷烃＞烷烷。环数越多的烃类，越易被吸附；脱蜡后的润滑油料少，残留的少量物质有胶质、沥青质、环烷酸、氧化物、硫化物及选择性溶剂、水分、机械杂质等，这些物质大都为极性物质。因此，利用白土对这些极性物质具有较强的吸附能力，而对润滑油理想组分的吸附能力极其微弱的特性，借此使润滑油料得到精制。

三、影响白土补充精制的因素

白土补充精制的主要工艺条件为白土用量、精制温度和接触时间等，原料油的质量和白土性质也是重要影响因素。一般原料油馏分越重、精制油质量要求越高，精制的工艺条件越苛刻；而当白土活性高、粒度和含水量适当时，在同样工艺条件下，精制油质量将会更好。

（一）白土用量

一般白土用量越大，产品质量越好。但白土用量增大到一定程度后，产品质量的提高就不显著了。因此在保证油品精制要求的前提下，白土用量越少越好。否则除增加消耗费用外，还会使生产设备产生一系列问题。一般合适的白土用量为机械油2%～4%、中性油2%～3%、汽轮机油5%～8%、压缩机油基础油5%～7%。

（二）精制温度

白土吸附原料油中有害组分的速度与原料油黏度有关。加热温度越高，油的黏度越小，越有利于吸附。生产中控制精制的温度以原料油不发生热分解为原则。因白土夹带空气及混合搅拌的接触空气，为防止油品氧化，特别是在白土作用下氧化，一般控制初始混合温度低于80℃，精制反应温度为180～280℃，轻质油料的精制温度偏低些，重质油料可取较高温度，但不应超过320℃，以免产生白土，催化分解反应，使油料变质。

（三）接触时间

接触时间指在高温下白土与原料油接触的时间。即白土与原料在蒸发塔内的停留时间。为了保证原料油与白土的吸附和扩散的需要，一般在蒸发塔内的停留时间为20～40min。

四、工艺流程

白土精制的典型流程如图10-17所示。

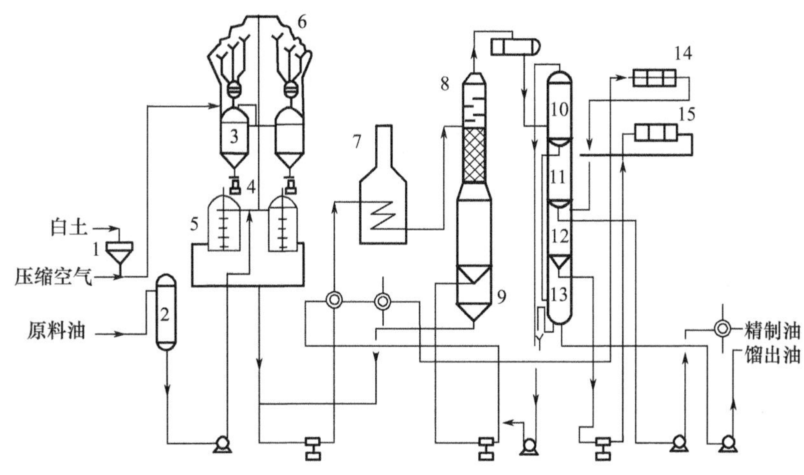

图 10–17　白土精制的典型流程图

1—白土地下储罐　2—原料油缓冲罐　3—白土料斗　4—叶轮给料器　5—白土混合罐　6—旋风分离器　7—加热炉　8—蒸发塔　9—扫线罐　10—真空罐　11—精制油罐　12—板框进料罐　13—馏出油分水罐　14—自动板框过滤机　15—板框过滤机

白土精制过程包括原料油与白土混合、加热反应和过滤分离三个主要部分。

原料油经缓冲罐送入白土混合罐，白土由叶轮给料器送入白土混合罐中，通过搅拌混合均匀，油和白土混合物用泵抽出与来自蒸发塔的塔底油换热，再进入加热炉加热到所需反应温度后，进入蒸发塔。

蒸发塔采用减压操作，塔顶的油气和水分经冷凝冷却后进入真空罐，从罐底流入馏出油分水罐，水和馏出油分别从罐底排出，馏出油出装置。蒸发塔底油与原料油和白土混合物换热后，冷却到 130℃左右进入自动板框过滤机进行粗滤，滤液进入板框进料罐，再用泵打入板框过滤机，进行精滤，分出废白土，得到精制油进入精制油罐，冷却至 40 ~ 50℃后出装置。

五、典型工艺条件及原料产品性质

以大庆原油四种脱蜡润滑油料为原料油，其白土补充精制的工艺条件及精制油收率、原料和精制油性质、技术经济指标分别列于表 10–7~ 表 10–10 中。

表10–7　白土补充精制工艺条件及精制油收率

项目	150SN	500SN	650SN	150BS
白土加入量/%	2.5	3.0	3.0	10.0
白土与油混合温度/℃	70	80	80	80
加热炉出口温度/℃	210	230	240	265
蒸发塔内停留时间/min	约30	约30	约30	约30
精制油收率/%	93 ~ 98	96 ~ 97	96 ~ 97	89 ~ 92
废白土渣含油量/%	20 ~ 25	25 ~ 30	5 ~ 30	25 ~ 30

表10-8 原料油和精制油性质

性质	150SN		500SN		650SN		150SN	
	原料油	精制油	原料油	精制油	原料油	精制油	原料油	精制油
比色	1.5号	1.0号	2.5号	2.5号	3.5号	2.5号	7.0号	5.5号
残炭量（康氏）/%	0.008	0.008	0.076	0.065	0.13	0.13	0.71	0.57
酸值/mgKOH·g^{-1}	0.014	0.006	0.017	0.011	0.014	0.009	0.008	0.022
硫含量/%	0.036	0.014	0.078	0.10	0.097	0.062	0.06	0.08
氮含量/μg·g^{-1}	102	23	383	303	458	403	—	—

表10-9 白土补充精制加工每吨原料油的消耗

燃料/kg	水蒸气/kg	电/kW·h	水/t	能耗/MJ
6～7	65～70	2.2～2.5	5～6	160～502

【能力测评与提升】

一、填空题

1. 润滑油是由（　　　）和（　　　）组成的。（　　　）是润滑油的主要成分，决定着润滑油的基本性质。

2. 影响丙烷脱沥青的主要因素包括（　　　）、（　　　）、（　　　）、（　　　）及（　　　）。

3. 常用的精制方法有多种，如（　　　）、（　　　）、（　　　）、（　　　）和（　　　）是国外大多数炼蜡厂采用的方法。

4. 润滑池溶剂脱助工艺流段主要分为（　　　）、（　　　）、（　　　）、（　　　）及（　　　）五部分。

5. 润滑油加氢补充精制是缓和加氢过程，主要是除去（　　　）等杂质，以改善油品的稳定性和颜色，其主要反应有（　　　）、（　　　）和（　　　）。

二、简答题

1. 简述润滑油的一般生产工序。

2. 简述润滑油溶剂脱沥青的目的、原理及影响溶剂脱沥青效果的主要因素。

3. 简述润滑油溶剂精制的目的、原理及影响溶剂精制效果的主要因素。

4. 绘出润滑油溶剂脱蜡原理工艺流程图，并简要说明各系统作用。

5. 抽提过程中提取液里溶剂回收为什么要采取多段蒸发（多效蒸发）？

6. 绘出润滑油糠醛精制工艺中糠醛干燥双塔回收流程图，并简述其原则。

7. 润滑油为什么要进行补充精制？常用补充精制方法有哪些？并简述其精制原理。

参考文献

[1] 陈长生. 石油加工生产技术 [M]. 北京：高等教育出版社，2007.
[2] 白述波. 石油化工工艺 [M]. 北京：石油工业出版社，2008.
[3] 付梅莉. 石油加工生产技术 [M]. 北京：石油工业出版社，2009.
[4] 付梅莉. 石油化工生产实习指导书 [M]. 北京：石油工业出版社，2009.